全国旅游专业规划教材

餐饮
菜单设计

CANYIN CAIDAN SHEJI

贺习耀 编著

北京·旅游教育出版社

前言

　　凡策划大型活动,必有规划方案;凡建造大厦高楼,必有精密图纸;餐饮企业从事饮食品的生产与经营,无不注重菜单设计。

　　在烹饪与营养专业、酒店服务与管理专业的人才培养方案中,餐饮菜单设计是一门实用性较强的专业必修课。目前,与本课程相关的教材很多,有的偏重于资料汇编,着重展示各式餐饮菜单,有的强调筵席及菜单设计理论,侧重于理论知识的传授而轻视实践能力的培养,而真正强调与工作岗位相适应,用相关设计理论来指导菜单设计的书籍并不多见。

　　为弥补上述缺憾,本书作者经过多年探索与研究,主持申报了湖北省教育厅教学科研课题《筵席与菜单设计课程教学改革与实践研究》(项目编号:2011B384)和湖北省教育厅人文社会科学课题《湖北筵席文化研究》(项目编号:2012G346)等多项科研项目,发表了有关餐饮菜单设计的专业论文二十余篇,主持完成了《湖北民间特色宴席研究》(武教高〔2009〕10号-147)等省市级科研课题,终使这部集理论与实践于一身的专业书籍完成编写,得以付梓。

　　与同类书籍相比,本教材的主要特色及创新之处表现为以下几点。

　　第一,构架合理,体系完整。全书共分4个模块,12个项目。第1~3项目为第1模块,主要论述菜品、筵席及菜单设计理论;第4~6项目为第2模块,主要论述零点菜单、套餐菜单及特种餐菜单设计实务;第7~11项目为第3模块,着重论述中式宴会席、中式便餐席、特色风味筵席及西式筵席菜单设计实务;第12项目为第4模块,简要介绍筵席生产经营与质量控制。4大模块环环相扣,层层递进,形成了本教材的基本构架。

　　第二,内容新颖,注重实用。本教材的菜单设计理论全部来自于生产实践,是实践技能的总结、积累和升华;菜单设计实务的相关内容全都取自最新研究成果,对生产实践具有较强的指导作用。

　　第三,点面结合,重点突出。餐饮菜单设计的相关资料浩如烟海。为突出重点,体现效率,本教材在内容的安排上强调与工作岗位相适应,并以点面结合的方式,着重介绍与餐饮生产经营联系紧密的相关知识,强调实践能力的培养。

第四,务本求实,突出创新。本教材在典型材料的取舍上,力图将相关研究成果融入教材之中,以培养学生的应用能力和创造能力;在结构的编排上,以工作岗位职责为切入点,避免了理论知识过多过深而忽略了实际应用的不足。

本教材适于职业院校烹饪与营养专业及酒店服务与管理专业的学生使用,也可作为相关本科专业及餐饮管理人员的配套教材。相关学校和培训机构可根据专业特色对本书内容进行合理取舍,安排 36~54 节教学课时(含理论教学与实训演练)。

本教材由武汉商学院烹饪与食品工程学院副教授贺习耀(中式烹调高级技师、营养师高级技师)编著,由中国著名饮食文化专家陈光新教授主审。本书在编写过程中参考了陈光新、魏峰、丁应林、邵万宽、周妙林、周宇、沈涛等专家的书籍和文献,得到了武汉商学院的领导及同人的大力支持与帮助,在此表示感谢!

虽然本人一直从事餐饮菜单设计课程的教学工作,承担了多项相关教学科研项目,但由于水平有限,书中的缺点和疏漏在所难免,诚盼各位专家学者提出宝贵意见,以便进一步修订完善。

作者

2014 年元月于武汉

目　录

模块 一

餐饮菜单设
计基础

项目一 菜品概述

餐饮企业从事饮食品的生产与经营,无不以菜单为媒介,以菜品为中心。菜品,是食品的一项特异分支,它由菜肴和面点所构成,主要是指通过烹调加工而制成的食品。

与其他食品一样,菜品具有安全卫生、富于营养、感官性状良好三大要求,拥有原料的安全性、营养的丰富性、制作的工艺性、品种的多样性、供应的季节性等属性。此外,菜品的个性也相当突出,主要表现为:多用手工进行单件或小批量生产;虽有配方但不固定,虽有规程但不拘泥;花色品种繁多,三餐四时常变;民族性、地域性和个人嗜好性的色彩特别鲜明;多是现烹现吃,与乡风民俗紧密结合,饮食文化情韵浓厚。

中国菜品种类丰繁,博大精深。认清它的属性、类别及命名规则,掌握其评品标准、风味流派、定价原则及传承与创新规律,可为设计各式餐饮菜单奠定基础,有助于提升餐饮企业的经营管理水平。

任务一 菜品的分类与命名

一、菜品的分类

可按多种方法进行菜品的分类。如按时代分,有古代菜与现代菜;按原料性质分,有荤菜与素菜;按菜式分,有炒菜、炸菜、蒸菜、烤菜、凉拌菜等;按国别分,有中国菜、法国菜、土耳其菜等;按用途分,有家常菜、宴饮菜、食疗菜和祭祀菜等。

在餐饮行业里,由于存在着红、白两案的分工,人们常把红案师傅生产的产品称作菜肴,而将白案师傅生产的产品称作面点。菜肴与面点合称为"菜点",两者都是烹调加工的产物,虽有区别,但并没有严格的界限。

菜肴属菜品之主体,它由冷菜和热菜所构成。冷菜,又称冷盘,系指用拌、炝、腌、熏、卤、冻等技法制成的,食用时成品温度低于人体温度的一类菜肴(如脆皮黄瓜、糖醋油虾)。其最大特色为:久放不失其形,冷吃不变其味。热菜,系指用炸、炒、煮、烧、煨、蒸、烤等技法制成的,食用时成品温度高于人体温度的各式菜肴(如红烧石鸡、大煮干丝)。热菜是我国人民餐食菜肴的主要类别,其最大特色为:香醇适口,一热三鲜。

无论是冷菜还是热菜,若按其烹制工艺难度来区分,都有一般菜和工艺菜两种类型。一般菜指在整体造型上显得朴实无华的菜肴,如韭黄鸡丝、黄焖肉丸;工艺菜,又称工艺造型菜,指在菜品的色形方面特别考究、制作工艺比较复杂且富于艺术性的菜肴,如八宝葫芦鸭、龙虎凤大会。

面点,是以米、面、豆、薯等为主料,肉品、蛋奶、蔬果等作辅料,运用蒸、煮、烤、炸等技法制成的食品。它的外延较宽,主要包括点心、主食和小吃等品种。

点心,是面点中的一个大类。它有中点与西点之分,大路点心与筵席点心之别。其主要特色是:注重款式和档次,讲究造型和配器,玲珑精巧、颇耐观赏,多作席点或茶点用,如银丝卷、金鱼饺等。有些地区(如上海、广东等地)常将面点统称为点心。

主食,主要包括饭、粥、面、饼等可充当正餐的食品。主食有以下鲜明特色:一是用料大多单一,调配料较少;二是品种基本固定,四季三餐变化不大;三是工艺简便,成本低廉;四是每餐必备,常与菜肴配套。

小吃,又称零吃、小食,系指正餐和主食之外,用于充饥、消闲的粮食制品或其他食品,也兼作早餐或夜宵。如三鲜豆皮、十八街麻花、刀削面、东坡饼等。小吃的特色为:一是用料荤素兼备,每分量大;二是多为大路品种,档次偏低;三是地方风味浓郁,顾客众多。

二、菜品的命名

菜品与菜名的关系,是内容与形式的关系。一方面内容决定形式,"名从菜来";另一方面,形式反映内容,"菜因名传"。给中国菜品命名,既可如实反映菜品的概貌,直接凸显其主料,也可撇开菜品的内容而另取新意,抓住菜品的特色巧做文章。根据这一原则,可将中国菜品的命名方法归纳为两大类:一类为写实法命名,另一类为寓意法命名。前者朴素明朗、名实相符,后者工巧含蓄、耐人寻味。

(一)写实法命名

所谓写实法命名,就是在菜名中如实反映原料的组配情况、烹调方法或风

味特色,也可在菜名中冠以创始人或发源地的名称,以作纪念。这类命名方法多是强调主料,再辅以其他因素,常见的形式主要有:

配料加主料:腰果鲜贝、韭黄鸡丝、香菇鸡块、青豆虾仁;

调料加主料:豆瓣鲫鱼、冰糖雪蛤、蚝油牛柳、啤酒鸭;

烹法加主料:清蒸鳊鱼、拔丝苹果、粉蒸鲇鱼、涮羊肉;

色泽加主料:虎皮蹄膀、芙蓉鱼片、白汁鱼丸、金银馒头;

质地加主料:脆皮乳猪、香酥鸡腿、香滑鸡球、软酥三鸽;

滋味加主料:怪味鸡丝、椒麻鸭掌、鱼香肉丝、酸辣包菜;

外形加主料:寿桃鳊鱼、菊花财鱼、葵花豆腐、橘瓣鱼氽;

器皿加主料:瓦罐鸡汤、铁板牛柳、羊肉火锅、乌鸡煲;

人名加主料:麻婆豆腐、东坡肉、狗不理包子、宫保鸡丁;

地名加主料:北京烤鸭、道口烧鸡、西湖醋鱼、荆沙鱼糕;

配料、烹法加主料:板栗焖仔鸡、腊肉炒菜薹、虫草炖金龟、北菇氽肉片;

调料、烹法加主料:豉椒炒牛肉、葱姜炒花蟹、清酱烧野鸭、剁椒蒸鱼头;

特色加主料:空心鱼丸、千层糕、京式烤鸭、响淋锅巴。

(二)寓意法命名

所谓寓意法命名,就是针对顾客的好奇心理,抓住菜品的某一特色加以渲染,赋以诗情画意,从而收到引人入胜的效果。这类命名方法主要有如下几种形式:

模拟实物外形,强调造型艺术:如金鱼闹莲、孔雀迎宾;

借用珍宝名称,渲染菜品色泽:如珍珠翡翠白玉汤、银包金;

镶嵌吉祥数字,表示美好祝愿:如八仙聚会、万寿无疆;

借用修辞手法,讲求口彩与吉利:如早生贵子、母子大会;

附会典故传说,巧妙比衬:如霸王别姬、舌战群儒。

一般来讲,南方菜名擅长寓意,北方菜名偏重写实;特色名贵菜点追求华美,一般菜品则崇尚朴实;婚寿喜庆筵席上的菜名喜欢火爆风趣,日常便餐的菜名趋向自然、稳实。

任务二 菜品的质量要求与评审

菜品由种类繁多的各式菜点所组成。每份菜点生产出来后,人们自然而然会对它的质量作出评价。要评价准确,关键在于把握菜品的质量评审标准,正确运用科学的评价方法。

一、菜品的质量要求

菜品是食品的一项特异分支,和其他食品一样,它必须以食用安全、营养合理、感官性状良好为质量评审标准。

食用安全是菜品作为食品的基本前提。要保证菜品食用安全,就必须保证菜点的原材料无毒无害、清洁卫生,力求烹调加工方法得当,避免加工环境污染食品,确保菜品对人体无毒无害。

营养合理是菜品作为食品的必要条件。对于单份菜品,要尽量避免原材料所含营养素在烹调加工中的损失,适当注意原材料的荤素搭配。对于整套菜点,不仅要注意提供充足的热量和营养素,而且要注意各种营养素在种类、数量、比例等方面的合理配置,以使原料中各种营养素得到充分利用。

感官性状良好是人们对菜品质量的更高层次的要求。要使菜点能很好地激起食欲,给人以美的享受,必须做到色泽和谐、香气宜人、滋味醇正、形态美观、质地适口、盛器得当,并且各种感官特性应配合协调。

(一)色泽和谐

菜点的色泽包括菜点的颜色和光泽,它是评定菜点质量的重要标准之一。菜点的色泽主要来自两方面,一是原材料的天然色泽,二是经过烹制调理所产生的色泽。所谓色泽和谐,是指菜点的色泽调配合理、美观悦目。如烤乳猪、芙蓉鸡片等,既可诱人食欲,又能给人以精神上的享受。具体地讲,菜点的色泽要因时、因地、因料、因器而异,给人以明快舒畅之感,要能愉悦心情,活跃宴饮气氛。

(二)香气宜人

菜点的香气是通过嗅觉神经感知的,它是评定菜品质量的又一重要标准。由于菜点的香气成分极其复杂,每道菜点的香味物质达几十种,甚至几百种之多,因此评定菜点的香气时通常用酱香、脂香、乳香、菜香、菌香、酒香、蒜香、醋香等进行粗略描述。所谓香气宜人,即要求菜点的香气醇正、持久,能诱发食欲,给人以快感。为了满足这一感官要求,烹调时常用挥发、吸附、渗透、溶解、矫臭等方法来增加菜点的香气。无论使用哪类方法增香,都须量材施用,因料而异,只有尊重原料的本性,才能达到抑恶扬善的理想效果。

(三)滋味醇正

俗话说:"民以食为天,食以味为先。"评定菜点的质量,滋味最重要。菜点的滋味即口味,是指呈味物质刺激味觉器官所引起的感觉,它有单一味与复合味之分。所谓滋味醇正,即主配料的呈味物质与调味料的呈味物质配合协调,调理得当,能够迎合绝大多数人的口味要求。特别是一些名菜名点,其口味特征已基本固定,评定菜点质量应以此为标准。当然,人们的口味要求并非千篇一律,所谓"物无定味,适口者珍",说的就是口味的个性爱好。但在同一时期,同一地域内,人们的口味需求大致相同,这便是"口之于味,有同嗜焉"。评定菜点的滋味,既要强调共性,又要兼顾个性。

(四)形态美观

菜点的外形是评定菜点质量的又一重要标准。早在春秋末期,孔子就有"割不正不食"的主张。现今人们的审美意识大幅提高,就餐者对于菜肴外形美的追求与日俱增,特别是在一些高级宴会上,菜品的形态美特别为人所看重。所谓形态美观,即菜点的外形应遵循对称、均衡、反复、渐次、调和、对比、节奏、韵律等形式美法则,要符合人们的审美要求。具体地讲,一般菜应做到刀口规范、整齐划一、分量适宜、配搭合理;工艺菜则应在构思和布局上分宾主、讲虚实、重疏密、有节奏,使形似与神似相辅相成,以便具有较高的观赏价值。

(五)质地适口

评定中菜的感官质量,当首推口味,其次就是质地。菜点的质地是菜点与口腔接触时所产生的一种触感。它有细嫩、滑嫩、柔软、酥松、焦脆、酥烂、肥糯、粉糯、软烂、黏稠、柴老、板结、粗糙、滑润、外焦内嫩、脆嫩爽口等多种类型。菜点的质地与原材料的结构和组成联系紧密,它主要由菜品原料和烹制技法所决定。所谓质地适口,即菜点的质地要能给口腔内的触觉器官带来快感。如粉皮的滑爽、蛋糕的绵软、清炖莲子的粉糯、白汁鱼丸的滑嫩等,都是耐人寻味的。要使菜点质地适口,就得随菜选料、因料施艺,切不可胡乱调配,违背了工艺准则。

(六)盛器得当

盛器不仅仅是用来盛装菜点,还有加热、保温、映衬菜点、体现规格等多种功能,因此人们常说:美食不如美器。所谓盛器得当,即盛器与菜点配合协调,能使菜点的感官质量得以完美体现。具体地讲,盛器的大小应与菜点的分量相称,形制要与菜点的外形配合,色调要与菜点的色泽相协调,规格要与菜点的档次一致,并要扬菜之长、补菜之短,起好陪衬作用。特别是筵席中的盛器,还须配套成龙,以便体现筵席的规格。

总之,安全、营养和美感是评定菜品质量的三个重要因素,也是菜品制作需要达到的质量标准。其中,感官性状良好最重要,凭借人体感官对菜品色、香、味、形、质、器的综合感觉往往可以判定出菜品质量的好坏程度。

二、菜品质量的评审

全面评价菜品质量的好坏,必须从安全、营养和美感三个方面进行综合考察。菜品质量的评价方法有理化分析、生物分析和感官分析三种。其中,理化分析和生物分析主要用于评价菜点的安全和营养,其操作要借助一定的仪器设备或者在特定的环境中进行。感官分析多用于评价菜点的各种感官特性及其综合效果。其操作简便易行,是我国目前评价菜品质量的主要方法。

菜品的感官分析法,就是评判人员对菜品的感官特性作逐项或综合分析,从而得出评价结果的方法。它有传统的专家评定法、现代的分析型感官分析法和偏爱型感官分析法等几种。

分析型感官分析把人的感官作为仪器使用,它以生理学和心理学为基础,以统计学作保证,这在很大程度上弥补了原始感官分析的缺陷,现已在世界各国食品行业中得到广泛应用,但其分析结果仍然受着主观意志的干扰。为了降低个人感觉之间差异的影响,提高评价结果的准确性,使用此法时,必须注意评价基准的标准化、试验条件的规范化和评审要求的严格化。

菜点评审结果的处理方法有平均法、去偶法、加权平均法、模糊关系法等。这些方法可根据需要酌情择用。

平均法,即把评出的某一菜肴的总分相加,除以评判人数。该方法简便易行,但评判结果受主观因素影响较大。

去偶法,即在各评判员所评总分中去掉一个最高分和一个最低分,再用平均法计算。此法较之平均法,可在某种程度上避免一些主观因素的影响。

加权平均法,即把一份菜品分成若干项目评分,各项得分采用平均法处理后,乘以权重(各项目满分占总满分的比例),再除以项目数。该方法综合考虑了各项目所占的比重,计算略显复杂,可借助微机处理。

模糊关系法,即用模糊数学中的模糊关系对菜肴感官分析的结果进行综合处理的方法。该方法可弥补前几种方法的不足,但数据处理较复杂,必须用微机来处理。

任务三　中国菜品的主要风味流派

设计餐饮菜单,特别是筵席菜单,必须根据其特色要求选配相关菜品。掌握菜品的主要地方风味流派,有助于合理选用特色风味菜品,有利于彰显餐饮菜单的风味特色。

由于地理环境、气候物产、宗教信仰以及民族习俗诸因素的影响,长期以来在某一地区内形成了有一定亲缘承袭关系,菜点风味特色相近,知名度较高,并为部分群众喜爱的传统膳食体系即地方风味流派。在我国,人们常将一些著名的地方风味流派称作菜系。其中,鲁菜、川菜、苏菜和粤菜为我国著名的"四大菜系",浙菜、闽菜、徽菜、湘菜、京菜、鄂菜、沪菜和陕菜也属影响深远的地方菜系。此外,我国面点有京式、广式和苏式三大流派,它们各具一定的特色风味。

一、中菜的四大风味流派

(一)山东菜

山东菜,又称鲁菜或齐鲁风味,它是华北地区肴馔的典型代表,我国著名的"四大菜系"之一。

山东菜主要由济南菜、济宁菜和胶东菜所构成,其主要的风味特色是:鲜咸、醇正,善用面酱,葱香突出;原料以海鲜、水产与禽畜为主,重视火候,精于爆、炒、炸、扒,擅长制汤和用汤,海鲜菜功力深厚;装盘丰满,造型古朴,菜名稳实,敦厚庄重,向有"堂堂正正不走偏锋"之誉;受儒家学派膳食观念的影响较深,具有官府菜的饮馔美学风格。

山东菜的代表品种有:葱烧海参、德州扒鸡、清汤燕菜、奶汤鸡脯、九转大肠、油爆双脆、糖醋鲤鱼、青州全蝎、泰安豆腐等。

(二)四川菜

四川菜又称川菜或巴蜀风味,它是西南地区肴馔的典型代表,我国著名的"四大菜系"之一。

四川菜主要由成都菜(上河帮)、重庆菜(下河帮)、自贡菜(小河帮)所构成。其主要的风味特色是:尚滋味、好辛香,清鲜醇浓并重,以善用麻辣著称;选料广博,粗料精做,以小煎、小炒、干烧、干煸见长;独创出鱼香、家常、陈皮、怪味等20余种复合味型,有"味在四川"的评语;小吃花式繁多,口碑良佳;物美价廉,雅俗共尝,居家饮膳色彩和平民生活气息浓烈。

四川菜的代表品种有:毛肚火锅、宫保鸡丁、麻婆豆腐、开水白菜、家常海参、水煮牛肉、干烧岩鲤、鱼香腰花、泡菜鱼等。

(三)江苏菜

江苏菜又称苏菜、苏扬风味。它是华东地区肴馔的典型代表,我国著名的

"四大菜系"之一。

江苏菜主要由金陵风味、淮扬风味、姑苏风味和徐海风味所构成。其主要的风味特色是：清鲜平和，咸甜适中；组配谨严，刀法精妙，色调秀雅，菜形清丽，食雕技艺一枝独秀；擅长炖、焖、煨、焐、烤；鱼鸭菜式多，筵宴规格高；园林文化和文士饮膳的气质浓郁，餐具相当讲究。

江苏菜的代表品种有：松鼠鳜鱼、大煮干丝、清炖蟹黄狮子头、三套鸭、水晶肴蹄、金陵桂花鸭、叫化鸡、清蒸鲥鱼、拆烩鲢鱼头等。

（四）广东菜

广东菜又称粤菜或岭南风味，它是华南地区肴馔的典型代表，我国著名的"四大菜系"之一。

广东菜主要由广州菜、潮州菜、东江菜和港式粤菜所构成。其主要的风味特色是：生猛、鲜淡、清美，具有热带风情和滨海饮膳特色；用料奇特而又广博，技法广集中西之长，趋时而变，勇于革新，饮食潮流多变；点心精巧，大菜华贵，设施和服务一流，有"食在广州"的美誉；肴馔的商品气息特别浓烈，商贾饮食文化是其灵魂。

广东菜的代表品种有：三蛇龙虎凤大会、金龙脆皮乳猪、豉汁蟠龙鳝、大良炒牛奶、白斩鸡、白云猪手、清蒸鲈鱼、冬瓜盅等。

二、中菜的其他风味流派

除鲁、川、苏、粤四大风味流派之外，浙、闽、徽、湘、京、鄂、沪、陕等其他风味流派也颇具特色，它们是中菜主要风味流派的杰出代表。

（一）浙江菜

浙江菜又称浙菜、钱塘风味，主要由杭州菜、宁波菜、绍兴菜和温州菜所构成。其主要的风味特色是：醇正、鲜嫩、细腻、典雅，注重原味，鲜咸合一；擅长调制海鲜、河鲜与家禽，轻油、轻浆、轻糖，注重香糯、软滑，富有鱼米之乡的风情；主辅料强调"和合之妙"，讲究菜品内在美与外观美的统一，以秀丽雅致著称；掌故传闻多，文化品位高，保留了古越菜的精华，随着旅游业的昌盛而昌盛。

浙江菜的代表品种有：西湖醋鱼、龙井虾仁、冰糖甲鱼、宋嫂鱼羹、东坡肉、西湖莼菜汤、锅烧鳗鱼等。

（二）福建菜

福建菜又称闽菜、八闽风味，主要由福州菜、闽南菜和闽西菜所构成。其主要的风味特色是:清鲜、醇和、荤香、不腻,重淡爽,尚甜酸,善于调制山珍海错;精于炒、蒸、煨三法,习用红糟、虾油、沙茶酱、橘子汁等佐味提鲜,有"糟香满桌"的美誉;汤路宽广,收放自如,素有"一汤十变"、"百汤百味"之说;餐具玲珑小巧而又古朴大方,展示髹漆文化的独特风采。

福建菜的代表品种有:佛跳墙、太极芋泥、龙身凤尾虾、淡糟香螺片、鸡汤氽海蚌、通心河鳗、荔枝肉、橘汁加力鱼等。

（三）安徽菜

安徽菜又称徽菜或徽皖风味,主要由皖南菜、沿江菜和沿淮菜所构成。其主要特色为:擅长制作山珍野味,精于烧炖、烟熏和糖调,讲究"慢工出细活",有"吃徽菜,要能等"的说法;重油、重色、重火功,咸鲜微甜,原汁原味,常用火腿佐味,用冰糖提鲜,用芫荽和辣椒配色;菜式质朴,筵宴简洁,重茶重酒重情义,反映出山民、耕夫、渔家和商户的诚挚;受徽州古文化和徽商气质的影响较大,古朴、凝重、厚实。

安徽菜的代表品种有:无为熏鸡、清蒸鹰龟、八公山豆腐、软炸石鸡、酥鲫鱼、符离集烧鸡、李鸿章杂烩、鱼咬羊等。

（四）湖南菜

湖南菜又称湘菜或潇湘风味,主要由湘江流域菜、洞庭湖区菜和湘西山区菜所构成,其主要的风味特色是:以水产和熏腊原料为主体,多用烧、炖、腊、蒸诸法,尤以小炒、滑炒、清蒸见长;味浓色重,咸鲜酸辣,油润醇和,姜豉突出,肴馔丰盛大方,花色品种众多;民间菜式质朴无华,山林与水乡气质并重;受楚文化的熏陶很深,以"辣"、"腊"二字驰誉中华食坛。

湖南菜的代表品种有:腊味合蒸、潇湘五元龟、翠竹粉蒸鮰鱼、霸王别姬、组庵鱼翅、冰糖湘莲、麻辣子鸡、东安鸡、柴把鳜鱼等。

（五）北京菜

北京菜又称京菜或燕京风味,主要由宫廷菜、官府菜、清真菜和移植改造的山东菜所构成。其主要的风味特色是:选料考究,调配和谐,以爆、烤、涮、熘、扒见长,菜式门类齐全,酥脆鲜嫩,汤浓味足,形质并重,名实相符;市场大、筵宴品位高,服务上乘,以"烤鸭"和"仿膳菜"为代表,吸收了华夏饮食文化的精粹。

北京菜的代表品种有:北京烤鸭、涮羊肉、三元牛头、黄焖鱼翅、罗汉大虾、柴把鸭子、三不粘、白肉火锅等。

（六）湖北菜

湖北菜又称鄂菜或荆楚风味,主要由汉沔风味、荆南风味、襄郧风味和鄂东南风味四大流派所构成。其主要风味特色是:水产为本,鱼菜为主;擅长蒸、煨、烧、炸、炒,习惯鸡鸭鱼肉蛋奶粮豆合烹,鱼氽技术冠绝天下;菜肴汁浓芡亮,口鲜味醇,重本色,重质地,为四方人士所喜爱;受楚文化的影响较深,富于鱼米之乡的风情,反映出"九省通衢"的都市饮馔文化风格。

湖北菜的代表品种有:清蒸武昌鱼、腊肉炒菜薹、红烧鮰鱼、冬瓜鳖裙羹、荆沙鱼糕、沔阳三蒸、瓦罐煨鸡汤、江陵千张肉等。

(七)上海菜

上海菜又称沪菜,主要由海派江南风味、海派北京风味、海派四川风味、海派广东风味、海派西菜、海派点心、功德林素菜、上海点心8个分支构成。其风味特色是:精于红烧、生煸和糟炸;油浓酱赤,汤醇卤厚,鲜香适口,重视本味,勇于开拓,推陈出新,以精细善变著称。

上海菜的代表品种有:虾籽大乌参、松仁鱼米、八宝鸭、生煸草头、真如羊肉、鱼皮馄饨、灌汤虾球、贵妃鸡、红烧鲥鱼等。

(八)陕西菜

陕西菜又称陕菜,主要由官府菜、商贾菜、市肆菜、民间菜、清真菜5个分支构成。其风味特色是:以香为主,以咸定味;料重味浓,原汤原汁;肥浓酥烂,光滑利口;质朴无华,经济实惠。

陕西菜的代表品种有:奶汤锅子鱼、遍地锦装鳖、金钱酿发菜、龙井氽鸡丝、带把肘子、商芝肉、葫芦鸡、清炖牛羊肉、红烧金鲤。

三、中国面点的主要风味流派

中式面点品种繁多,风格各异。总体来讲,它有京式、苏式和广式三大流派。

(一)京式面点

京式面点以北京为中心,旁及黄河中下游的鲁、津、豫等地。习以小麦面粉为主料,擅长调制面团,有抻面、刀削面、小刀面、拨鱼面4大名面,工艺独具。其风味特色是:质感爽滑,柔韧筋道,鲜咸香美,软嫩松泡。

京式面点的代表品种有:北京的龙须面、小窝头、艾窝窝、肉末烧饼;天津的狗不理包子、十八街麻花和耳朵眼炸糕;山东的蓬莱小面、盘丝饼和高汤水馅;山西的刀削面、拨鱼儿等;河北的杠打馍和一篓油水饺;河南的沈丘贡馍、博望锅盔等。

（二）苏式面点

苏式面点以江苏为主体，活跃在长江下游的沪、浙、皖等地。主食与杂粮兼作，精于调制糕团，造型纤巧，有宁沪、金陵、苏锡、淮扬、越绍、皖赣等支系。其风味特色是：重调理，口味厚、色深略甜、馅心讲究掺冻，形态艳美。

苏式面点的代表品种有：江苏的淮安文楼汤包、扬州富春三丁包、苏州糕团、黄桥烧饼；上海的南翔馒头、小绍兴鸡粥、开洋葱油面；浙江的宁波汤圆、五芳斋粽子、西湖藕粉；安徽的乌饭团和笼糊等。

（三）广式面点

广式面点以广东为典型代表，包括珠江流域的桂、琼和闽、台等地。善用薯类和鱼虾作胚料，大胆借鉴西点工艺，富于南国情味，茶点与席点久享盛名。其风味特色是：讲究形态、花式与色泽，油、糖、蛋、奶用料重，馅心晶莹，造型纤巧，清淡鲜滑。

广式面点的代表品种有：广东的叉烧包、虾饺、沙河粉和娥姐粉果；广西的马肉米粉、太牢烧梅、月牙楼尼姑面；海南的竹筒饭、海南粉和芋角；福建的鼎边糊、蚝仔煎和米酒糊牛肉；台湾的蛤子烫饭和椰子糯米团。

任务四　菜品的价格核算与定价

在餐饮经营活动中，菜单所列菜品的价格对于经营者和消费者来说，都是极为重要的。菜品的定价是菜单设计的重要环节，只有综合考虑企业、市场、顾客三方面的影响因素，采用合理的方法定价，消费者才会觉得物有所值，餐饮企业才能赢得经济效益和社会声誉。

一、菜品成本的构成

菜品的成本，即餐饮业用于制作和销售菜品时所耗费用或支出的总和，它可划分为生产、销售和服务三种成本。在饮食行业里，由于餐饮经营的特点是生产、销售、服务统一在一个企业里实现，除原材料成本，其他如职工工资、管理费用等，很难分清属于哪个环节，很难分别核算，因此，饮食品的成本只以构成饮食产品的原材料耗费和烹制过程中的燃料耗费为其成本的基本要素，不包括生产经营过程中其他的一切费用。原材料和燃料以外的其他各种费用，均另列项目，纳入企业的经营管理费用中计算。

菜品成本的计算公式可表述为：

菜品成本 = 原材料成本 + 燃料成本

　　　　 = 主料成本 + 配料成本 + 调料成本 + 燃料成本

菜品的原材料成本包括：构成菜品的主料、配料、调料耗费和这些原材料的合理损耗；在加工制作过程中包裹菜点的材料费；在外地采购原料的运输费用；在外单位仓库储存冷藏原料的保管费等。

菜品的燃料成本，包括菜品制作过程中所消耗的煤炭、煤气、燃油、电力、木柴等各种燃料的实际耗费。

例：某酒店生产油爆腰花 1 份，用去了净猪腰 225 克，用去的调配料计价约 2 元，燃料费为 0.4 元，若鲜猪腰的市场售价为 32 元/千克，净料率为 75%，试计算该菜的原材料成本和产品成本。

解：根据题意可知：

　　主料的毛料重量为：$225 \div 1000 \div 75\% = 0.3$（千克）

　　主料成本为：$0.3 \times 32 = 9.6$（元）

　　原材料成本为：$9.6 + 2 = 11.6$（元）

　　菜品总成本为：$11.6 + 0.4 = 12$（元）

答：该菜的原材料成本为 11.6 元，产品成本为 12 元。

二、菜品价格的核算

价格是商品价值的货币表现。合理核算菜品的价格，既可实现菜品成本核算的目的，又有助于编制相关菜单。

(一)菜品价格的构成

餐饮价格应包括从生产到消费的全部支出和各环节的利润、税金。由于餐饮产品在加工和销售过程中，除原材料成本和燃料耗费可以单独按品种核算外，其他各种费用很难分开核算，因此，只把原材料耗费和燃料耗费作为产品成本要素，而将生产经营费用、税金和利润合并在一起，称为"毛利（又称毛利额）"，用以计算餐饮产品的价格。因此，餐饮产品（菜品）的价格构成，通常用下列公式表示：

产品价格 = 产品成本 + 生产经营费用 + 税金 + 利润

　　　　 = 产品成本 + 毛利额

餐饮产品的毛利额，是由所消耗的生产经营费用、税金以及利润构成的。

1. 生产经营费用

包括加工生产和销售餐饮产品过程中所支付的人事费(员工工资、福利、工作餐费等）、折旧损耗费（资产设备的折旧费、小件物品的耗用、用具器具等损耗）、维修费（保养及维修设备的材料和费用）、水电费（水费、电费）、营销广告费（餐饮广告、餐饮推销等）、办公费（办公用品、通信费用、邮费、会务费等）、财务费用（贷款利息等银行费用）、其他支出项目（公关费、书报资料费、不可预见的费用）等项目，一般应按同种经营类型、同等企业正常经营的中等合理费用水平计算。

2. 税金

餐饮企业的经营税金应根据营业收入按国家税法规定的税率计算，主要有营业税和工商税等费用。其计算公式为：

税金 = 营业收入 × 工商税率

3. 利润

利润又称纯利，主要包括加工生产和消费服务的利润。预期的经营利润通常都应计入菜品价格之中，其计算公式为：

利润 = 产品价格 –（产品成本 + 生产经营费用 + 税金）

餐饮企业从事饮食品经营活动，最终目的是为了获取较好的经济效益和社会效益。定价越高，其利润空间越大，但并不是定价越高，就越能获得高额利润。只有综合考虑客人的消费心理、餐饮市场的供求关系、产品及设施的质量、就餐环境的优劣、接待服务的水平、市场竞争的状况、饮食品的成本、生产经营费用以及企业上缴的税金等因素，科学合理地确定饮食品价格，才有可能获得较高的利润。

（二）菜品的毛利率及计算

餐饮产品的价格要体现价值规律和供求关系，在保持相对稳定的基础上，坚持以合理成本、费用、税金加合理利润的原则制定餐饮价格。

菜品的价格主要由菜品成本及其毛利率所确定。所谓毛利率，即毛利额与成本、与销售价格的比率，它有成本毛利率与销售毛利率之分。销售毛利率指毛利额占产品售价的百分比，成本毛利率指毛利额占产品成本的百分比。其计算公式分别为：

销售毛利率 = 毛利额 ÷ 产品售价 × 100%

成本毛利率 = 毛利额 ÷ 产品成本 × 100%

例：某酒店生产筵席一桌，销售价格为 1000 元，在生产过程中，耗用的主料成本为 437 元，配料成本为 123 元，调料成本为 30 元，燃料费用为 10 元，试计算该筵席的成本毛利率和销售毛利率。

解：产品成本为：437 + 123 + 30 + 10 = 600（元）

毛利额为：1000 – 600 = 400（元）

成本毛利率为:$400 \div 600 \times 100\% = 66.67\%$

销售毛利率为:$400 \div 1000 \times 100\% = 40\%$

答:这桌筵席的成本毛利率为66.67%,销售毛利率为40%。

毛利率是根据酒店的规格档次及市场供求情况规定的毛利幅度,故又称计划毛利率。销售毛利率与成本毛利率均可表示餐饮产品的毛利幅度。由于财务核算中许多计算内容都是以销售价格为基础的,因此,我国多数地区常以销售毛利率来计算和核定餐饮产品的价格。如无特别说明,通常所说的毛利率均指销售毛利率。

与销售毛利率联系紧密的有成本率。所谓成本率,即产品成本占产品售价的百分比。其计算公式为:

成本率 = 产品成本 ÷ 产品售价 × 100%

毛利率 + 成本率 = 1

(三)菜品销售价格的核算

在精确地核算菜品成本和合理地核定了毛利率后,就可以核算出菜品的销售价格。

由于毛利率有销售毛利率和成本毛利率之分,计算菜品价格的方法通常有销售毛利率法和成本毛利率法两种。

1.销售毛利率法

销售毛利率法,又称内扣毛利率法,是运用毛利与销售价格的比率计算菜品价格的方法。其公式可表述为:

产品售价 = 产品成本 ÷ (1 - 销售毛利率)

例:某酒家生产鱼香肉丝一盘,用去猪肉250克(每千克售价30元),用去的冬笋丝等配料计价1.2元,用去的食油、鱼香味汁等调料计价1.2元,如果该菜的燃料费用为0.5元,销售毛利率为48%,试计算该菜的销售价格。

解:原材料成本为:$250 \div 1000 \times 30 + 1.2 + 1.2 = 9.9$(元)

产品成本为:$9.9 + 0.5 = 10.4$(元)

销售价格为:$10.4 \div (1 - 48\%) = 20$(元)

答:每份鱼香肉丝的售价为20元。

用销售毛利率法计算菜品价格,对毛利额在销售额中的比率一目了然,有利于管理,是餐饮业物价人员、财会人员计算菜品价格所普遍采用的方法。

2.成本毛利率法

成本毛利率法,又称外加毛利率法,是以产品成本为基数,按确定的成本毛利率加成计算出价格的方法。用公式可表述为:

产品售价 = 产品成本 × (1 + 成本毛利率)

例：顾客在某酒楼预定筵席一桌，售价为 1200 元，如果该酒店的成本毛利率为 60%，试问该筵席的产品成本应为多少元？若冷菜、热炒大菜、点心和水果分别占筵席成本的 16%、70%、14%，试计算这三类菜品所要耗用的成本。

解：筵席产品成本为：$1200 \div (1 + 60\%) = 750$（元）

冷菜成本为：$750 \times 16\% = 120$（元）

热炒大菜成本为：$750 \times 70\% = 525$（元）

点心水果成本为：$750 \times 14\% = 105$（元）

答：该筵席的产品成本应为 750 元，其中，冷菜、热炒大菜、点心水果的成本分别为 120 元、525 元和 105 元。

用成本毛利率法计算菜品价格，简便实用，它是餐厅内部厨务人员经常使用的计价方法。

三、菜品的定价原则

餐饮市场对于菜品的定价极其敏感，而菜品的定价又涉及菜品的价值、餐饮市场的供求关系、餐厅的规格档次、市场竞争的状况、季节的更替变换等诸多因素，只有遵循菜品定价的基本原则，使用合理的定价方法，才能确定出切实可行的菜品价格。

（一）以价值为基础，促使价格接近价值

根据价值规律，任何产品的价格都是以价值为基础的，菜品的定价也不例外。给菜品定价，应考虑凝结于菜品中的人类劳动，使菜品的价格围绕其价值波动，并与价值相适应。如果价格过高于价值，会给顾客带来名不副实的感觉，而价格过低于价值，则菜品的价值未能充分体现出来，损害了企业的利益。

（二）适应市场，反映供求关系

菜单的定价既要反映产品的价值，又要反映市场供求关系。普通的顾客群体，总是希望餐厅的菜品经济实惠，以符合其消费能力；高档次的客人则在讲求物质享受的同时，追求高层次的精神享受。因此，餐饮企业确定菜品价格一定要有针对性，以满足不同层次的顾客需求。此外，随着市场的波动，餐饮产品的价格也应按照供求关系作出适当调整，以满足市场需求。

（三）符合国家的价格法规与政策

菜单定价必须符合国家的价格政策，在国家政策规定的范围内确定餐厅的毛利率。制定菜品价格，要遵循按质论价、分级定价的原则，以合理的成本、费

用、税金加合理的利润制定合理的价格。同时,餐饮企业应主动接受当地物价部门的监督和指导,维护消费者和企业的双重利益。

四、菜品的定价方法

菜品的定价方法较多,用毛利率公式计算菜品价格的方法使用最广泛,习称为毛利率法。此外,跟随定价法、系数定价法等方法也时常使用。

(一)毛利率定价法

毛利率定价法主要有成本毛利率法(即外加毛利率法)和销售毛利率法(即内扣毛利率法)两种,两种方法均以饮食品成本为基础,再根据餐饮企业规定的成本毛利率或销售毛利率来计算价格。

例:某大众餐厅生产香菇扒菜胆一份,总成本为12元,若其成本毛利率为60%,则其销售价格为多少元? 若在星级酒店以相同的生产工艺制作此菜,假设该酒店规定的销售毛利率为60%,则其销售价格应为多少元?

解:大众餐厅销售价格为:12 ×(1 +60%)=19.2(元)

星级酒店销售价格为:12 ÷(1 -60%)=30(元)

产品成本相同的菜品,若由不同层次的餐饮企业来经销,由于各自规定的毛利率不同,因此其销售价格有着一定的区别。

(二)跟随定价法

所谓跟随定价法,又称随行就市法,就是以同业竞争对手的价格为依据,对菜品进行定价的方法。这种定价方法尤其适合经营质态相同的餐饮企业。

跟随定价法还适用于随市场变动灵活定价。一些节令性原料,在其大量上市之前,以此制成的菜品价格较高;待其大量上市后,价格自动向下调整。此外,在经营的旺淡季、不同的营业时段,可以推出不同的销售价格,以吸引顾客,刺激消费。

(三)系数定价法

所谓系数定价法,即以菜品的产品成本乘以定价系数,得出菜品的销售价格。这种方法既适合于单个的菜肴定价,也可用于筵席及套餐的定价。这里的定价系数,即是该企业计划成本率的倒数。

例:某酒店生产筵席一桌,用去的产品成本总计640元,已知该酒店规定的成本系数为2.5,试计算该酒席的销售价格并验证"定价系数,即是企业计划成本率的倒数"。

解:销售价格为:640 × 2.5 = 1600(元)

　　毛利额为:1600 − 640 = 960(元)

　　销售毛利率为:960 ÷ 1600 × 100% = 60%

　　成本率为:1 − 60% = 40%

成本率40%的倒数即为2.5(定价系数)。

(四)分类加价法

分类加价法是对不同菜式分类制定加价率的定价方法。其基本出发点是,各类菜式的获利能力不仅应根据其成本的高低,而且还必须根据其销售量大小确定。加价率的作用在于对不同菜式使用不同加价率,使各类菜式的利润率高低不同。

根据经验,高成本的菜式应适当降低其加价率,而低成本的菜式则应尽可能地提高其加价率;销售量大的菜式的加价率应适当降低,而销售量低的菜式的加价率则应适当提高。对某一具体菜式而言,应选择合适的加价率,然后确定用于计算其销售价格的饮食品成本率。

任务五　菜品的传承与创新

中国菜自诞生之日起,一直处于发展变化中,它前后承接、不断更新,由少到多,由粗到精。研究中式菜品,既要汲取传统菜品之精髓,总结菜品传承演变之规律,又要革故鼎新,探寻菜品发展创新之途径。

一、菜品的传承形式与规律

中国菜的传承与演变有近万年的历史。熟悉菜品的主要传承形式和演变规律,可为后世提供可资借鉴的样本,可推陈出新,引导人们去研制更多更好的创新菜品。

(一)菜品的主要传承形式

中国菜的传承,除餐厅里每日生产的菜品实物之外,还有菜谱、照片、图画、雕塑、笔记、讲义、医籍、经史、方志、诗词、文学作品、生产记录及声像制品等多种形式,其中,图文菜谱、生产记录及声像制品等传承形式最常见。

1. 图文菜谱

图文菜谱常见于各种食书,它是菜品记录传承的主要形式。目前,市场上的菜谱很多,有以图片为主的豪华精装本,有以文字为主的简易普及本,还有的图片与文字并重。如果按其实际用途归类,这些菜谱又可分为如下几种:

(1)科普式菜谱。这是市场上最为常见的一种菜品记录传承形式,它以文字为主,有时配以简明的图片。科普式菜谱一般包括原料用量、制作方法和风味特色三个方面,有的增加了菜品概况及制作关键。菜品概况涉及菜品出处、地方风味、菜品类别、适用季节、成本构成及销售状况等,记录的文字简明扼要。烹制要领则是着重介绍技术要领,可以是操作规程,可以是技术关键。此类菜谱编印成本较低,便于普及推广,但它格式固定,就菜写菜,知识性、趣味性不足。

(2)经营式菜谱。此类菜谱只介绍特异原料及其风味特色,同时注明供应酒店、适用季节、值厨名师及销售价格等,常以图片为主,文字简明扼要。这种记录形式主要用于菜品宣传及销售,以方便顾客点菜。一些装帧精美的零点菜单通常使用此类传承手法。

(3)提要式菜谱。此类菜谱没有常见菜谱的那些框框套套,它有时介绍菜品的原料、制法和风味,有时指明作者的所见所闻及心得体会,着重对特异原料、技术专长、成菜特色及烹制要领提出指导性意见。这种叙议结合的记录形式,清新耐读。

2. 生产记录

在大中型餐饮企业里,为了规范菜品生产,提高经营效益,厨务人员常对本店所经销的菜品进行归纳总结,形成生产标准,然后对菜品的销售情况进行如实记载,形成营销记录。"生产标准"和"营销记录"即构成菜品的生产记录。

菜品的生产记录为厨房实行标准化生产提供了第一手材料,其主要特色有四:第一,重视原材料的用量标准,特别注重主料及重要的调配料的选用;第二,菜品的商品属性鲜明,每一菜品的原材料成本、单位毛利率及销售价格准确无误;第三,菜品的烹调方法及工艺流程点到为止;第四,菜品的成菜特色及营销状况翔实准确。

3. 声像制品

菜品的烹制主要依赖于手工生产,有些工艺流程及操作技巧仅用文字或图片很难表述清楚。一些餐饮企业、行业协会、科研院所在从事菜品研发时,通常使用摄像机等对某些专家或专技人员的菜品制作过程进行现场摄录,制成声像制品,以供学习和研究。与图文菜谱、生产记录相比较,此类传承方法更为清晰明了、真实准确。随着科技的发展与进步,它将成为菜品记录传承的又一项主要方式。

（二）中国菜的演变规律

中国菜的传承与演变具有一定的规律性,总的趋势是由少到多,由简到繁,由拙到巧,由粗到精。先秦的菜品古拙简朴,品种单一,不太注重调色和造型。汉魏六朝,原料有荤有素,组配渐趋合理;菜形注意修饰,并能调出复合美味,这时的菜品较以前精细。唐宋金元,食源扩大,炉灶更新,孕育出刀工精美的花色拼盘和独树一帜的"胡风烹饪",乡土风味食品有了较大发展。及至明清,丰盛的原料,优质的调味品,精湛的烹调工艺,繁荣的饮食市场,使得中式菜品有了长足发展。民国时期,中国菜的发展相对缓慢,西式菜点的输入是其最大亮点。新中国成立之后,特别是改革开放以来,由于生产力的迅猛发展,饮食交流日趋频繁,膳食理论更趋科学,中国菜的发展进入到前所未有的繁荣时期。所有这些,都是中国菜品在继承中发展,在发展中创新的见证。中国菜的传承规律主要表现为:

（1）菜品的延续主要依靠自身的师承。从先秦的炮豚、蛇肴,到近世的金龙脆皮乳猪、三蛇龙虎凤大会,无不存在遗传"基因",这突出反映在基本用料、烹制工艺和特色风味的保留上。

（2）菜品的发展经受了物料筛选和舆论认同的考验,顺应时代潮流者生存,违背者消亡。像乳蒸豚等菜风行一时便销声匿迹,胡麻烧饼历经百代而不衰,即为明证。

（3）名菜的演化受社会因素制约,上层人士的喜恶常常支配其发展方向。烤鸭的日臻完美,小窝头保留至今,均系如此。

（4）菜品的审定随着科学技术的发展和文化水平的提高而逐渐准确。古代一些怪菜（如虎丹、狮乳）如今不再擅名,兼具食治与补养功效的三仙扒猴头、虫草炖金龟仍为世人所珍视,都能说明这一道理。

二、中国菜的创新原则与方法

（一）菜品创新的基本原则

菜品创新,是指在继承传统的基础上,根据相关要求和原则,利用新技术、新工艺、新设备、新原料等对菜品进行研发、改造、试制和推广,以适应消费者不断变化的饮食需求。菜品创新属于技术创新范畴,它是餐饮企业经营策略的重要内容,是衡量烹饪技术水平的重要指标,是丰富菜肴品种的源泉,是提升餐饮竞争力的要素,是保证餐饮业可持续发展的动力。不少品牌企业将菜品创新视作企业长久兴盛的生命线,不遗余力地研发菜品,真心实意地引领市场,获得了良好的经济效益和社会效益,充分显示了创新菜品的存在价值和发展前景。不可否认,在创新菜的研制及传播过程中,确实存在着不合情理、制作失当的现象,这就需要不断地探索菜品的传承规律,把握菜品的创新原则,只有这样,才会使研发出的菜品更具科学性和生命力。

1. 食用为本

可食性是菜品作为食品的基本属性和内在要求。研制创新菜,首先应考虑食用这一属性,从选料、组配到烹制的整个过程都要注重菜品做好后的可食性程度。有的创新菜太过注重色形,菜品制成之后,中看不中吃,偏离了食用的主题;有些菜品原料珍异,工序繁杂,食用率低,价格不菲,让人感到价不符实。菜品作为食品的一项特异分支,时时刻刻都应以食用为本,离开了食用这一属性,便失去了存在的价值。

2. 注重营养

营养卫生是菜品质量评审的一项重要标尺。一道菜品如果色、香、味、形、质、器符合质量要求,但其卫生状况存有问题,营养组配不够合理,这样的菜品是没有生命力的。我们设计创新菜品,应充分利用营养配餐的相关理论,努力倡导膳食平衡,既重视各种食材的营养特色,重视菜品的合理配伍与烹调,又注意原料在加热过程中的相互影响,以及在加热中可能产生的有害毒素,争取做到营养全面、绿色环保,把创制健康美食作为吸引顾客的重要手段。

3. 关注市场

设计创新菜品,必须考虑到顾客的消费心理。研制古代菜品,要符合现代人的饮食需求;挖掘民间菜品,要考虑到目标顾客的需要。开发创新菜点时,要时刻研究消费者的消费观念和变化趋势,讲究清鲜淡雅,注重饮食保健;避免精雕细刻、过分装饰,尽量不用有损于菜品色、质、味、形及营养的辅助材料,以免画蛇添足。此外,菜品创新光靠本地区本企业少数人闭门造车是有很大局限性的。餐饮经营者及菜品研发人员要经常走出去,参考和借鉴其他餐饮企业的制作方法,取人之长,补己之短。

4. 适应大众

创新菜的研制,要以适应广大顾客的感官需求为目标,得到了顾客的认同,才会有发展潜力。创新菜的推出,要以大众化原料为基础,过于高档的菜肴,由于曲高和寡,一些中低阶层人士难以接受。近些年来,家常菜比较盛行,许多烹调师在家常风味、大众菜肴上开辟新思路,创制出一系列新品佳肴,受到各地客人的喜爱,餐厅也因此门庭若市,生意兴隆。因此,创新菜的推广,要立足于一些易取原料,要价廉物美,广大老百姓能够接受,则其影响力必将十分深远。

5. 易于操作

创新菜的烹制应尽可能操作简单,尽量减少人力物力的耗费。随着社会的发展,人们发现部分食品经过繁复的工序,长时间的加热处理后,其营养价值会大打折扣。此外,从经营的角度来看,过于繁复的工序也不适应现代经营的需要,一是效率太低,增加了经营成本;二是耗时太长,满足不了顾客对时效性的要求。所以,创新菜的制作,一定要考虑到简易省时。广东名菜金龙脆皮乳猪、四川名菜毛肚火锅等,都是在传统基础上经过不断改良而满足现代经营需要的创新菜代表。

6. 务本求实

菜品的传承有其内在的规律。菜品的创新必须遵循烹饪规律,符合烹调原理;必须以安全卫生为保障,以营养合理为基础,以感官品质(色、香、味、形、质、器)优良为目标。一款创新菜的问世,有时需要投入很多时间和精力,从构思到试制,再到改进,直至推广,有时需要试验多次,没有一定的创新思维、没有持之以恒的毅力、没有扎实的功底、没有广博的学识,只凭一时的热情,很难实现菜品研发的目的。只有脚踏实地地把功夫和精力放在菜品品质的研究上,克服浮躁之风,避免华而不实,才能研发出构思独特、品质高雅的精品来。

(二)菜品创新的主要手法

中式菜品的创新手法较多,归纳起来,主要有如下类型。

1. 挖掘法

即从古籍经典中挖掘出各式历史名菜,古谱新曲,同中见异,取其精华,去其糟粕,创制出各式"仿古菜品"。如仿唐菜、红楼菜的制作。

2. 移植法

将源于各地的美馔佳肴进行合理移植,借鉴其他风味流派的烹调技艺,取人之长,补己之短,创制精品,为我所用。如宫保鸡丁等菜品的出现,即是两系融合、移植借鉴的见证。

3. 采集法

采集民间的烹饪佳作,结合酒店自身的实际,进行更新改造,使之符合餐饮潮流。如现今流行的部分乡土名菜即是源自民间。

4. 翻新法

把过去曾经流行的馔肴,结合当今人们的饮食需求,进行翻新改造,使其更具吸引力。如红苕豆豉回锅肉,就是在回锅肉的基础上因袭旧制,移花接木,翻新而成。

5. 立异法

即打破常规,巧辟新径,采用标新立异、出奇制胜的方法,如改变炊具、更新技法、调配食材等,创制出新颖奇特的菜品,给人耳目一新的感觉。如竹排烤白鱼的创制。

6. 点面法

即以某一传统名菜、著名食材或特殊炊具的制作方法为依托，举一反三，触类旁通，创制出系列菜品。如系列火锅菜品的创制。

7. 变料法

就是以替代原料顶替传统材料，改头换面，推陈出新，使得创制的菜肴真假难分，特色鲜明。如"素香肠"等创新素菜的烹制，吃鸡不见鸡，吃鱼不见鱼。

8. 变味法

利用各个地方、各个菜系已有的调味成果，选择出当地食客能接受的味型来丰富菜肴品种。如粤菜中的蚝油味、芥末味等系列菜品。

9. 摹状法

即模仿自然界的实物外形，突出菜品的意境，创制出各种象形会意的菜品。如八宝葫芦鸭等工艺菜的创制。

10. 引入法

引进国外的烹饪技法，相互融合，形成中西合璧式的菜品。如虾仁吐司等运用中菜西做、西菜中做等方法所创制的各式菜品。

总之，研究中式菜品，既要总结菜品的传承规律，又要探寻菜品之创新途径。熟悉菜品的传承规律和创新手法，可以开拓思路，启迪智慧，有利于提高企业员工的技术水平，丰富菜肴的花色品种，合理编制各类餐饮菜单。

实训演练题

一、单项选择题

1. 关于菜品类别的叙述，错误的选项是(   )。

A. 菜品主要由菜肴、面点和饮品所构成

B. 菜肴按其成菜温度可分为冷菜和热菜

C. 面点有主食、小吃和点心之分

D. 菜品按其用途可分为家常菜、宴饮菜、食疗菜和祭祀菜

2. 下列选项，不属于菜品质量评定要求的是(   )。

A. 安全卫生　　　　　　　　B. 营养合理

C. 感官性状良好　　　　　　D. 毛利率高

3. 水煮牛肉、荷叶粉蒸肉的质感要求分别是(   )。

A. 软糯胶黏、外酥内嫩

B. 柔软滑嫩、嫩脆爽口

C. 软嫩化渣、酥烂油润

D. 外酥内嫩、软糯胶黏

4. 构成饮食品成本的要素是( )。

A. 主料及配料成本

B. 主料、配料及调料成本

C. 主料、配料及燃料成本

D. 主料、配料、调料及燃料成本

5. 某菜肴的主料净料质量是 400 克,净料率是 80%,毛料进价是 20 元/千克,调配料成本为 4 元,则其原材料成本为( )。

A. 原材料成本 8 元   B. 原材料成本 10 元

C. 原材料成本 12 元   D. 原材料成本 14 元

6. 中国名菜松鼠鳜鱼、北京烤鸭、佛跳墙所属地方风味流派分别是( )。

A. 淮扬风味、燕京风味、八闽风味

B. 齐鲁风味、巴蜀风味、钱塘风味

C. 淮扬风味、岭南风味、徽皖风味

D. 岭南风味、钱塘风味、潇湘风味

7. 下列选项,属于湖南菜代表菜的是( )。

A. 水晶肴蹄、无为熏鸡、三蛇龙虎凤大会

B. 葱烧海参、龙井虾仁、清炖蟹黄狮子头

C. 鼎湖上素、太极芋泥、冬瓜鳖裙羹

D. 腊味合蒸、冰糖湘莲、翠竹粉蒸鮰鱼

8. 菜品名称全部是寓意法命名的选项是( )。

A. 麻婆豆腐、清蒸鲈鱼、金陵桂花鸭

B. 冰糖甲鱼、生煸草头、李鸿章杂烩

C. 霸王别姬、佛跳墙、龙虎凤大会

D. 松鼠鳜鱼、道口烧鸡、瓦罐煨鸡汤

9. 菜品名称属于写实法中质感加主料命名的选项是( )。

A. 宋嫂鱼羹、通心河鳗、龙身凤尾虾

B. 锅烧鳗鱼、大良炒牛奶、淡糟香螺片

C. 脆皮乳猪、软酥鸡腿、酥鲫鱼

D. 西湖醋鱼、麻辣子鸡、奶汤锅子鱼

10. 下列风味流派,不属于中国面食三大主要风味流派的选项是( )。

A. 京式面点   B. 广式面点

C. 苏式面点   D. 川式面点

二、多项选择题

1.关于红烧鲴鱼的成菜特色,叙述正确的选项是( )。

  A.色泽红亮油光   B.肉质细嫩凝润

  C.滋味咸鲜微甜   D.形块整齐不散

2.菜品的感官评定标准,除色泽和谐、香气宜人之外,还有( )。

  A.滋味醇正   B.形态美观

  C.质地适口   D.盛器得当

3.关于地方菜系分支构成的叙述,正确的选项是( )。

  A.福建菜主要由福州菜、闽南菜、闽西菜和泉州菜构成

  B.安徽菜主要由皖南菜、沿江菜和沿淮菜所构成

  C.浙江菜主要由杭州菜、宁波菜、绍兴菜和温州菜所构成

  D.湖南菜主要由湘江流域菜、洞庭湖区菜和湘西山区菜所构成

4.关于江苏菜风味特色的叙述,正确的选项是( )。

  A.由金陵风味、淮扬风味、姑苏风味和徐海风味所构成

  B.擅长炖、焖、煨、焐、烤

  C.菜品风味特色为清鲜平和、咸甜适中、组配谨严、菜形清丽

  D.园林文化和文士饮膳的气质浓郁

5.关于鲁菜风味特色的叙述,正确的选项是( )。

  A.鲁菜主要由济南菜、济宁菜和胶东菜所构成

  B.鲁菜鲜咸、醇正,善用面酱,葱香突出

  C.鲁菜重视火候,精于爆、炒、炸、扒,擅长制汤和用汤

  D.具有官府菜的饮馔美学风格

6.关于粤菜风味特色的叙述,正确的选项是( )。

  A.粤菜主要由广州菜、潮州菜、东江菜和港式粤菜所构成

  B.风味特色主要是:生猛、鲜淡、清美

  C.技法广集中西之长,趋时而变,勇于革新,饮食潮流多变

  D.点心精巧,大菜华贵,设施与服务一流,有"食在广州"之誉

7.关于鄂菜的风味特色叙述,正确的选项是( )。

  A.水产为本,鱼菜为主

  B.擅长蒸、煨、烧、炸、炒

  C.菜品汁浓芡亮,口鲜味醇,重本色,重质地

  D.主要吸取了四川菜和湖南菜的特长

8.关于菜品质地的叙述,下列选项正确的是( )。

  A.北京烤鸭的质地为外皮酥脆,肉质肥嫩

B. 松鼠鳜鱼的质地为外酥脆,内软嫩

C. 芙蓉鸡片的质地为柔软滑嫩

D. 刀削面的质地为筋道

9. 关于饮食品价格核算,正确的选项是( )。

A. 饮食品售价 = 饮食品成本 ×(1 + 成本毛利率)

B. 饮食品售价 = 饮食品成本 ÷(1 - 销售毛利率)

C. 饮食品售价 = 饮食品成本 + 毛利额

D. 饮食品售价 = 饮食品成本 + 营业费 + 利润

10. 生产梅菜扣肉 10 份,耗用猪五花肉 3 千克(市场售价 30 元/千克),调配料计价 8 元,燃料费计价 2 元,则每份菜肴原材料成本及总成本为( )。

A. 原材料成本 9.8 元　　　　　B. 原材料成本 17 元

C. 菜肴总成本 10 元　　　　　D. 菜肴总成本 19 元

11. 生产油爆腰花用去了净猪腰 225 克,用去的调配料计价 3 元。若鲜猪腰的售价为 40 元/千克,净料率为 75%,则其主料成本及原材料成本为( )。

A. 主料成本 10 元　　　　　B. 主料成本 12 元

C. 原材料成本 13 元　　　　　D. 原材料成本 15 元

12. 某筵席售价 880 元,实耗主料成本 348 元,调配料成本 92 元,燃料耗费计 10 元,损坏餐具 2 件计价 30 元。则其总成本及毛利额为( )。

A. 筵席总成本为 480 元　　　　　B. 筵席总成本为 450 元

C. 筵席毛利额为 320 元　　　　　D. 筵席毛利额为 430 元

13. 某会议包餐定价为 200 元,实耗原材料成本为 112 元,燃料费为 8 元,该套餐的成本毛利率和销售毛利率分别为( )。

A. 筵席成本毛利率为 66.67%　　　　　B. 筵席成本毛利率为 75%

C. 筵席销售毛利率为 40%　　　　　D. 筵席销售毛利率为 45%

14. 某接待餐厅接待总人数为 1000 人,接待标准是 120 元/每人,规定执行的销售毛利率为 45%,投入的总成本及其毛利额分别为( )。

A. 投入的总成本为 54000 元　　　　　B. 投入的总成本为 66000 元

C. 毛利额为 66000 元　　　　　D. 毛利额为 54000 元

15. 某菜肴主料成本计价 8.5 元,配料及调料计价 2 元,燃料耗费 0.5 元,如果规定的成本率为 55%,则其销售价格和毛利额分别为( )。

A. 销售价格为 25 元　　　　　B. 销售价格为 20 元

C. 毛利额为 14 元　　　　　D. 毛利额为 9 元

16. 某便宴的原材料成本为 112 元,燃料费为 8 元,若规定的毛利率为 40%,则其销售价格及成本毛利率是( )。

A. 销售价格为 200 元
B. 销售价格为 220 元
C. 成本毛利率为 66.67%
D. 成本毛利率为 72%

17. 下列菜品,全部使用写实法命名的选项是( )。

A. 冰糖湘莲、清蒸鲈鱼、金陵桂花鸭
B. 霸王别姬、松鼠鳜鱼、龙虎凤大会
C. 腊味合蒸、太极芋泥、翠竹粉蒸鲴鱼
D. 西湖醋鱼、道口烧鸡、瓦罐煨鸡汤

18. 下列菜品,全部使用寓意法命名的选项是( )。

A. 孔雀迎宾、母子大会、鱼跃龙门
B. 冰糖甲鱼、生煸草头、霸王别姬
C. 松鼠鳜鱼、白云猪手、芙蓉鸡片
D. 全家福、大鹏展翅、蚂蚁上树

19. 菜品的传承形式,除菜品实物、医籍经史之外,主要的还有( )。

A. 图文菜谱
B. 生产记录
C. 声像制品
D. 雕塑工艺品

20. 下列选项,符合菜品创新原则的是( )。

A. 食用为本、注重营养
B. 顺应市场、适应大众
C. 易于操作、务本求实
D. 思想超前、追求华丽

三、综合应用题

参照下列菜品记录模式,收集整理传统风味名菜及特色创新菜点 12 例。

菜品名称		红烧划水	记录时间	2011－10－8
菜品概况	营销信息		成菜特色	
	地方风味	荆楚风味	色泽	红亮油润
	菜品类别	筵席大菜	质地	滑嫩胶稠
	适用季节	秋冬最佳	滋味	咸鲜微甜
	单份成本	18 元/份	外形	条块完整
	流行地区	长江中下游	盛器	12 英寸白底腰盘
原料构成	主料(用量)		重要调配料	
	青鱼鱼尾:700 克		猪油、料酒、酱油、蒜丝、食盐、白糖	

续表

烹调方法	1.青鱼鱼尾洗净,剁成长约12厘米的长条块(每尾剁2~3块); 2.姜葱炝锅,下鱼尾煎至两面微黄,烹入料酒、酱油、糖色,加水旺火烧沸; 3.待汤汁稠浓时加入食盐,改用中火焖至透味,旺火收汁,勾芡明油装盘,撒上青蒜丝、胡椒粉。
制作要领	1."划水"即青鱼鱼尾,胶质含量丰富,肉质细嫩,滋味鲜醇,民间有"鳙鱼头、青鱼尾、鳝鱼背、田鸡腿"之谣谚; 2.鱼尾剁成长条块,下刀要准,力求整齐划一; 3.下盐的最佳时机是待汤汁浓稠时放入;过早加盐,鱼肉板结,鲜香物质难以溶于汤汁中,过晚加入,则鱼肉难以进味; 4.用熟猪油烧鱼尾,口感更醇和,鲜味更浓郁; 5.待汁、色、味调准后勾芡,确保"油包芡、芡包油"、"明油亮芡"。

项目二　筵席综述

　　"筵席",通俗地说,就是筵宴或酒席。它是多人围坐聚餐、聊欢共乐的一种饮膳方式,是按一定规格和程序编排起来,档次较高的一整套菜点,是人们进行交往、庆祝、纪念、游乐等社交活动的一种礼仪。筵席的品类繁多、款式万千。它们是菜点有计划、按比例的艺术组合,有内部的结构规律可以探寻;它们应当遵循一些基本原则,注重美食和美境、美趣的关系,礼食的色彩相当浓郁。设计筵席菜单,从事接待工作,既要了解筵席的特征和类别,还须掌握筵席的相关环节、内在结构和基本要求。

任务一　筵席的特征与类别

　　筵席,又称"酒席"、"宴席"或"宴会",是指人们为了某种社交目的的需要,以一定规格的菜品酒水和礼仪程序来款待客人的聚餐方式。它既是菜品的组合艺术,又是礼仪的表现形式,还是人们进行社交活动的工具。

　　"筵席"、"宴会"与"宴席"含义大体相同,通常等同起来使用。但"筵席"一词强调的是内容,即筵席是具有一定规格质量的一整套菜点,是菜品的艺术组合。"宴会"一词则更注重宴饮的形式和聚餐的氛围,其含义较广。"筵席"与"宴会"有时合而为一,习称为"宴席"。

一、筵席的特征

　　中式筵席既不同于日常膳饮,又有别于普通的聚餐,就在于它具有聚餐式、规格化和社交性这3个鲜明的特征。

　　所谓聚餐式,是指筵席的形式。我国筵席历来是多人围坐,亲密交谈,在欢快气氛中进餐的。中国传统筵席习惯于8人、10人或12人一桌,以10人一桌为主。至于桌面,虽有方形、圆形和长方形等形制,但以圆桌居多。赴宴者常由

4种身份的人组成,即主宾、随从、陪客和主人。主宾是宴饮的中心人物,常置于最显要的位置,宴饮一切都要围绕主宾进行;随从是主宾带来的客人,伴随主宾,其地位仅次于主宾;主人即办宴的东道主,筵席要听从其调度与安排;陪客是主人请来陪伴客人的,有半个主人身份,在劝酒、敬菜、攀谈、交际、烘托筵席气氛、协助主人待客等方面,起着积极作用。此外,由于是隆重聚会,又有特定目的,因此菜点丰盛,接待热情,不像平常吃饭那样简单随便,"礼食"的气氛颇为浓郁。

所谓规格化,是指筵席的内容。中式筵席不同于普通便餐、零餐点菜,十分强调档次和规格化。它要求菜品配套成龙,应时当令,制作精美,调配均衡,餐具雅丽,仪程井然。整个席面的冷碟、热菜、甜食、汤品、饭食、点心、水果、茶酒等均须按一定质量与比例,分类组合,前后衔接,依次推进,形成某种格局和规程。与此同时,在办宴场景装饰上,在宴饮节奏掌握上,在接待人员选择上,在服务程序配合上,都要考虑周全,使宴饮始终保持祥和、欢快、轻松的气氛。

所谓社交性,是指筵席的作用。筵席是菜品的艺术组合,集多种美味于一桌,它既可满足口腹之需,又能引发谈兴,给人精神上的享受。尤其是在社会交际方面,筵席可以聚会宾朋,敦亲睦谊;可以纪念节日,欢庆大典;可以接谈工作、商务交流、开展交际,等等。所以,筵席是人们进行社交活动的工具,是中华民族好客尚礼的表现形式,是中国传统礼俗的重要内容之一。

正因如此,古往今来,我国的筵宴隆重、典雅、精美、热烈。不论何种筵席,都强调突出主旨和统筹规划,注意拟定菜单和接待礼仪,讲究餐室美化和席面安排,重视选用主厨和调制菜品。久而久之,筵席便形成一套传统规范,并作为礼俗固定下来,世代相传,成为中华民族饮食文化的组成部分。

二、筵席的规格

筵席的规格又叫档次,这是就其等级而言的。古代,筵席的等级明显,不同阶级和阶层的人只能享用不同等级的酒宴。现在,饮食行业和接待部门依据宴饮的不同情况,一般将筵席分为四个类别,即:普通筵席、中档筵席、高级筵席和特等筵席。衡量筵席等级,一看菜点的质量,二看原料的优劣,三看烹制的难易,四看餐馆的声誉,五看餐室的设备,六看接待的礼仪。其中,关键是菜点的质量,它直接决定着筵席规格的高低。

(一)普通筵席

中式普通筵席的原料多是禽畜肉品、普通鱼鲜、四季蔬菜和粮豆制品,常有少量低档的山珍海味充当头菜。肴馔以乡土菜品为主,制作简易,讲求实惠,菜名朴实,多用于民间的婚、寿、喜、庆以及企事业单位的社交活动。

(二)中档筵席

中档筵席的原料以优质的禽肉、畜肉、鱼鲜、蛋奶、时令蔬果和精细的粮豆制品为主,可配置适量的山珍海味。菜品多由地方名菜组成,取料精细,重视风味特色,餐具整齐,席面丰满,格局较为讲究,常用于较隆重的庆典或公关宴会。

(三)高级筵席

高级筵席的原料多取用动植物原料的精华,山珍海味比重较大。常配置知名度较高的风味特色菜品,花色彩拼和工艺大菜占较大的比重,菜品调理精细,味重清鲜,餐具华美,命名雅致;文化气质浓郁,席面丰富多彩。多用于接待知名人士或外宾、归侨,礼仪隆重。

(四)特等筵席

特等筵席的原料多为著名的特产精品,山珍海味是其主流。常配置全国知名的美酒佳肴,工艺菜的比重很大,菜名典雅,盛器名贵,席面跌宕多姿,雄伟壮观。多接待显要人物或贵宾,礼仪隆重。

上述四类筵席,只是大致的划分,没有绝对的界限。为了清楚显示筵席的规格,认真贯彻"按质论价"的销售原则,在我国,筵席的规格通常用售价(或成本)来表示,既简洁明了,又方便实用。但是,筵席售价只能相对体现筵席的档次。因为,我国各地的烹调技术、物价指数和消费水平高低不一,所以筵席售价也不统一。此外,淡旺季的差异、物价的波动和企业出于竞争需要的调价,也会影响筵席价格的浮动。所以,用售价表示筵席规格,必须考虑具体时间和环境,只有在同一时间和地域里,筵席规格由售价表示才较准确。

三、筵席的类别

筵席的分类方法较多,按照不同方式归类,可得到不同类别的筵席。

按时代分,有古代筵席、现代筵席;

按规模划分,有大型筵席、中型筵席、小型筵席;

按地方风味分,有鲁菜席、苏菜席、川菜席、粤菜席等;

按头菜名称分,有燕窝席、猴头席、海参席等;

按烹制原料分,有山珍席、海错席、水鲜席、蔬菜席等;

按时令季节分,有端午宴、中秋宴、团年宴等;

按办宴目的分,有婚庆宴、寿庆宴、丧葬宴、迎送宴、谢师宴、祝捷宴等;

按菜式特色,我国目前经销的筵席常被分为中式筵席、西式筵席和中西结合式筵席。

(一)中式筵席

中式筵席品目众多,体系纷繁,若按其特性划分,可分作宴会席和便餐席两类。宴会席和便餐席是我国常见的传统宴饮形式,它按照中华民族的聚餐方式、宴饮礼仪和审美观念编成:上中国菜点,用中国餐具,摆中国式台面,反映中国风俗习惯,展示中国饮食文化,体现儒家伦理道德观念和五千年文明古国风情。

1.宴会席

宴会席是我国民族形式的正宗筵席,根据其性质和主题的不同,可细分为公务宴(包含国宴)、商务宴和亲情宴等类型。宴会席的特点是形式典雅,气氛浓重,注重档次,突出礼仪。每桌人数固定,席位多是主人事先排定,也可由宾客相互推让就座。整套菜品由酒水、冷碟、热炒、大菜(包括甜食、汤品)、点心和水果组成,以热菜为主。上菜讲究程序,宴饮重视节奏,服务强调规范;适合于举办喜事、欢庆节日、洽谈贸易、款待宾客等社交场合。饮食业所经营的筵席,以宴会席居多。

2.便餐席

便餐席是宴会席的简化形式,它可细分为家宴和便宴等类型。其特点是菜品不多,宾客有限,不拘形式,灵活自由。肴馔不要求成龙配套,可根据宾主爱好确定(如临时换菜、加菜、点菜),聚餐场所也能改变,还可自行服务。它类似家常聚餐,经济实惠,轻松活泼,还去掉许多繁文缛节,适于接待至亲好友,可以充分畅述情谊。

(二)西式筵席

西式筵席是指菜点饮品以西餐菜品和西洋酒水为主,使用西餐餐具就餐,并按西式宴饮程序和礼仪服务的筵席。西式筵席的菜点常以欧美菜式为主,饮品使用西洋酒水;其餐具用品、厅堂风格、环境布局、台面设计等均突出西洋格调,如使用刀、叉等西餐用具,餐桌多为长方形。此外,西式宴会的服务程序和接待礼仪都有严格要求,这与中式筵席相比有着较大区别。

目前,西式筵席在我国的涉外酒店与餐厅较为流行,根据其菜式和服务方式的不同,可分为法式筵席、意式筵席、俄式筵席、美式筵席和英式筵席等。此外,随着日、韩菜式的兴起,日、韩筵席在我国也有广阔的市场,有人将其纳入西式筵席的范畴。

(三)中西结合式筵席

中西结合式筵席,是指鸦片战争之后,随着西餐西点的传入,西式宴会的一些菜式和礼俗慢慢向中国传统筵席中渗透,并在此基础上融汇而成的一种结合型酒筵。这种结合型酒筵是在中国传统筵席的基础上,吸取西式筵席的某些长处融汇而成,它有席位固定的餐桌服务式筵席以及席位不固定(或不设席位)的酒会席之分。特别是中西结合式的酒会席,在我国经济比较发达的地区应用较广。

任务二 筵席的环节、结构和要求

一、筵席的环节

在餐饮行业里,筵席是一种特殊商品,存在着使用价值和交换价值,同时具有物质生产劳动和服务性劳动,兼有加工生产、商品销售、消费服务三种职能,经营服务过程与消费过程统一,并且在同一时间、同一空间内进行,这就决定了筵席必然存在筵席预订、菜品制作、接待服务及营销管理这四个前后承接的环节。

(一)筵席预订

筵席的预订工作属于设计环节,它多由筵席预订部协同餐厅主管和厨师长(主厨)合作完成。其主要任务是根据客人的要求和餐馆的条件,拟定筵席的主旨和总体规划,编排菜点名单和接待服务程序,审议餐厅布置方案和花台装饰,选定主厨和安排其他人员。凡此种种,都要简明扼要地记入筵席预订单中,将它作为"筵席施工示意图"下发给有关部门分头执行,并督促检查。

(二)菜品制作

筵席菜品的制作属于生产环节,由烹调师、面点师共同负责。这一环节应考虑的是原料的选用、烹制的方法、菜品的风味、餐具的配套、上菜程序的衔接、宴饮节奏的掌握以及餐饮成本的控制等,至于各项协调工作,则由有经验的厨师长负责。厨师长要按照席单的要求,安排好采购、炉子、案子、碟子和面点五方面的人员,一一落实任务,使每道菜点都能按质、按量、按时地送到席上。

(三)接待服务

筵席的接待与服务工作属于服务环节,由宴会设计师和餐厅服务员负责。它考虑的是餐室美化、餐桌布局、席位安排、台面装饰和服务礼仪。要求服务人员做到衣饰整洁、仪容端庄、语言文雅、举止大方、态度热情、反应敏捷、主动、热忱、细心、周到。由于服务人员是代表整个酒店面对面为顾客提供消费服务的,餐厅的声誉、菜点的质量和接待的风范都要通过她们反映出来,因此,这一环节更为重要。

(四)营销管理

筵席的营销管理工作属于管理环节,多由筵席销售管理部门负责。其岗位职责是负责筵席的销售及管理工作,包括制订销售计划、实施营销措施、确定销售毛利率、降低生产损耗及营销成本、掌控菜品质量与服务质量以及营销结算与核算等。开展积极的营销活动,合理控制经营成本,有效吸引客源,提高设备设施的利用率,确保筵席的质量,提高筵席的销量,获取最大的经济效益和社会效益,这是筵席成功的重要保证。

上述四个环节,是筵席这一统一部件中的四个有机链条,彼此相辅相依,缺一不可,其中任何一个环节出了差错,都会影响全局。只有四者协调一致,配合默契,才能使筵席发挥出最佳效益。

二、筵席的结构

中式筵席包括宴会席和便餐席两类,便餐席的菜品可根据宾主爱好灵活配置,随意性较大,这里仅介绍宴会席的结构。

中式宴会席尽管种类繁多、菜点各异、风味有别、档次悬殊,但多由冷菜、热炒、大菜、饭点、蜜果等食品组成。综合起来,这些食品大体上分作酒水冷碟、热炒大菜、饭点蜜果三大部分。

(一)酒水冷碟

这是宴会席的"前奏曲",主要包括冷碟和饮品,辅以手碟、开席汤。要求开席见喜,小巧精细,诱发食欲,引人入胜。

冷碟又称冷盘、冷荤、冷菜或拼盘,有单碟、双拼、三镶、什锦拼盘和花色彩碟等多种形式,讲究配料、调味、拼装和盘饰,要求量少质精、以味取胜,起到先声夺人、导入佳境的作用。

"无酒不成席"。中式宴会席中常见的酒水有白酒、黄酒、啤酒、葡萄酒和药酒以及果汁、牛奶、可乐、茶水等各种饮料。适量饮酒,可以兴奋精神、增进食欲、增添谈兴、活跃宴间气氛。

(二)热炒大菜

这是宴会席的"主题歌",全由热菜组成(有时也可加入点心、小吃)。它们属于筵席的躯干,质量要求较高,排菜应跌宕变化,好似浪峰波谷,逐步把宴饮推向高潮。

热炒菜是指以细嫩质脆的动植物原料为主料,运用炒、炸、爆、熘等方法制成的一类无汁或略有芡汁的热菜。它有单炒、双炒、三炒等形式,以单炒为主,其最大特色是色艳味鲜、嫩脆爽口。筵席中的热炒菜一般安排 2~6 道,或是分散跟在大菜之后,或是安排在冷碟与大菜之间,起承上启下的过渡作用。

大菜,又称大件,它是筵席的主菜,素有"筵席台柱"之称,其总体特征是做工考究、量大质优,能体现筵席规格。筵席中的大菜一般包括头菜、荤素大菜、甜食和汤品四项;如按上菜程序细分,则又有头菜、烤炸菜、二汤、热荤(可灵活编排、数目不定、原料各异)、甜菜、素菜和座汤之别。

(三)饭点蜜果

这是宴会席的"尾声",包括饭菜、主食、点心和果品等。目的是使筵席锦上添花、余音绕梁。

饭菜是为佐饭而设置的"小菜",以素为主,兼及荤腥,还可精选名特酱菜、泡菜或腌菜,以小碟盛装,刻意求精,给赴宴者口角吟香的余韵。

点心在正规的宴会席中必不可少。其品种较多,注重档次,讲究用料和配味。中式宴会席中的点心要求小巧玲珑,以形取胜。

果品有鲜果、干果及果品制品之分;筵席中的水果主要指鲜果,一些高级宴会中有时也加配蜜饯或果脯等水果制品。宴会席中合理配用果品,可以起到解腻、消食、调配营养等作用。

香茗通常只用一种,讲究的是将红茶、绿茶、花茶、乌龙茶齐备,凭客选用。上茶多在入席前或撤席之后,宾主既品茶,又谈心,其乐融融。

总之,中式宴会席是个统一的整体,三大部分应当枝干分明,匀称协调。一般情况下,这三组食品在不同规格的宴会席中的成本比例大致为:

	冷菜	热菜	饭点蜜果
普通筵席	10%	80%	10%
中档筵席	15%	70%	15%
高级筵席	20%	60%	20%

三、筵席的基本要求

了解筵席的环节,把握宴会席的结构,只是设计与制作筵席的基础,要承办好筵席,还须符合以下要求。

(一)主题的鲜明性

筵席不是菜点的简单拼凑,而是一系列食品的艺术组合。首先,它要求主题鲜明,即设计与制作筵席时,应分清主次、突出重点、发挥所长、显示风格。分清主次指主行宾从,格调一致,一、三组菜品要视第二组菜品的需要而定。突出重点就是全席菜品中突出热菜,热菜中突出大菜,大菜中又要突出头菜,使其用料、工艺与质地都明显地高出一筹,以带动全席。发挥所长即施展技术专长,避开劣势,优先选用名特物料,运用独创技法,力求振人耳目。显示风格便是亮出名店、名师、名菜、名点、名小吃的招牌,展示当地饮食习尚和风土人情,使人一朝品食,终生难忘。以上四条是统一的,水乳交融的。川菜席就得有川味,闽菜席应当是闽乡的风情,金陵全鱼席的用料便不能有泰山赤鳞鱼、东北马哈鱼;佛门全素斋必须杜绝五荤、五辛、蛋奶以及"素质荤形"的工艺菜。主题鲜明,本身就是一种明朗而和谐的美,自然具有美学价值,受人喜爱。

(二)配菜的科学性

配菜是设计与制作筵席的重要环节,它表现在菜品质与量的配合、外在感官性状配合以及营养配合三个方面。

菜品质与量的配合上,须遵循"按质论价、优质优价"的配菜原则,考虑时间、地点、客人需求等因素。菜肴的数量多少、原料的高低贵贱、取料的精细程度以及主辅料的搭配,都应视筵席的规格而定。不论筵席档次如何,都要保证所有的宾客吃好。

菜品外在感官性状的配合上,要利用原料、刀口、烹法、味型、菜式的互相调配,使整桌筵席色、香、味、形、质、器俱佳。均衡、协调和多样化,是筵席配菜的总体要求。

筵席菜品营养的配合上,要能提供一份合理的膳食营养供给表,满足人体多方面需求。首先,作为筵席食品,必须无毒无害,一切含有毒素或在加工中容易产生毒素的原料,都应排除在用料之外。有些含有毒素的原料(如蛇、蝎之类)必须彻底剔除有毒部分或经加工处理除去毒素之后方可使用,保证食品绝对安全。其次,整桌菜品要能提供人体所需要的热能和多种营养素,特别是营养素种类要齐全,搭配要合理。最后,各组食品均应有利于人体消化吸收,配菜时,还要避免营养素的相互抑制,适当限制脂肪和食盐的用量,克服重荤轻素、菜量过大、营养过剩的弊端。此外,国家明令保护的珍稀生物,一律不可选来做菜。

(三)工艺的丰富性

不论何种筵席,都应依据不同需要灵活安排菜单。在制定菜单时,既须注意主题的鲜明、风格的统一,又应避免菜式的单调和工艺的雷同,努力体现错综的美。这是因为一桌筵席通常都由多道菜点组成,菜品愈多,愈需显示各自不同的个性。只有菜品的品种、用料、技法、色泽、味型、质感、盛器等都呈现出多样化,筵席才富于节奏感和动态美,才符合"席贵多变"的排菜要求。

(四)形式的典雅性

筵席是吃的艺术、吃的礼仪,需要处理好美食与美境的关系。形式的典雅,就是要认真考虑进餐时的环境因素和愉悦情绪。为了吃得好,吃得有雅趣,应当讲究餐室布置、接待礼节、娱乐雅兴和服务用语。为了使筵席格调高雅,有着浓郁的民族气质和文化色彩,承办者可将筵席安排在园林式雅厅;可在餐室适当点缀古玩、字画、花草、灯具,或配置古色古香的家具、酒具、餐具和茶具;可按主人设宴目的选用应时应景的吉祥菜名,穿插成语典故,寄托诗情画意;可安排适当数量的工艺大菜或图案冷碟,展现技巧。总之,在物质享受的同时,给人精神享受,使纤巧之食与大千世界相映成趣,让宾客有宾至如归的欢愉感。

(五)接待的礼仪性

中国筵席既是酒席、菜席,也是礼席、仪席。我国筵席注重礼仪由来已久,世代传承。古人强调:"设宴待嘉宾,无礼不成席。"在许多大宴中,都有钟鼓奏乐,诗歌答奉,仕女献舞和优人助兴,这均是礼的表示,对客人的尊重。现代中国筵席虽然废除了旧时代的等级制度和繁文缛节,但仍保留着许多健康而有益的礼节与仪式。例如,发送请柬,车马迎宾,门前恭候,问安致意,敬烟献茶,陪伴入席,彼此让座等。一般筵席是如此,重大国宴、专宴更是如此。除了注意上述种种问题之外,还要考虑因时配菜、因需配菜,尊重宾客的民族习惯、宗教信仰、身体素质和嗜好、忌讳等,在原料筛选、菜式确定、餐具配置、进餐方式等方面,都从尊重客人、爱护客人、方便客人出发,充分体现中华民族待客以礼的传统美德。

任务三　筵席菜品酒水的设计

筵席是菜品的组合艺术,筵席设计的实质,就是如何合理地配置各类食品,使其具有较高的食用价值和观赏价值。下面从冷碟、热菜、饭点蜜果及酒水的配置四个方面,分别介绍其设计要求。

一、冷菜类的设计要求

(一)单碟的配置

单碟,又称独碟,围碟,是指由一种冷菜装成的冷碟。单碟有元宝碟、平围碟、弓桥碟、条形碟、菱形碟及散装碟等多种形式,一般使用 5 ~ 7 英寸的圆盘或腰盘盛装,每份的净料用量大多控制在 100 ~ 150 克。各单碟之间,应交错变换,避免用料、技法、色泽和口味的重复。至于荤素搭配,一般是荤多素少,荤素兼备。独碟多用于一般筵席,4 ~ 8 道一组,于正菜之前直接上桌。在中、高档筵席中,单碟若与主碟同上,则称围碟,其用量较精,主要用来烘托主碟。

(二)双拼、三镶的配置

1. 双拼

又名对镶,是由分量相当的两种冷菜拼成的冷碟。这类冷碟在用料、形状和色泽上都应协调,还须讲究口味和质地的配合。味型丰富、色泽和谐、刀面协调、质地多变,是双拼冷盘的基本要求。双拼通常选用 7 ~ 9 英寸腰盘或圆盘盛装,盛器的规格统一。每盘配用 150 ~ 200 克净料,一般是一荤一素,也可使用两种荤料,但素料总量应保持在 1/3 左右。例如 6 道双拼,可用 4 种素料、8 种荤料。双拼常是 4 ~ 6 道一组,应用于中低档筵席中。

2. 三镶

又称三拼盘,是由分量相当的 3 种冷菜拼成的冷碟,同样注重色泽、口味、质感和刀面的配合。制作三镶既可选用腰盘,也可使用圆盘,其直径多在 8 ~ 10 英寸。每盘三镶冷碟的净料在 200 ~ 250 克左右,三者大体均衡。三镶取料精,档次高,更讲究色、质、味、形、器的配合。多是 4 ~ 6 道一组,应用于中高档筵席。

(三)什锦拼盘的配置

什锦拼盘,又称大拼盘、什锦大拼,是将多种类别、味型和色彩的冷菜拼制在同一器皿中的大型冷盘。它的盛器既可用腰盘,也可用圆盘,还可选用攒盒;其图案有"梅花形"、"扇面形"、"葵花形"、"塔基形"、"风车形"等,大多呈中轴对称,或呈中心对称;通常选用 8～12 种冷菜,各种冷菜的分量大体均衡,色泽、口味、质感各不相同。什锦拼盘以滋味丰富、质地适口、刀面精细、构图匀称为佳,通常应用于中档筵席中,替代其他类型的冷碟。

（四）主碟和围碟的配置

主碟,又叫彩碟、彩拼或工艺冷碟。它运用装饰艺术和刀技造型,在盘中酿拼山水、建筑、器物或图案,用 12 英寸以上的圆盘、腰盘、方盘、菱形盘或异形盘装成。主碟的设计牵涉到立意、命名、题材、风格、选料、构图、定型、设色诸方面,必须与筵席主题一致,像庆婚用"鸳鸯戏水",贺寿用"松鹤延年",中秋用"故乡月明",团year用"吉庆有余",迎宾用"满园春色",祝捷用"金杯闪光",等等。主碟必须符合营养卫生的要求,原料的规格与工艺的难易应视筵席档次而定,同时构图要有新意。围碟是主碟的陪衬,多用 5～6 英寸小碟盛装,拼装时要按主碟的要求确定形制,或摆出整齐划一的刀面,或制成小巧玲珑的简易图案,使之相辅相成。

主碟与围碟的配套,通常情况是,一主碟带 4～8 只围碟,高档筵席可以一主碟带 8～12 只围碟。其评判标准是:选题得当,图案新颖,寓意鲜明,刀工精细,用料丰富,搭配合理,色调和谐,造型生动,滋味多变,清洁卫生,能形成众星捧月之势。一般说来,主碟以观赏为主或观赏与食用并重,围碟以食用为主,并在总体上对主碟起衬托作用。

下面是不同规格的 5 组冷菜,可供参考。

第一组:普通筵席中的六独碟

椒盐鱼条　　　　　　蒜泥藜蒿

椒麻鸭掌　　　　　　糖醋排骨

红油牛肚　　　　　　姜汁菠菜

第二组:中低档筵席中的四双拼

烟熏白鱼—芝麻香芹　　　　白切嫩鸡—蚝油花菇

片皮烤鸭—蒜泥芸豆　　　　蜜汁红枣—凉拌蛰丝

第三组:中高级筵席中的四三拼

红油百叶—泡菜蒜苗—盐水鸭肫

烟熏泥鳅—糖渍地瓜—五香凤爪

椒盐鲜鱿—蒜泥豇豆—虾米冬菇

鱼香腰片—姜汁莴苣—糖醋油虾

第四组:中档筵席中的什锦大拼盘

五香牛腱—酸辣黄瓜—明炉烤鸭—朝鲜泡菜—红油口条—金钩豇豆—鱼香腰花—糖汁西红柿—糖醋海蜇—葱酥鱼块

第五组:高级筵席(全鱼席)中的一彩碟带八围碟

彩碟:金鱼戏莲

围碟:玉带鱼卷	豆豉鲮鱼
红椒鱼丝	凤尾春鱼
酒糟鱼条	腊味风鱼
椒盐鱼排	烟熏鳅鱼

二、热菜类的设计要求

(一) 热炒菜的配置

热炒菜有单炒(炒一种)、双炒(炒两种)和三炒(炒三种)之分。这类热菜以动物性原料为主,主要取用细嫩质脆的部位,如鸡丁、鲜贝、牛柳、肚尖、虾仁、蟹肉、鲜鱿、肉丝、鱼片等,植物性原料很少用作热炒菜。热炒菜的原材料通常加工成细小刀口,如片、丁、丝、条等,有的还须剞成麦穗花刀或菊花花刀等,以便快速成菜。热炒菜的用量通常为 300 克左右,主料占绝对优势,配料只起点缀作用。其盛器可用腰平盘或圆平盘,多为 8～10 英寸,规格应统一,并与整桌盛器相协调。热炒菜的制法主要有炒、爆、熘、炸、烹等,其共同点是:成菜迅捷、嫩脆爽口;"菜完汁干"是热炒菜的成菜特点之一。

编排热炒菜时,须考虑菜式的多样化,各道热炒之间,应避免色、质、味、形的单调重复。热炒菜的上菜方式应因各地的风俗习惯而定,常是 2～6 件一组,安排在冷碟之后,待热炒菜全部上完,再上头菜及其他大菜;也可以先上冷碟,次上头菜,再将热炒穿插在大菜之中入席。各道热炒要注意先后顺序,质优者宜先,质次者宜后,可突出名贵原料;清淡者宜先,浓厚者宜后,可防止味的相互抑制。例如鱼片、鸡丝、鲜贝和蟹粉,其鲜味是递增的,如果先上蟹粉,次上鲜贝,再上鸡丝和鱼片,则鸡肉和鱼肉的鲜味都会被压抑。

下面是不同规格的三组热炒菜,可供参考。

第一组:普通筵席中的四热炒

油爆肚尖	茄汁鱼片
腰果鲜贝	酸辣鱿鱼

第二组:中档筵席中的四双拼炒

雪花鲍片—炸凤尾虾

鱼香腰片—花酿冬菇

油爆菊红—茄汁鱼饺

油煎鸡塔—鸽蛋吐司

第三组:高级筵席中的四炒三拼

金丝鱼卷—茄汁鱼段—松仁鱼米

香酥鸽肝—辣子鸽腿—玉兰鸽脯

火燎鸡心—软炸鸡肫—香爆鸡肾

芝麻虾排—枸杞虾饼—夏果虾仁

(二) 头菜的配置

头菜是宴会席中规格最高的菜品,常用烤、扒、烩、蒸等技法制作,排在所有大菜最前面,统率全席。按照传统习惯,不少筵席的名称是根据头菜的主料来命名的。如头菜是"水晶鲍脯",就称"鲍鱼席",头菜是"鸡火海参",就称"海参席"。而且头菜等级高,热炒和其他大菜的档次也跟着高;头菜低,其他也低。所以鉴别筵席规格常以头菜为基准。

鉴于头菜的特殊地位,配置时应注意三点:首先,头菜的烹饪原料多选山珍海味或常见原料中的优良品种,其成本约占热菜成本的1/5~1/3。例如一桌成本为600元的中档筵席,热菜总的成本约为420元(按70%计算),头菜成本应控制在90~120元之间,头菜成本过高或过低,都会影响其他菜肴的配置。其次,头菜应与筵席主题、规格、风味相协调。标明是粤菜席,必须选用广东名菜;规定为高级酒宴,则应选用名特原料;注明季节,就要突出时令特色,而且头菜应首先满足主宾嗜好,并与本店技术专长结合起来。最后,头菜地位应醒目,盛器要大,如大盆、大碗、大盘,最好在12英寸以上;宜用整料制作或大件拼装,装盘丰满,注意造型;名贵者可分份上桌。

(三) 热荤的配置

热荤多由鱼虾菜、禽畜菜、蛋奶菜以及山珍海味菜组成,常与素菜、甜食、汤品连为一体,共同护卫头菜,并构成整桌筵席的正菜。

配置热荤,首先应处理好它与头菜的关系。热荤的用料,应视筵席规格而定,但是不论其档次如何,都不能超过头菜。如头菜为"鸡茸鱼肚",热荤可用鳜鱼、鲜贝,但不宜选用鱼翅、鲍脯。

其次,各道热荤之间也要配搭合理,原料、口味、质地和烹法彼此协调,既要避免重复,又要考虑成本核算。热荤的编排,通常是将炸烤菜置于头菜之后,再安排山珍海味或畜禽蛋奶。各热荤之间允许穿插1~2道点心或甜菜,然后相应安排素菜、鱼菜和座汤,座汤是大菜收尾的标志。

最后,热荤的制作可灵活选用烧、焖、蒸、炸、汆、烩、扒等技法。有些热荤汤汁较宽,需选容积较大的器皿;有些热荤适于加热后补充调味,如蒸菜多配姜醋,炸菜多配花椒盐或辣酱油,烤菜多配大葱、甜面酱和面饼。此外,热荤的用量也要相称,通常情况下,每份配净料750~1000克;至于整形的热菜,由于是以量大为美,因此用量一般不作限制,越大越显得气派。

(四)甜菜的配置

甜菜(含甜汤、甜羹)泛指一切甜味菜品。其品种较多,有干稀、冷热、荤素、高低之不同,需视季节和席面而定,并综合考虑价格因素。

甜菜用料多选果蔬菌耳或畜肉蛋奶。其中,高档的如冰糖燕窝、蜜汁蛤士蟆,中档的如散烩八宝、拔丝蛋液,低档的如什锦果羹、蜜汁莲藕。甜菜制法有拔丝、蜜汁、挂霜、蒸烩、煎炸、冰镇等,每种都能派生出不少菜式。甜菜应用于筵席,可起到改善营养、调剂口味、增加滋味、解酒醒酒的作用。筵席可配甜菜1~2道,品种需新颖,档次要相称。

(五)素菜的配置

筵席大菜中切不可忽视素菜。素菜有两种,一为纯素,一为花素。纯素指主料、配料和调料均为植物性原料,不沾任何荤腥,例如植蔬四宝、香菇菜心;花素指主要原料为素料,调料、配料(含用汤)可以兼及荤腥,例如开水白菜、蚝油生菜。用作素菜的原料很多,既有名贵品种(如猴头菇、竹荪),也有普通蔬菜(如白菜、冬瓜)。素菜入席,一须应时当令,二须取其精华,三须精心烹制,四须适当造型。素菜的制法要因料而异,炒、焖、烧、扒、烩、酿均可。大菜中合理地安排素菜,能够改善筵席营养结构,调节人体酸碱平衡;去腻解酒,变化口味;增进食欲,促进消化。素菜通常配用1~2道,上席位置大多偏后。

(六)汤菜的配置

筵席中的汤菜,种类较多。其中,用作大菜的有二汤和座汤。

1. 二汤

二汤定名于清代,满人筵席头菜多为烧烤,为了爽口润喉,头菜之后往往需要配置汤菜,因其在大菜中排在第二位,故名。如清汤燕菜、推纱望月之类。二汤多由清汤制成,使用头碗盛装。如果头菜为烩菜,二汤可省去;假若头菜是烩菜,二菜为烧烤菜,那么二汤就后移到第三位。

2. 座汤

座汤是筵席中规格最高的汤菜,通常排在大菜的最后面,行业里称之为"压座菜"或"镇席汤"。座汤的规格一般都高,有时可用整形的鸡、鸭、鱼、鳖,如清炖全鸡、鱼丸鲫鱼汤;有时可加名贵配料,如虫草炖金龟、川贝燕菜汤。制作座汤,清汤、奶汤均可;为了不使汤味重复,若二汤为清汤,座汤就用奶汤,反之亦然。座汤可用品锅盛装,冬季常用火锅替代。

汤菜的配置原则是:一般筵席仅配座汤,中高档筵席加配二汤。

下面是不同规格的三组大菜,可供参考。

第一组:普通筵席中的六大菜

扒四喜海参　　　　　烤葱油酥鸡

蒸珍珠双圆　　　　　溜鸳鸯鳜鱼

炒口蘑菜心　　　　　炖龙凤瓜盅

第二组:中档筵席中的八大菜

鸡茸笔架鱼肚　　　　香酥鹌鹑带夹

红烧鄂南石鸡　　　　砂钵黄陂三合

桂花孝感米酒　　　　油焖海参樊鲴

鸡油植蔬四宝　　　　汽锅虫草蕲龟

第三组:高级筵席(全鸭席)中的八大菜

鸭包鱼翅　　　　　　鸭茸鲍盒

烩鸭四宝　　　　　　挂炉烤鸭

珠联鸭脯　　　　　　兰花鸭翅

鸭汁双素　　　　　　虫草炖鸭

三、饭点蜜果的设计要求

(一) 饭菜的配置

饭菜,又称小菜、香食,与冷碟、热炒、大菜等下酒菜相对,是指饮酒后用以佐饭的菜肴。这类菜肴多由节令炒菜与名特酱菜、泡菜、糟菜、风腊鱼肉组成,如乳黄瓜、小红方、洗澡泡菜、玫瑰大头菜、腌椿芽、虾鲊、风鱼等。饭菜只安排在使用白米饭(或白米粥)的筵席中,2～4道一组,常用4～5吋小碟盛装,于座汤之后上席。有些丰盛的筵席由于菜肴多,席点(或小吃)也多,宾客很少用饭,因此不配饭菜。

(二) 席点、小吃的配置

席点即筵席点心。常以2～4道一组,随大菜或汤品编排在各类筵席中。品种有糕、酥、卷、角、皮、片、包、饺等,常见制法如蒸、煮、炸、煎、烤。筵席点心多运用分份式的形式,每份用量不宜过多,一般需要造型,如鸟兽点心、时果点心、花草点心、图案点心等,它们精细、灵巧,具有较高的观赏价值。

关于筵席点心的设计,一要与菜肴的质量相匹配,与筵席的档次相一致;二要与宴会的形式相适应,如婚宴用鸳鸯盒、莲心酥、子孙饺,寿宴用寿桃、寿糕、麻姑献寿、伊府寿面;三要考虑季节性,夏秋多配糕团,冬春多配饼、酥;四要考虑与菜品之间口味、质地的配合,如咸味大菜配咸点,甜味大菜配甜点,烤、炸菜配软饼,甜汤配糕,拔丝菜配羹;五要考虑席点形态的变化,筵席档次越高,点心越要做得精致小巧,越要注意点心之间的合理搭配;六要按各地的饮食习尚安排上菜顺序,筵席点心既可化整为零,逐一穿插于大菜之间,也可聚零为整,一同上席。

小吃。我国各地的小吃风格各异,特色鲜明。普通筵席一般不配小吃,风味筵席则很重视它。小吃大多排在大菜之后,充当主食。配置小吃,也应当是当地名特品种,一般 1～2 道,咸甜、干稀、冷热兼顾。

(三)果品与蜜脯的配置

筵席果品的配置甚为讲究,如寿席宜配佛手、蟠桃、百合、银杏;婚席宜配红枣、桂圆、莲子、花生;喜庆筵席则宜配苹果、香蕉、金橙、雅梨。筵席用水果主要指鲜果,一般应选配时令佳果和著名品种,每席配置 1～2 道,成色要鲜,品质要优,还须加工处理,摆成图案,置于水果盘中,以便增色添香、清口开胃、解腻醒酒。

蜜脯指蜜饯和果脯,如话梅、九制陈皮、蜜汁榄仁、苹果脯、海棠脯、冬瓜糖、甜藕片等。蜜饯主产于南方,以广东、福建、台湾为优,块片较小,是由糖、蜜和中草药腌制而成,多有黏汁,呈甜咸味或药味;果脯主产于北方,以北京为中心,块片较大,多用糖水熬煮后烘干,上有糖霜,不带黏汁,呈甜酸味。蜜饯果脯在现代筵席中应用较少,只有少数特色风味筵席仍在使用。配置蜜饯与果脯,须用 3～4 吋小碟盛装,4 道一组,用于开席前或收席后。

(四)茶的配置

筵席用茶实有 2 类。一是纯茶,如绿茶、青茶、乌龙茶、红茶、花茶等,茶叶要好,茶具要雅,冲泡之水要沸要净。二是混合茶,即在茶中添加相关配料熬煮,如药茶、糖茶、薄荷茶、奶茶、酥油茶等。茶的配置,通常只选一种,有时也可数种齐备,凭客选用,开席前和收席后都可以安排。配茶应尊重客人的风俗习惯。一般来说,华北多用花茶,东北多用甜茶(茶中添加白糖),西北多用盖碗茶,长江流域多选绿茶或青茶,闽台等地和侨胞多用乌龙茶,岭南一带多用红茶和药茶,少数民族地区多用混合茶。

下面是不同规格的三组饭点蜜果,可供参考。

第一组:中档筵席中的饭点蜜果

  点心:四喜蛋糕   双合汤包

  茶果:锦绣果拼   碧螺香茗

第二组:高级筵席中的饭点蜜果

  点心:佛手摩顶(佛手香酥)

    福寿绵长(伊府龙须面)

  水果:榴开百子(胭脂红石榴)

    五子寿桃(时令鲜桃)

  寿茶:大展宏图(祁门红茶)

第三组:特等筵席中的饭点蜜果

  饭菜:南糟豆腐   小炒油菜

    干煸青笋   香糟里脊

  主食:紫稻米饭   伊府鲜面

  席点:凤凰奶露   刺猬小包

  蜜脯:北京海棠   武汉山楂

    广东话梅   厦门陈皮

  香茗:西湖龙井   蒲圻花茶

四、筵席酒水的设计要求

酒水在筵席中的地位举足轻重,宴会自始至终都是在互相祝酒、劝酒中进行的。没有酒水就表达不了诚意,没有酒水就显示不出隆重,没有酒水就缺乏宴饮气氛。所以,人们常说:"设宴待佳宾,无酒不成席。"

(一)筵席酒水的类别

中餐筵席中的酒水主要有酒、水、茶、牛奶、果汁、咖啡等,根据其酒精含量,大致可分成酒精性饮料和非酒精性饮料。

酒精性饮料含酒精0.5%以上,习称为"酒",通常有酿造酒(啤酒、葡萄酒)、蒸馏酒(威士忌、白兰地、伏特加)和再制酒之分。非酒精类饮料不含酒精成分,它可分为含咖啡因饮料类(茶、咖啡、可可)、果汁饮料类(新鲜果汁、加工果汁)、碳酸饮料类(可乐、汽水、苏打水)、乳制品饮料类(牛奶、脱脂奶、豆浆)以及水类(矿泉水、泉水)等。

1.中餐筵席用酒

中式筵席注重以酒佐食。适量饮酒,可舒筋活血、开胃提神,增进或保持食欲;可以引发谈兴、助乐添欢,增加筵席气氛;可显示主人的热诚、宴饮的礼节,实现设置酒宴的社交目的。

（1）白酒。中餐筵席用酒多选用白酒，著名的白酒品种主要有茅台酒、汾酒、五粮液、洋河大曲、剑南春、古井贡酒、董酒、泸州老窖特曲、西凤酒、沱牌酒等。每一地区都有其习用的地方名酒。

（2）黄酒。黄酒是我国历史悠久的传统酒品，它以糯米、玉米、黍米和大米等为原料，经酒药、麸曲发酵压榨而成。其特点是酒质醇厚幽香，味感和谐鲜美。其种类有以浙江绍兴黄酒为代表的江南糯米黄酒、以福建龙岩沉缸酒为代表的福建红曲黄酒、以山东即墨黄酒为代表的山东黍米黄酒。

（3）啤酒。啤酒是以大麦为主要原料，配有特殊香味的啤酒花，经过发芽、糖化、发酵而制成的一种含二氧化碳的低酒精原汁酒。其特点是酒精含量在 2% ~8% 之间，具有显著的麦芽和啤酒花的清香，味道醇正爽口，富含多种维生素和氨基酸等营养成分，素有"液体面包"之称。

2. 中餐筵席用茶

茶，是以茶树新梢上的芽叶嫩梢为原料加工制成的产品。茶可直接沏作饮料，除解渴、清热之外，还具有提神、明目、醒酒、利尿、去油腻、助消化、降血脂、降血糖、防辐射等功效。中国筵席用茶的著名品种主要有：西湖龙井、碧螺春、黄山毛峰、庐山云雾、祁门红茶、武夷岩茶、铁观音、普洱茶、君山银针、苏州茉莉花茶等。

茶的冲泡方法较多。冲泡一杯好茶，除要求茶本身的品质外，还要考虑冲泡茶所用水的水质、茶具的选用、茶的用量、冲泡水温及冲泡时间五个要素。茶的配置要求前面已作叙述。

3. 中餐筵席中的果汁

果汁类饮料来自天然原料，主要有天然果汁、稀释果汁、果肉果汁、浓缩果汁和蔬菜汁等类别。

天然果汁是指没有加水的 100% 的新鲜果汁。稀释果汁是指加水稀释过的新鲜果汁，这类果汁中加入了适量的糖水、柠檬酸、香精、色素、维生素等。果肉果汁是含有少量的细碎颗粒的新鲜果汁，如粒粒橙等。浓缩果汁在饮用前需要加水稀释，以橙汁和柠檬汁最为常见。蔬菜汁是指加入水果汁和香料等的各种蔬菜汁，如西红柿汁等。

4. 中餐筵席中的碳酸饮料

碳酸饮料是含碳酸气的饮料的总称，其风味物质的主要成分是二氧化碳，同时还包含碳酸盐、硫酸盐等。

碳酸饮料的种类较多：普通碳酸饮料不含人工合成香料，也不含任何天然香料，常见的有苏打水、矿泉水碳酸饮料等。果味型碳酸饮料添加了水果香精和香料,如柠檬汽水、干姜水等。果汁型碳酸饮料含有水果汁或蔬菜汁,如橘汁汽水。可乐型碳酸饮料含有可乐豆提取物和天然香料,如可口可乐和百事可乐。碳酸饮料冰镇后(一般为4~8℃)口感最佳。

5. 中餐筵席中的乳品饮料

乳品饮料是以牛奶为主要原料加工而成,常见品种有新鲜牛奶、乳饮、发酵乳饮等。乳品饮料含有丰富的蛋白质、卵磷脂、B族维生素、钙质等多种营养成分,能有效预防骨质疏松症,对高血压、便秘等也有一定疗效。中餐筵席中使用乳品饮料,主要适用于女宾、老年客人及儿童。

(二)筵席酒水的设计要求

1. 酒水与筵席的搭配原则

(1)酒水的档次应与筵席的档次相一致。筵席用酒应与筵席的规格和档次相协调。高档筵席,宜选用高档次的酒品。例如,国宴用酒往往选用茅台酒,因为茅台酒被称为"国酒",其身价与国宴相匹配。普通筵席则宜选用档次一般的酒品,例如,我国多数乡镇中的家常便宴习用当地酿造的普通酒。

(2)酒水的产地应与筵席席面的特色相一致。一般来讲,中餐筵席往往选用中国酒,西餐筵席往往选择外国葡萄酒,不同的席面在用酒上也注重与其地域相适应。例如,北京人的筵席常配二锅头酒,江苏人的筵席常配洋河酒,湖北人的筵席常配枝江大曲、黄鹤楼酒,而浙江民间婚宴中则流行用"状元红"。

(3)中式筵席要慎用高度酒。中餐筵席对于高度酒的选用一定要谨慎。因为,使用高度白酒佐餐,酒精会对味蕾产生强烈的刺激,会影响就餐者对美味佳肴的品尝。过量饮用高度白酒,极易引起酒精中毒,既伤身,又败兴。

当然,中餐筵席用酒,首先应遵从主办者的意愿,当客人的意愿与饮酒的原则不相符时,不能片面地强调原则,而应以客人的具体要求为准则。

2. 酒水与菜品的搭配原则

(1)酒水的配用应充分体现菜肴的特色风味。筵席中的酒品以佐助为主,处于辅助地位。酒水应充分体现菜品的风味特色,而不能喧宾夺主、抢去菜肴的风头。所以,在口味上不应该比菜肴更浓烈或甜浓,在用量上以适量为宜。

(2)酒水与菜肴的风味要对等协调。酒水与菜肴的搭配有一定的规律可循。色味淡雅的酒应配颜色清淡、香气高雅、口味醇正的菜肴;色味浓郁的酒应配色调艳、香气馥郁、多味错杂的菜肴;咸鲜味的菜肴应配干酸型酒;甜香味的菜肴应配甜型酒;香辣味的菜肴应配浓香型酒;中国菜尽可能选用中国酒。

(3)酒水应尽量让客人接受和满意。有些酒水饮后会抑制人的食欲,例如啤酒和烈酒;有些酒水饮后会抑制人体的消化功能,例如部分药酒和配置酒。这类饮品在某些场合不适宜充当佐餐酒。无论配用什么类别的酒水,让客人接受和满意是一项非常重要的原则。

3.中餐筵席酒水的选用方法

中餐菜肴与酒品的搭配远没有西餐那样复杂,许多情况下,主人只提供全场统一的数种性质不同的酒水供客人选择。酒水的安排大致如下:

(1)餐前用饮料:一般是饮茶或软饮料,而以饮茶者居多。至于软饮料,主要是可口可乐、百事可乐或雪碧之类的碳酸饮料。当然,也会碰到客人点用果汁、蒸馏水或矿泉水的情形。大多数客人在选定一种软饮料之后,在整个用餐过程中不再更换。

(2)佐餐酒:一般是度数较高的白酒和酒度较低的红葡萄酒或啤酒。每一类酒一般有1~2种供客人选择。当然,很熟的客人也会自点自己所喜爱的酒水。但在许多情况下,客人一般都会听从主人的安排,而且每桌所选用的酒品都相对统一。

(3)餐后用饮料:中餐习惯在餐后饮用茶水。因为茶水具有止渴、解酒和帮助消化的功效。中餐筵席较少喝餐后酒,如果朋友相聚酒兴未尽,则另当别论。

任务四　中式筵席改革、创新与发展

中式筵席是指按照中华民族的聚餐方式、宴饮礼仪和审美观念设计并制作的各式筵席,如迎送接待宴、婚寿喜丧宴、岁时节日宴、商务应酬宴、祝捷庆典宴等,通常具有聚餐式、规格化和社交性等鲜明特征。

自古至今,我国筵席隆重、典雅、精美、热烈,它是中华民族饮食文化的组成部分,是我国饮馔文明发展的重要标志。但长期以来,由于饮食观念、宴饮习俗及逐利思潮等的影响和制约,我国筵席存有较多不合理、不科学的因素。特别是随着时代的发展与进步,筵席的种种弊端日益凸显,只有进行改革与创新,才能使之更好、更快地发展。

一、中式筵席存在的基本问题

中式筵席历史悠久,源远流长。它组配谨严、调理精细、注重环境气氛、强调礼俗食趣等优点值得肯定,应予弘扬。但菜品数量过大,宴饮时间太长,选料崇尚珍奇,烹制故弄玄虚,进餐方式落后,忽视营养卫生等弊端,则需尽快剔除。具体说来,中式筵席现存的基本问题主要表现为以下几方面。

（一）贪图丰盛，排菜过多

中国人请客设宴习惯于以丰为敬，笑穷不笑奢。满桌佳肴，即使吃不完浪费，也不以为耻；如果恰到好处，反被视为不敬，甚至会遭到嘲讽。人们常将待客的诚恳、友谊的分量与菜点的数量联系起来：筵席的菜点越丰盛，越能显示交情深厚，越能表达主人待客盛情。有些贫困的农户，即便是衣食不保，但只要是请客设宴，照样多盘叠碗，肴馔横陈，不倾其所有，则难以彰显其做人的尊严。一些浅薄的富商，视饮食奢靡为荣耀，一味追求满汉席等豪华大宴，吃不完的菜点全部扔掉竟毫不可惜！

（二）崇尚珍奇，忽视营养

中式传统筵席素以崇尚珍奇而著称。正式的宴会，强调选用山珍海味、奇珍异馔，越是稀有怪异的食材，越能迎合宾主的消费意愿；普通的家宴，通常也是"大鱼大肉"的排菜格局，没有一定的珍贵食材，则难以显现其规格档次。由于国民崇尚珍奇，因此筵席的设计与制作只能是投其所好，避其所忌，诸如编排过分雕琢、选料搜奇猎异、烹制故弄玄虚等现象，虽然时有出现，但人们早已见怪不怪了。中式筵席传承了三千余年，很少有人去思考筵席的膳食配伍是否合理，筵席的营养供给是否平衡。一些文化名人所津津乐道的各式全席，如全羊席等，即便是荤素食材的合理搭配也很难做到，膳食平衡更是奢谈。

（三）进餐方式落后，礼节仪程烦琐

我国大多数筵席实行的是多人围坐聚餐的就餐方式，注重宴饮节奏，强调就餐氛围。所有客人都是在一个盘子中夹菜，在一个汤碗中盛汤，很容易造成病菌传播或交叉传染。主人用自己的筷子替客人夹菜，宾客之间用筷子互相让菜等，千百年来，一直相沿成习。关于宴饮的礼节与仪程，仅安排席位时的相互谦让，前后就要折腾多时；至于上菜、用餐、敬酒、饮茶之类，更是礼节仪程繁多。据行家粗略估算，在我国，仅一般的宴饮聚餐，少则一两个小时，多则三四个小时。宴会的级别越高，菜品的数目越大，就餐的礼节仪程越多，宴饮所造成的时间上的浪费越是惊人。古人云："饮食，非细故也。"我们在重视宴饮聚餐的同时，还得考虑它与现代工作、生活的快节奏是否协调，如果因此而浪费过多的时间，实不可取。

（四）宴饮观念陈腐，生态意识淡薄

国人请客设宴，通过筵席聚会宾朋、敦亲睦谊，纪念节日、欢庆大典，接谈商务、开展交际，这是主流，应该肯定。但通过筵席比丰富、摆排场、讲阔气、分尊卑、浪费钱财、暴殄天物的现象屡见不鲜。特别是在食材的择选及烹制上，什么

食材稀少就安排什么，什么制法奇特就怎么烹制。一些稀有珍贵的原料，如鱼翅、燕窝等，备受尊崇；一些怪异的制作方法，如炙鸭掌、烹猴脑等，竟视为经典。长期以来，这种淡薄的生态环保意识破坏了珍稀生态资源，严重损害了既有的生态平衡。珍禽异兽毕竟有限，暴殄天物亦非文明人所为。中式筵席的制作者如果继续搜奇猎异、暴殄天物，一是食材濒临枯竭，二是将要触犯相关法律和法规。

(五) 筵席格式固定，排菜缺乏新意

中式筵席无论在内容上，还是形式上，都大同小异。尤其是同一地区筵席所用的菜肴用料、菜点道数，乃至上菜顺序等大多是一个模式，变化不大。中式筵席的这种规格化的餐饮模式已传承多年，相沿成习。其菜式的排列虽为广大民众所接受，但缺乏创新意识的筵席不能满足人们日益丰富的生活需要，同时也不能推动中国饮食文化的发展，在国际舞台上更是缺乏竞争实力。因此，中国筵席既要传承传统，更要广泛借鉴、推陈出新。

随着社会不断发展，人们的饮食观念和习俗也在不断进步。现代筵席只有不断改革和创新，才能使企业在激烈的竞争中保持优势，才能更好地弘扬我国饮食文化。新中国成立以来，我国筵席尽管有了明显改进，但仍有许多不够理想的地方。特别是近些年来，由于诸多原因所致，酒宴奢侈之风再度刮起，使得筵席的改革更显迫切。

二、中式筵席改革的基本原则

中式传统筵席必须进行改革。改革应把握一些基本原则：

第一，不能失去筵席的本质特征，要注意风格的统一性、工艺的丰富性、配菜的科学性、形式的典雅性和接待的礼仪性，只能是在借鉴中扬弃，在继承中创新。如果把中国筵席的合理内核都抛掉，那就不成其为筵席了，广大群众也难于接受。

第二，要兼顾我国的饮食传统和礼仪观念，使筵席具有一定规格和气氛，能显示待客的真诚和友情的分量，表达出对客人的敬意。

第三，必须考虑市场上的筵席具有的商品属性。公款宴请应当加以限制，私人请客则不应过多干预。只有灵活对待，才能适应第三产业发展的需要。因此改革筵席只能是区别情况，加以引导，而不可限死。

中式筵席改革的总原则应当是，从中国现阶段的国情、民情出发，顺应社会潮流，科学地指导与调整食物消费，切实保证营养卫生，注重实际效益，努力树立时代新风尚。一般来讲，应使筵席符合精、全、特、雅、省的要求。保留它的东

方饮食文化风采,强化它的科学内涵和时代气息。

精,是指菜点的数量与质量。改革筵席,既要适当控制菜点的数量与用料,防止堆盘叠碗的现象,又需改进烹制技艺,使菜品精益求精,重视口味与质地,防止粗制滥造的流弊。

全,是要求用料广博,荤素调剂,营养配伍全面,菜点组配合理。在原料的择用、菜点的配置、筵席的格局上,都要符合平衡膳食的要求,使之逐步科学化。

特,是要有地方风情和民族特色,不能从东到西、由南向北都是一个"味"。对待外地宾客,在兼顾其口味嗜好的同时,还可适当安排本地名菜,发挥技术专长,显示独特风韵,以达到出奇制胜的效果。

雅,是指讲究卫生,注重礼仪,强化酒筵情趣,提高服务质量,体现中华民族饮食文化的风采,起到陶冶情操、净化心灵的作用。

省,一是费用可省,强化管理,控制成本,不要盲目追求高档原料,讲究排场,防止铺张浪费;二是时间节省,一桌酒席的宴饮时间要紧凑,不可拖得太长,弄得筋疲力尽,花钱买罪受。

此外,关于进餐方式,可以采用每客一份的单上式,可以采用配置公筷的合餐制,还可采用听从客便的自选式。它们各有利弊,不易统一,一方面要按照客人消费意愿来确定,另一方面,传统的大件整份菜的制作方式也要有所突破。

三、中式筵席革新的基本思路

关于中式筵席的改革与创新,应着力解决以下几方面的问题。

(一)优化筵席结构,减少菜品数目

中式传统筵席的结构千篇一律,风格雷同,制约了筵席设计师的创造性思维,影响了筵席的传播和发展。因此,应提倡风格多样的筵席模式,这种筵席模式是筵席改革发展的方向。中式传统筵席的菜品数量偏多、分量过足、总量偏大,既造成了不必要的浪费,又增加了厨师和服务人员的工作量。因此,减少菜品数量,提高菜品质量,缩短烹调和进餐时间,也是筵席改革的一项重要内容。

(二)改革筵席食物结构,力求营养全面、均衡

改革过去凡高档筵席必着重使用山珍海味和奇珍异馔的弊端,注重烹饪原料的多样化和均衡化,降低动物性原料的用量比例,增加蔬果粮豆菌笋等植物性食材的用量,综合考虑整套筵席菜品的营养平衡。此外,还可以通过增加点心数量、减少热菜数量、实行素菜荤做等办法,达到膳食营养均衡的目的。

（三）更新饮食观念，搞好技术创新

改变过去高级筵席必用名贵原料的做法，杜绝搜奇猎异、暴殄天物、故弄玄虚、过分雕琢等烹制弊端，多在普通原料上下工夫，用低档原料制作出高档特色佳肴，用创造性思维设计出更多更好的特色筵席。

（四）提高文化艺术含量，突出宴饮聚餐主题

筵席能够联络感情、沟通信息、表达情意、增进交流，能使宾客在宴饮活动中受到文化与艺术的熏陶。可传统的中式筵席，往往只注重菜点，而忽视了文化气氛的营造，不懂得传统菜肴、精美食品与营造文化氛围之间的相互促进、相得益彰的关系。未来的筵席，要针对不同的主题进行环境包装、艺术渲染，营造一种既符合筵席主题思想，又具有民族和地方特色的文化艺术氛围。

（五）突出筵席的个性化特色，增强筵席的市场竞争能力

一个地区应该有一个地区的筵席特色，一个酒店应该有一个酒店的筵席特色，不同主题的筵席，也应该具有鲜明的个性。未来餐饮企业在筵席业务上的竞争，归根到底是筵席个性化特色的竞争。一个没有特色的筵席，既没有消费吸引力，也没有市场竞争力。

（六）革新筵席的就餐方式，合理选用餐具和用具

为确保国民的饮食健康，提升筵席的市场竞争能力，必须革新中式筵席的就餐习俗，改变传统的一桌人同夹一盘菜、同啻一锅汤的固有方式。借鉴分餐制的用餐方法，控制菜量，减少浪费，既卫生方便，节省时间，又有利于酒店实施规范化管理。现在有些酒店已经采用了自助餐的就餐方式，有的选择了由服务人员分餐的桌餐方式，有的则是根据宴饮用餐方式选用相应的餐具和用具。

四、中国现代筵席的发展趋势

随着时代的发展，中国传统筵席必然会向多样化、个性化、快速化、国际化、科学化、节俭化的方向发展。认清筵席的这些发展趋势，有利于我国筵席的改革、创新与发展。

（一）筵席的营养化趋势

科学的筵席设计，应着重强调筵席的膳食结构，注重菜品酒水的营养平衡。今后的筵席提倡根据就餐人数实际需要进行筵席设计，要求用料广博、荤素调剂，营养搭配全面，菜点组配科学。我国筵席新的导向是：筵席菜品人均一道，

主菜定为"四菜一汤",这一膳食结构基本能够满足人们对一餐饭菜营养的需求。

(二)筵席的美食化趋势

美食是筵席高度文明的表现。筵席的美食化趋势主要表现为质地美、滋味美、形态美、色彩美、盛器美和意境美。它既能满足宾客的生理和心理需求,又能实现一定的社交目的,使饮食成为生活中的艺术享受。

(三)筵席的快速化趋势

筵席的快速化趋势,是指筵席使用的原料或菜肴,更多地采用集约化生产方式,大大缩短筵席菜点的烹调加工时间。此外,筵席的菜式结构合理、筵席的礼节仪程便捷、筵席的就餐时间简短等,也是中式筵席快速化的具体表现。无论是筵席菜品的加工烹制、宴饮接待的组织实施,还是就餐人员的宴饮聚餐,都应顺应筵席快速化趋势,以适应现代人对高效率的需求。

(四)筵席的节俭化趋势

筵席的节俭化趋势主要指筵席的设计与制作要根据我国国情,提倡适度消费,反对铺张浪费,逐步树立良好的饮食风尚。筵席是一种商品,它的服务对象是广大民众,筵席的规格应以中低档次为主,切不可过度奢华,专为少数人服务。随着时代的发展与进步,讲究经济实惠和合理消费逐渐成为人们消费的主导思想。国宴尚可做到菜量适度,品种单纯,选料普通,社会上的各式筵席更应从俭,向节俭化发展。

(五)筵席的文化发展趋势

筵席文化是饮食文化的重要组成部分。新时代的筵席文化应能陶冶情操、净化心灵;每一次正规的宴会,应能愉悦宾客身心,陶冶宾客心灵。特别是一些文化主题活动、章乐绘画艺术等,都将成为现代宴会乃至未来宴会不可缺少的重要组成部分,可以促进新时代筵席文化的发展。

(六)筵席内容与功能的多元化趋势

筵席内容与功能的多元化趋势,一是指筵席将成为一种综合的社交活动。现代筵席与娱乐项目、主题活动的有机结合,将其社交功能发挥得淋漓尽致。筵席不仅是品尝美食的平台,更是促使交流与沟通更加顺畅的媒介。二是指筵席的发展具有国际化趋势。中国传统筵席不能闭关自守,应该与国际标准接轨,这既是宾客消费的需求,更是市场发展的规律。

总之,中式筵席的改革与创新是时代的要求,也是历史的必然。筵席改革与创新的目的是弘扬传统筵席的优良特色,摈弃不科学、不合理的内容,把具有中国特色的筵席引向健康发展的道路,使之更好、更快地发展。

 实训演练题

一、单项选择题

1. 中式筵席的双拼冷盘通常选用规格一致的腰盘或圆盘,其规格为( )。

A. 5~6 英寸 　　　　　　　　B. 7~9 英寸

C. 10~12 英寸 　　　　　　　D. 14 英寸以上

2. 下列菜品不适于充当宴会席大菜的是( )。

A. 砂锅元鱼 　　　　　　　　B. 红扒全鸭

C. 回锅牛肚 　　　　　　　　D. 芙蓉鸡片

3. 不设主宾席,也没有固定座位的筵席为( )。

A. 冷餐酒会 　　　　　　　　B. 便宴

C. 正式宴会 　　　　　　　　D. 国宴

4. 餐饮行业中,迎送宴、庆功宴、答谢宴、婚庆宴、寿庆宴、节日宴等筵席的分类方式是( )。

A. 按办宴目的及性质划分

B. 按宾客就餐形式划分

C. 按宴会主要原料划分

D. 按宗教文化习俗划分

5. 下列选项,违背中式筵席上菜原则的是( )。

A. 先冷后热 　　　　　　　　B. 先咸后甜

C. 先干后稀 　　　　　　　　D. 先点后菜

6. 关于筵席菜品的配置,错误的观点是( )。

A. 确定筵席规格应"按质论价、优质优价"

B. 选择菜点品种应"因人配菜、应时而化"

C. 确立菜品类别应"均衡、协调和多样化"

D. 调配筵席营养应"扬长避短、发挥所长"

7. 下列选项,最能体现中式宴会席上菜顺序的是( )。

A. 冷菜—热炒—大菜—点心—水果

B. 头菜—热荤—甜菜—素菜—座汤

C. 冷菜—热菜—点心—座汤—水果

D. 开胃品—汤—副菜—主菜—甜食

8.酒液幽雅醇正,素有色、香、味"三绝"之美称的清香型白酒是( )。

A.茅台酒 　　　　　　　　　B.汾酒

C.五粮液 　　　　　　　　　D.洋河大曲

9.一桌成本为600元的中档筵席,其热菜成本大致为( )。

A.200元 　　　　　　　　　B.300元

C.420元 　　　　　　　　　D.520元

10.世界三大高香名茶是印度大吉岭茶、斯里兰卡乌伐茶和中国( )。

A.祁红 　　　　　　　　　B.滇红

C.铁观音 　　　　　　　　D.太平猴魁

二、多项选择题

1.筵席菜品数量控制得当,可以起到的作用是( )。

A.避免浪费 　　　　　　　　B.提高菜品利用率

C.有利于人体健康 　　　　　　D.获取更大利润

2.筵席的基本特征主要表现为( )。

A.聚餐式的形式 　　　　　　　B.规格化的内容

C.社交性的作用 　　　　　　　D.正规化的仪程

3.关于中式宴会席冷菜的上菜方式,观点正确的选项是( )。

A.普通筵席习惯配用若干独碟

B.中档筵席可配用4~6道双拼或三拼

C.中低档筵席可以只配1道什锦拼盘

D.高级筵席可以是1彩碟带若干围碟

4.关于筵席的特色,下列选项观点正确的是( )。

A.中式宴会席形式典雅,气氛浓重,注重档次,突出礼仪

B.中式便餐席经济实惠,轻松活泼,不拘形式,灵活自由

C.西式筵席以欧美菜式、西洋酒水为主,宴饮风格突出西洋格调

D.中西结合筵席有席位固定的桌式筵席及席位不固定的酒会席之分

5.关于筵席菜品的配置要求,观点正确的选项是( )。

A.冷碟要求量少质精、以味取胜

B.热炒要求色艳味鲜、嫩脆爽口

C.大菜要求量大质优、体现规格

D.点心要求灵巧秀丽、以形取胜

6.关于中式传统筵席的弊端,观点正确的选项是( )。

A.贪图丰盛,排菜过多

B.崇尚珍奇,忽视营养

C.进餐方式落后,礼节仪程烦琐

D.宴饮观念陈腐,生态意识淡薄

7.关于中式筵席的基本要求,下列选项观点正确的是(   )。

A.主题鲜明即筵席要求分清主次、突出重点、发挥所长、显示风格

B.配菜科学即筵席配菜注重质与量的配合、外在感官性状配合及营养配合

C.工艺丰富即是要求筵席菜品要体现"席贵多变"的排菜要求

D.形式典雅是指筵席需要处理好美食与美境的关系

8.筵席中合理安排甜菜所起的作用主要表现为(   )。

A.改善营养　　　　　　　　　B.调剂口味

C.增加滋味　　　　　　　　　D.解酒醒酒

9.茶的冲泡除要求茶叶本身的品质外,还要考虑(   )。

A.水的水质及用量　　　　　　B.茶具的选用

C.冲泡的水温　　　　　　　　D.冲泡的时间

10.中式筵席中素菜的配置要求是(   )。

A.应时当令　　　　　　　　　B.取用精华

C.精心调配　　　　　　　　　D.数量超过荤菜

11.下列选项,属于中式宴会席的是(   )。

A.公务宴　　　　　　　　　　B.商务宴

C.亲情宴　　　　　　　　　　D.家宴

12.关于中式筵席改革,观点正确的选项是(   )。

A.中式传统筵席改革只能是在借鉴中扬弃,在继承中创新

B.中式筵席改革应符合国情、顺应民情、合理处理、注重实效

C.中式筵席改革应符合精、全、特、雅、省的设计要求

D.中式筵席的进餐方式应学习西式筵席,全部改为分餐制

13.关于中式宴席中头菜和座汤的叙述,观点正确的选项是(   )。

A.头菜是宴会席中规格最高的菜品

B.头菜通常排在所有大菜最前面

C.座汤是宴会席中规格最高的汤菜

D.座汤是宴席正菜完毕的标志,通常排在大菜最后面

14.关于筵席点心的设计,观点正确的选项是(   )。

A.筵席点心要与菜肴质量相匹配,与筵席档次相一致

B.筵席点心要与宴会形式相适应,体现节令性

C.筵席点心要注意与菜品之间口味、质地的配合

D.筵席点心要按各地的饮食习尚安排上菜顺序

15.关于酒水与筵席的搭配原则,观点正确的选项是(   )。

A.酒水的档次应与筵席的档次相一致

B.酒水的产地应与筵席特色相一致

C.中式筵席用酒要慎用高度酒

D.中式筵席用酒应以客人的具体要求为准则

16.下列关于筵席的叙述,不正确的选项是(   )。

A.席贵多变

B.彩碟适用于各式筵席

C.无汤不成席

D.菜为席魂,酒为菜设

17.关于啤酒的叙述,正确的选项是(   )。

A.啤酒中含有丰富的蛋白质和维生素,素有"液体面包"之称

B.啤酒中酒精的含量一般不超过8%

C.啤酒中含量较多的维生素是维生素 B_2

D.啤酒具有一种苦而爽口的特殊风味

18.关于黄酒的叙述,正确的选项是(   )。

A.黄酒属于酿造酒

B.绍兴酒是我国黄酒中历史最悠久的名酒

C.黄酒的酒度一般为 15～20 度

D.黄酒的颜色只有黄色一种

19.承制筵席有前后承接的四个环节。下列选项观点正确的是(   )。

A.筵席预订工作属于设计环节

B.筵席菜品制作属于生产环节

C.筵席接待与服务工作属于服务环节

D.筵席营销管理工作不属于承制筵席环节

20.筵席配茶应尊重客人习俗。下列选项观点正确的是(   )。

A.华北多用花茶

B.长江流域多选绿茶或青茶

C.闽台等地和侨胞多用乌龙茶

D.岭南一带多用普洱茶和药茶

三、综合应用题

1.附表中列出了某校学生收集整理的各类筵席菜品,注明了每一菜品的成菜特色。请仔细检查每一菜品,指出其中的缺点和疏漏。

2.参照相关模式收集整理你所熟悉的各类筵席菜品,为筵席菜单设计奠定基础。

附表:2012级烹饪与营养专业某同学收集整理的筵席菜品

类别	菜名	色泽	质地	口味	外形
冷菜	白切嫩鸡	浅黄光亮	细嫩	咸鲜	块状
冷菜	朝鲜泡菜	鲜艳丰富	脆爽	酸辣鲜香	自然形
冷菜	葱酥鲫鱼	红亮	酥嫩	香辣	自然形
冷菜	醋椒黑木耳	黑亮	脆爽	酸辣回甜	片状
冷菜	蚝油花菇	深褐光亮	软嫩	咸香味	片状
冷菜	麻辣肚丝	白色泛红	酥爽软嫩	麻辣	丝状
冷菜	红油口条	红亮	入口香醇	红油味	片状
冷菜	姜汁菠菜	碧绿	脆嫩	姜汁味	自然形
冷菜	椒盐鱼条	黄亮	外脆里嫩	椒盐味	条状
冷菜	老醋拌蜇头	红亮	脆嫩爽口	酸辣咸鲜	片状
冷菜	凉拌蜇丝	黄亮	脆嫩爽口	咸鲜味	自然形
冷菜	蜜汁红枣	枣红	酥嫩	甜香	自然形
冷菜	蜜汁莲藕	褐红	软糯	甜香	块状
冷菜	片皮烤鸭	红亮	外酥内嫩	咸香味	片状
冷菜	酸辣黄瓜	青白相间	脆嫩	酸辣味	条
冷菜	蒜泥藜蒿	淡青	脆嫩	蒜泥味	条状
冷菜	糖醋排骨	酱红光亮	酥嫩油润	酸甜味	块状
冷菜	香酥鸭	红亮	皮酥肉嫩	鲜香带甜	片状
冷菜	烟熏白鱼	色白微黄	质感致密	烟香味	块状
冷菜	鱼香腰花	红亮	嫩脆	鱼香味	花刀片
冷菜	蘸酱乳黄瓜	绿白相衬	脆嫩	咸鲜微辣	自然形
冷菜	芝麻香芹	深绿色	脆爽	咸香味	段
热炒	鱼香肉丝	红亮	滑嫩	鱼香味	丝

续表

类别	菜名	色泽	质地	口味	外形
热炒	油爆双脆	白红相映	脆嫩爽口	咸鲜微辣	片状
热炒	腰果鲜贝	白黄相映	脆嫩、细嫩	咸鲜	丁状
热炒	西芹炒百合	绿白相衬	脆嫩	咸鲜味	片状
热炒	酸辣野鸡片	白色为主	鲜软、脆嫩	酸辣味	片状
热炒	荬瓜牛肉丝	淡红色	鲜嫩、脆嫩	咸鲜香辣	丝
热炒	滑炒生鱼片	洁白光亮	软滑嫩爽	咸鲜	片状
热炒	宫保鸡丁	红亮	细嫩	煳辣味	丁状
热炒	冬笋鲜鱿	白色为主	滑嫩清脆	滋味鲜香	丝
热炒	翠豆炒腊味	红绿相间	质感韧爽	口味清香	片状
大菜	油爆田鸡腿	黄亮	细嫩	咸鲜香辣	条状
大菜	香辣蟹	黄红相衬	酥脆	香辣味	块状
大菜	五圆全鸡	多色相映	肉嫩爽口	咸鲜香甜	自然形
大菜	五柳鲩鱼	多色相映	鲜美滑嫩	酸辣鲜香	自然形
大菜	天麻炖鱼头	乳白	汤醇肉嫩	鲜香	自然形
大菜	蒜子焖黄鳝	褐红	软烂	蒜香味	段
大菜	蒜香排骨	金黄	外酥内嫩	蒜香浓郁	块状
大菜	蒜蓉蒸扇贝	白中透黄	嫩滑	蒜香	自然形
大菜	松鼠鳜鱼	红亮油润	外酥内嫩	酸甜味	松鼠状
大菜	上汤时蔬	碧绿光亮	脆嫩	咸鲜味	自然形
大菜	上汤焗龙虾	红黄	细嫩	清淡鲜美	自然形
大菜	全家福	多色相映	软嫩	咸鲜味	片状
大菜	沔阳三蒸	红白绿相衬	酥嫩	鲜香	块状
大菜	梅菜扣肉	红亮	肥而不腻	咸鲜味	片状
大菜	椒盐大王蛇	红亮	酥嫩	椒盐味	块状
大菜	黄焖甲鱼	红亮	肉质酥嫩胶黏	咸鲜香辣	自然形

续表

类别	菜名	色泽	质地	口味	外形
大菜	红烧鱼乔	褐红光亮	细嫩	咸鲜香辣	块状
大菜	红扒蹄膀	红亮油润	酥嫩油润	咸甜味	整形
大菜	剁椒鱼头	红亮	细嫩滑软	剁椒味	自然形
大菜	葱烧武昌鱼	红亮	软嫩	咸鲜香辣	自然形
大菜	豉汁蟠龙鳝	黄亮油润	肉质滑嫩	咸鲜味	小段
大菜	蟹黄鱼翅	黄亮	爽滑	咸鲜味	造型
大菜	百花酿蟹钳	金黄	外酥内嫩	鲜香	圆球形
大菜	白灼基围虾	红亮	细嫩	鲜咸回甜	自然形
点心	冰凉糕	晶莹洁白	质地滑爽	香甜	块状
点心	香炸春卷	金黄	皮酥脆、馅鲜嫩	咸香	圆筒形
点心	桂花年糕	边白心红	外酥脆、内糯软	香甜	块状
点心	莲藕酥	洁白	酥糯油润	清香绵甜	造型
点心	莲子糕	色泽洁白	软糯	馅心香甜	块状
点心	梅花饺	洁白	皮柔润、馅鲜嫩	口味香醇	梅花形
点心	薯泥蛋糕卷	金红	滑软酥松	香甜味	圆筒形
点心	五彩汤圆	红绿黄三色	黏糯	清甜	圆球形
点心	小笼蒸饺	色白光洁	皮包馅嫩	咸鲜而香	月牙形
点心	馨香灌汤包	洁白如玉	皮薄馅嫩	咸鲜而香	自然形
点心	银丝卷	洁白	皮薄馅不粘连	清香微甜	造型
点心	小笼蒸饺	色白光洁	皮酥馅嫩	滋味咸香	月牙形

项目三　菜单基础

　　"菜单"一词来自拉丁语"minutus",意为"指示的备忘录"。菜单的雏形是法国厨师为了记录菜肴的烹制方法而写的单子,到 16 世纪中叶,才出现了专为客人提供菜品、饮料清单的正式菜单。

　　菜单,是餐厅为就餐者所提供的各类餐饮产品的清单。《牛津词典》释其义为"在宴会或点餐时,供应菜肴的详细清单;账单"。

　　菜单主要由餐厅设计,它是餐饮场所的商品目录和介绍书,是顾客的消费指南。餐厅将其提供的食品、饮料按一定的程式排列于特定的载体(纸张)上,供顾客从中选择。其内容主要包括菜品、饮料的品种和价格。

　　除供顾客点餐选菜之外,菜单还应用于一些特定的宴饮聚餐中。如筵席菜单,其重点不是设计印制精美的菜品、饮料一览表,而是展示本次宴饮聚餐为顾客准备了哪些菜品和饮料。此类菜单只列菜品和饮料的品名,一般不列具体的价格。

　　有些地区将菜单称为菜谱,其实两者之间有着明显的差别。菜谱通常是对某一菜品的食材、制作方法及成菜标准等进行综合描述,而菜单的设计内容与应用功能显然不同。

任务一　菜单的作用和种类

一、菜单的作用

　　顾客走进餐厅,首先接触到的就是菜单。一份光鲜悦目、整洁无瑕、内容精练、菜式合宜、品类清新、层次分明的菜单,既方便顾客点菜,又有利于餐饮经营。菜单是餐饮经营与管理必不可少的重要工具,其作用主要表现在以下几方面。

（一）菜单在餐饮经营方面的作用

1. 菜单是沟通消费者与餐饮经营者的桥梁

餐饮企业通过菜单向顾客介绍餐厅所经营的餐饮产品，借以推销餐饮服务；顾客则通过菜单了解餐厅的类别、特色、菜品及其价格，凭借菜单选择自己所喜爱的餐饮产品和服务方式。菜单在顾客与餐厅之间起着媒介作用。

2. 菜单体现了餐厅的经营目标

菜单虽然只是简单地列出了菜品、饮料的品种及价格，但菜品的选用、菜单的排列体现了餐厅的经营主题、风格特色及服务水平。顾客通过浏览菜单上菜品的品种和价格，以及菜单的封面设计、装帧布局，很容易判断出该餐厅的风味特色、规格档次及经营目标。

3. 菜单反映出餐厅的经营水平

一份合适的菜单，是菜单设计者根据餐厅的经营方针，经过认真分析客源和市场需求而制定出来的。菜单反映了餐厅的经营方针，标志了餐厅的特色水准，是了解和分析菜品销售状况的重要资料，是生产经营的主要依据。

4. 菜单既是艺术品，又是宣传品

一份设计精美的菜单可用以烘托用餐气氛，反映餐厅风格，展示文化底蕴，加深顾客印象，甚至可以留作纪念，引起客人美好的回忆。菜品类别的合理编排，简洁明了的特色注解，清晰明快的图片展示等，都会影响顾客点菜，从而促进餐饮销售。

5. 菜单是餐饮生产和接待服务的依据

菜单是饮食品制作的依据，它决定了厨房所要生产的各式菜点。菜单决定了餐饮服务的方式和方法，它要求服务人员根据菜单所列内容进行不同风格、标准和程序的服务。

（二）菜单在餐饮管理方面的作用

1. 菜单决定了食品原料的采购和贮藏

食品原料的采购和贮藏是餐饮业务活动的必要环节，它受到菜单内容和菜单类型的支配和影响。菜单内容规定了采购和储藏工作的对象，决定着采购、储藏活动的规模、方法和要求，企业经营者必须根据菜单来决定原材料的种类和用量。

2. 菜单影响餐饮设备的选择和购置

餐饮企业选择购置餐饮设备取决于菜式品种、规格和特色。菜式品种越丰富，所需设备的种类就越多；菜式规格越高，所需设备餐具越名贵，菜式品种越具特色，所需设备用具也就越专业。

3.菜单决定了人力资源的配备

菜单内容标志着餐饮服务的规格水平和风格特色,餐饮企业在配备员工时,应根据饮食品制作和服务要求,招聘具有相应技术水平的工作人员。此外,菜单还决定着员工的工种和人数。

4.菜单影响着餐饮成本

菜单在体现餐饮服务规格水平、风格特色的同时,也决定着企业餐饮成本的高低。原料价格昂贵的菜式过多,必然导致较高的食品原料成本;工艺难度较高的菜式过多,又会相应增加企业的劳动力成本。确定菜式的成本,调整不同成本的品种数量比例,是餐饮企业成本管理的首要环节,务必从菜单设计开始。

5.菜单是餐饮销售控制的工具

管理人员定期对菜单上每项菜品的销售状况、顾客喜爱程度、价格敏感度进行分析和调查,会发现菜品生产计划、烹制技术、菜品定价及菜品选用方面存在的问题,从而帮助管理人员及时更换菜品品种,改进生产计划,改善促销方式和定价方法。

二、菜单的种类

餐饮企业的经营理念各不相同,经营模式也多种多样,因此,设计与制作出的菜单千差万别。菜单的分类方法很多,一般可根据菜单使用方式、餐饮供应方式、菜单用途及餐别等因素进行分类。

(一)根据菜单使用方式划分

菜单根据使用方式来划分,可分为固定型菜单、即时性菜单和循环式菜单三大类。

1.固定型菜单

固定型菜单是指每天提供相同菜目的菜单,是一种菜品原料、生产工艺和成菜标准不作经常性调整的菜单。此类菜单适用于就餐顾客较多,且流动性较大的商业型餐厅。旅游饭店、社会餐饮大多使用固定型菜单,因其顾客每天都在变化,餐厅不会因为每天提供相同的菜品而使顾客感到单调。

固定型菜单的优点主要体现在5方面。一是有利于餐饮成本控制。由于每天使用同样的菜单,供应相同的菜式,当天未能用完的原材料在第二天还可继续销售,不至于因为浪费而增加饮食品成本。二是有利于原料的采购与贮存,有效地减少了原材料的库存量。三是有利于设备的选购与使用,避免了盲目购置设备和闲置设备所造成的浪费。四是有利于人力资源合理配置。由于每天供应的菜式基本稳定,餐厅可有效地安排人力和物力。五是有利于确保制品的质量。餐厅经常供应相对稳定的菜品,可使操作者熟能生巧,提高工作效率。

固定型菜单的缺点主要是缺乏灵活性。由于菜式不变,餐厅必须无条件地制作菜单上陈列的各式菜品,即使食品原料价格上涨,餐厅也不得不继续采购,并以原菜单上的价格销售,餐厅的盈利会因此受到影响。此外,固定型菜单因缺乏创新,易使部分员工产生厌倦感,因此降低劳动生产率。

2. 即时性菜单

即时性菜单是指根据某一时期内原料的供应情况而制定的菜单。其编制的依据是菜品原料的可得性、原料的质量和价格以及厨师的烹调能力。即时性菜单一般没有固定模式,使用时间较短甚至每天更换,常常应用于大中型企事业单位的餐厅。

即时性菜单的优点是灵活性强,能迅速适应顾客的需求,可根据季节和食材的变化而及时更换,既可反映时令特色,又能根据市场行情定价。可充分利用库存原料和过剩的食品,充分发挥厨师创造力。

即时性菜单的不足之处是:菜单品种更换频繁,原料的采购和保管、菜品的生产和管理难以形成标准;原材料的库存量增大,菜单的制作成本增加。

3. 循环式菜单

循环式菜单是指按一定周期循环使用的菜单。这类菜单由多套菜单组成,每天使用一套,其菜品各不相同,一定时期后再循环使用(如每周一循环)。循环式菜单适用于旅游饭店团体餐厅、长住型饭店的餐厅、大中型企事业单位的餐厅。使用循环菜单,餐厅必须按照预定的周期天数制定一整套菜单,每天使用其中一套;当整套菜单全部使用完毕后,就算结束了一个周期,然后周而复始,重复使用。

循环式菜单的优点是菜品经常更新,丰富多样,顾客不会感到单调乏味,每天的变化也会给餐厅员工带来新鲜感,避免产生厌烦情绪。其不足之处是剩余食物原料不便合理利用,有时会造成浪费;原料采购麻烦,库存品种增加,设备的使用率相对较低。

(二)根据餐饮供应方式划分

菜单根据餐饮供应方式来划分,可分为零点菜单、套餐菜单和筵席菜单三大类。

1. 零点菜单

零点菜单又称点菜菜单,它是餐厅里使用最广的基本菜单,其特点是菜品分门别类、品类齐全、价格明晰、特色鲜明。零点菜单既要求分类列出菜名,还须标明每道菜品的价格。菜品的价格大多为标准件(份)的价格,有的按大、中、小件分别标明,部分鲜活原料则是根据用量定价,一些名贵原料的菜价可以面议。为增强感观效果,有些特色餐厅的零点菜单还附有彩色照片及文字说明,有的还加配可以灵活变通的时令菜单,其目的是方便顾客点菜,以适应大多数客人的就餐要求。

　　中式零点菜单的菜品排列方式可谓多种多样,通常分为冷菜、热菜、汤菜、点心等几大类,以热菜为主。菜单中的热菜主要以烹饪原料为分类依据,设有山珍类、海鲜类、江鲜类、禽鸟类、畜肉类、蛋奶类、蔬菜类以及其他类。一些星级酒店,为了展示其特色风味,有时也以餐具或烹调方法为分类依据,如火锅类、铁板类、煲仔类、原盅类、炖品类、烧烤类等。此外,有些特色餐厅,在其零点菜单之外常备时令菜单、招牌菜单、特选菜单,服务人员在客人点菜时可以灵活推荐。

　　例:中南地区某风味餐厅零点菜单

特选类

石锅煨牛掌	78 元/份	黄焖土公鸡	68 元/份
水煮财鱼	46 元/份	松茸狮子头	26 元/位
土灶焖狗肉	156 元/份	特色香辣蟹	158 元/份

凉菜类

口味仔鸡	28 元/份	脆皮黄瓜	12 元/份
大刀牛腱	36 元/份	手撕牛肉	46 元/份
蘸酱乳黄瓜	12 元/份	桃仁鲜百合	26 元/份
秘制酱鸭舌	28 元/份	盐水山核桃	18 元/份
双味卤水拼	36 元/份	芝麻香芹	12 元/份
爽口海蜇头	36 元/份	滋味卤牛肉	38 元/份
米椒黑木耳	15 元/份	原味卤顺风	28 元/份

热菜类

粉蒸野生鲶鱼	68 元/斤	黄焖野生甲鱼	150 元/斤
清蒸大白刁	78 元/份	酥炸凤尾鱼	28 元/份
西柠蒸鲈鱼	56 元/份	糖醋老带鱼	38 元/份
黄焖鱼三鲜	46 元/份	风味糍粑鱼	28 元/份
茶香炸鱤鱼	8 元/块	春笋炒鲜鱿	58 元/份
银芽滑鱼丝	36 元/份	干烧臭鳜鱼	98 元/份
香辣牛蛙煲	36 元/份	鱿鱼干焖肉	48 元/份
手撕牛排	78 元/份	尖椒腊牛肉	56 元/份

水煮晶牛柳	58 元/份	湘味牛背筋	38 元/份
麻辣焖牛腩	78 元/例	酱香烧排骨	38 元/份
泡姜羊肚丝	48 元/份	甜豆炒香肠	36 元/份
腊味合蒸	38 元/份	黄焖鲜肉丸	38 元/份
酸椒爆脆肚	38 元/份	火爆双脆	38 元/份
滋补药膳鸭	88 元/份	瑶柱蒸水蛋	18 元/份
干锅杏鲍菇	28 元/份	干锅带皮牛肉	58 元/份
干锅手撕包菜	18 元/份	干锅湘之驴	88 元/份
鲮鱼油麦菜	20 元/份	椒盐炸藕夹	26 元/份
珍珠豆腐元	28 元/份	鸡汁小花菇	28 元/份
臭干子藕元	28 元/份	腊味炒泥蒿	28 元/份
清炒时蔬	16 元/份	上汤灼时蔬	28 元/份

汤羹类

清汤野生鱼元	78 元/份	清炖牛腩	86 元/份
鸡汁菌王汤	32 元/份	酸汤生鱼片	48 元/份
笔架鱼肚火锅	158 元/例	滋补羊肉火锅	118 元/例
老灶土鸡汤	58 元/份	排骨莲藕汤	36 元/份

主食类

燕麦莲蓉包	28 元/份	蒸糯米团子	26 元/份
农家锅巴粥	16 元/份	风味红薯粥	16 元/份
葱香小花卷	16 元/份	四季美汤包	28 元/份
风味清汤面	16 元/份	生煎烧麦	28 元/份
金银馒头	16 元/份	北方水饺	18 元/份

2. 套餐菜单

套餐,又称套菜,主要是指由餐厅提供、已固定配套的菜点。其菜品主要由冷菜、热菜、汤菜、主食等配套而成,注重冷热干稀、外在感官性状及膳食营养的配合。

套餐作为西餐的一种主要的供餐形式,起源于中世纪欧洲的一些饭店里,后来一些公司常常用它招待客商,或作为公司商务活动的"例行便宴",所以套餐又称套菜、公司菜。在我国,新中国成立前的上海、广州、天津、青岛等地,现今的一些三资企业、外资企业中有些老板、客户和职员经常选用套餐。

套餐有西式套餐与中式套餐之区分。西式套餐是将开胃品、面包、黄油、牛排等配套成组,而中式套菜则是将荤素菜、汤菜、主食等配成一套。中式、西式套菜特点相同,但菜式不一。

从实质上讲,套餐这种供餐形式属于一种捆绑式的销售方式,它为宾客提供的菜点以一个固定的价格标出,每道菜点没有单独的价格,客人不能随意选择其中的某一菜点,而只能根据自己的饮食需求选择全套菜品。套餐虽然不及零餐点菜自由,但简化了点餐所需要的时间和精力,保证了全套菜品的营养供应,适合于各式简易就餐。

套餐菜单又称套菜菜单,它将客人一次消费所需的菜品和饮料组配在一起,以统一的价格进行销售,故又称定食菜单。根据餐别的不同,它可分为早餐套餐菜单、正餐(午、晚餐)套餐菜单和夜宵套餐菜单等;根据菜式风味的不同,可分为中式套餐菜单和西式套餐菜单等;根据就餐对象及人数的不同,常被分作普通套餐菜单和团体包餐菜单;根据菜单主题及用途的不同,又可分作商务套餐菜单、会议套餐菜单、旅游套餐菜单、情侣套餐菜单、儿童套餐菜单、生日套餐菜单、营养套餐菜单等。

值得注意的是,套菜菜单因菜肴、点心等组合内容固定、价格固定,顾客选择余地较小,餐饮个性化需求不大容易得到满足,所以了解宾客嗜好、合理设计菜单更具特殊意义。

例:华北地区某接待餐厅一日三餐会议套餐

早餐	天津小包、北方水饺、葱油花卷、牛肉面、什锦酱菜、酸辣藕丁、白米粥
午餐	红烧排骨、香菇鸡翅、萝卜焖牛肉、酱爆鲜鱿、粉蒸鲇鱼、清炒时蔬、番茄鸡蛋汤、米饭
晚餐	卤味双拼、椒盐竹节虾、梅干菜扣肉、芋头烧牛腩、片皮烤鸭、油焖双冬、糖醋鲤鱼、蒜蓉四季豆、鲜菌土鸽汤、米饭

3. 筵席菜单

筵席菜单,即筵席所列菜品的清单。具体地讲,它是由菜单设计者根据筵席的结构和宾客的要求,将冷碟、热菜、点心、水果等食品按一定比例和程序编成的饮食品的清单。此单一般只按菜点的上菜顺序分门别类地列出所用菜点的名称,不出现每一菜点的单价及全套菜点的总价。

筵席菜单种类丰繁,分类方法各异。如按餐饮风格分类,有中式筵席菜单、西式筵席菜单、中西结合式筵席菜单等。每类筵席菜单又可分为若干小类,如中式筵席菜单可分为中式宴会席菜单、中式便餐席菜单;中式宴会席菜单又可细分为公务宴菜单、商务宴菜单和亲情宴菜单,每小类菜单还可继续细分。关于筵席菜单的分类,项目七"筵席菜单设计"将作专门介绍。

从经营管理角度看,筵席存在筵席预订、菜品制作、接待服务及营销管理这

4 个前后承接的环节。筵席菜单设计属于筵席预订这一环节,它是承办筵席、从事接待工作的基础,筵席菜单设计的好坏,决定着整个饮宴接待工作的成败。因此,把握筵席菜单设计的规律,编制切实可行的筵席菜单,是每位厨务人员及服务管理人员必备的基本技能。

例:华东地区某星级酒店团年宴菜单

冷盘

　　鸿运大拼盘

热菜

明珠烧甲鱼	特色香辣蟹
喜庆烩双圆	松仁玉米粒
清蒸长江鲴	葱香牛蛙煲
小炒黄牛肉	蒜蓉蒸扇贝
港式烧鹅仔	官府三宝蔬
清炒靓时蔬	芸豆肚片汤

主食

香麻葱煎包	泰和香米粑

果盘

　　喜庆水果拼

(三) 根据菜单用途划分

菜单根据其用途的不同,可分为儿童菜单、自助餐菜单、营养保健菜单、客房送餐菜单、风味餐厅菜单等。

1. 儿童菜单

儿童菜单,是根据儿童的年龄特征、兴趣爱好、营养要求等因素来设计的菜单。一般的儿童菜单要求图文并茂,以童话故事的图画等作为菜单封面,菜单文字应配上汉语拼音,并辅以图片,便于儿童自行点菜。确定儿童菜单的菜名和品种要考虑儿童的心理承受力,菜肴的造型不要过于夸张,菜肴的口味不要太酸太辣,清鲜为主,略带甜味。在营养保健方面,要尽可能推出天然食品,易于食用、易于消化的食品,并力争形成平衡膳食,使儿童和家人吃得放心,吃得开心。

2. 自助餐菜单

自助餐是指餐厅以就餐者个人为单位,按照既定的用餐标准及人数,把所有的菜品和饮料展示在餐桌上,并由就餐者自主选择的一种用餐方式。自助餐菜单的设计应特别注重菜品的选用,用作自助餐的菜品有冷菜类、热菜类、点心类、主食类及水果类,它们都应具备适于批量生产、适于较长时间放置等固有特点。此外,自助餐菜品的配置应注意原料品种的搭配,防止食材太过单一;注意菜品高低贵贱的搭配,尽可能体现接待标准;注意菜品花色品种的搭配,以增加顾客选择的机会。

3.营养保健菜单

营养保健菜单,是为一些特殊人群,特别是患有某种疾病的人群而专门设计的一类食疗食养菜单。设计此类菜单应针对不同人群的不同要求,因人而异,对症而施。例如,对待阳虚的人群,可选用补阳食物,如狗肉、羊肉、牛鞭、鹌鹑、麻雀肉、鳗鱼、韭菜等,适当配用补阳的药材,如红参、鹿茸、杜仲、虫草、海马等;对待阴虚的人群,可选用补阴食物,如甲鱼、乌龟、燕窝、百合、生蚝、乌骨鸡、鸭肉、海蜇、枸杞子、松子等,配用补阴的药材,如黄精、沙参、麦冬等。对待糖尿病人,不应安排含糖量过高的食品;对待甲亢病人,不宜设计含碘较多的食材;对待肥胖病人,不宜选用高糖、高脂肪的菜肴。此外,设计营养保健菜单,应精心计算每套菜点的主要营养素的含量及总热量,确保荤素搭配、粗细搭配、食材多样、营养平衡,让客人既愉悦身心,又疗疾强身。

4.客房送餐菜单

客房送餐,是专为住店客人提供的一种餐饮服务项目,主要针对那些因某种原因不能、不便或不愿去餐厅就餐,或在开餐时间以外要求用餐的客人提供服务。设计客房送餐菜单,其菜品的选用应以佐餐为本,热菜为主,汤羹菜式应作适当限制;其原材料的选择要突现新鲜,大多去骨去壳,以便于食用;烹调工艺不宜太过复杂,烧、焖、炒、炸,快速成菜;菜品的品种不宜太多,规格不宜过高,既要有利于顾客用餐,又要方便服务人员服务。

5.风味餐厅菜单

风味餐厅菜单,必须突出某种风味特色,其内容以选用某一类菜式为中心,再搭配一些辅助菜品,如乡村菜馆、海鲜馆、川菜馆等风味餐厅设计的菜单。设计这类菜单,一要突出菜肴风格,二要突出餐馆的装饰特色,三要显示独特的服务方式。只有特色风味鲜明,才能达到设计的理想效果。

(四)根据餐别划分

菜单根据餐别的不同,可分为早餐菜单、正餐菜单(包括午餐、晚餐菜单)、夜宵菜单三类。

1.早餐菜单

中式早餐菜单有零点菜单、桌餐菜单和自助餐菜单三类。由于客人就餐形式不一,零点早餐由客人根据菜单内容和个人喜好任意选择所需的食品。桌餐一般由菜单设计者根据用餐标准,按照 10 人共同进餐来设计主食和菜点。自助餐的菜品种类丰富,餐厅通常设计出很多主食和菜点,由客人自由组合。无论采用哪一种就餐形式,早餐的内容主要有粥类、面食类、点心类、小菜类和饮料类等。需要注意的是,早餐的就餐时间比较短,因此菜单内容都是制作简单、上菜速度快、清淡少油的菜品,并且这些品种特别注重保持一定的温度。

2. 正餐菜单

正餐包括午餐和晚餐,其内容基本相似。各个餐厅规模和定位不同,菜肴也有很大的差别,但是菜单的组成结构类似。有的按烹饪原料划分,比如海鲜类、江鲜类、禽鸟类、畜肉类、蛋奶类、蔬菜类等;有的按照菜品的类别分,如冷菜类、热菜类、汤羹类、点心类、主食类等。中餐比较重视午餐和晚餐,所以,设计菜单时,要根据餐厅风格、规模、档次以及客人的喜好,制作出不同层次、风格、价位的菜单供客人挑选。

3. 夜宵菜单

夜宵菜单是为大约晚上 22:00 到次日凌晨 2:00 之间需要用餐的客人设计的菜单。夜宵菜单的菜品数量不宜过多,规格不宜过高,菜品要易于消化。菜单的内容可以划分为冷菜、热炒、风味小吃、面食等,一些地区还可提供具有本地特色风味的乡土菜品。

任务二 菜单设计的依据与原则

菜单的设计与制作是一项艺术性和技术性很强的复杂工作,它在很大程度上受到设计者态度和能力的限制。只有熟悉菜单设计的依据,把握菜单设计的原则,才有可能设计出切实可行的各式菜单,为餐饮经营带来可观的经济效益和社会效益。

一、设计者的素质要求及职责

在餐饮行业里,菜单设计通常是由餐厅经理和厨师长协同承担,有些大中型餐饮企业则是另设专职人员,专门从事菜单设计。菜单设计者应具有一定的权威性和责任感,其素质要求及主要职责如下。

(一) 设计者的素质要求

菜单设计者应具备的素质要求包括:

(1)具备广泛的食品原料知识。熟悉原料的品种、规格、品质、出产地、上市季节及价格等。

(2)具有一定的烹调知识和较长时间的工作经历,熟悉餐厅里各种菜肴点心的制作方法、成菜时间、销售价格及食用方法,熟悉菜品的成菜特色及营养功效。

(3)了解餐厅的生产与服务程序,熟悉餐厅的设备与设施,了解工作人员的业务水平。

(4)具备一定的饮食民俗知识,了解顾客的需求,熟悉相关民风习俗,掌握现代餐饮习惯和宴饮礼仪。

(5)具有一定的美学知识和艺术修养,善于调配菜肴品种,善于菜品造型,具备一定的构思技巧。

(6)善于沟通交流,具备一定的创造性思维和随机应变的能力。

(7)具备一定的计算机应用能力,具有一定的营销管理经验,能将现代科技知识应用于菜品营销之中。

(8)具有良好的职业素养,忠于企业,爱岗敬业,虚心好学,乐于奉献。

总之,只有具备较高的职业素质,具有一定的业务技能,并具有一定的权威性和责任感的工作人员才能设计和制作出科学合理的各式菜单。

(二)设计者的主要职责

菜单设计者的主要职责如下:

(1)与相关人员(餐厅经理、厨师长、主厨)研究并制定菜单,按节令要求编制时令菜单,并进行试菜。

(2)根据管理部门对毛利成本要求结合市场行情制定菜品的标准分量及价格。

(3)审核每天进货价格,提出在不影响菜品质量的情况下降低菜品成本的意见。

(4)检查为筵席预订客户所设计的筵席菜单。了解宾客需求,提出改进和创新意见。

(5)通过一定方法,向客人介绍本餐厅的时令菜、特色菜,做好创新菜品的促销工作。

二、菜单设计的依据

菜单设计者在设计菜单之前,必须充分考虑餐厅本身的基本资源和市场需求,全面了解影响菜单设计的诸多因素。只有经过审慎分析和思考,真正把握了菜单设计的各种依据,才有可能规划出一套获利最大、营销力量最强的菜单。

(一)市场需求

任何餐饮企业都不具备同时满足所有顾客需求的能力和条件,餐厅必须选择一群或数群具有相关消费特点的宾客作为目标市场,以便更好、更有效地满足这些特定宾客的需求。例如,有的餐厅以招徕过往游客为主,有的餐厅以接待附近居民为主,星级酒店的风味餐厅专营具有特色风味的珍馐美味,高校食堂的接待餐厅则主要面对相对稳定的在校师生。

因此,菜单设计者首先应认清企业的目标市场,掌握目标市场的各种特点和需求。必须明确主体就餐者的民族、地域、年龄结构、性别比例、职业特点、文化程度、收入水平、风俗习惯、饮食嗜好和禁忌等。此外,尽管企业选定的目标市场皆由具有相似消费特点的宾客组成,但其中不同的个体往往存在不同需求,如有人最关心菜品质量,有人特别注重价格,有人则追求服务质量及环境氛围。只有在及时、详细地调查了解和深入分析目标市场的各种特点和需求的基础上,企业才能有目的地在菜式品种、规格水平、餐饮价格、营养成分等方面进行计划和调整,从而设计出为宾客所乐于接受的菜单内容。

(二)菜品成本及赢利能力

菜单设计与制作是餐厅为获取利润所必须进行的一项计划工作,因此,菜单设计者必须自始至终明确企业的生产成本及赢利能力。如果菜单设计不合理,使得高成本菜式过多,餐厅即使有完善的成本控制措施,也难以获得预期的利润。

餐饮企业的目标市场由众多的具有相似消费特点,但同时又各持不同需求的宾客组成。餐厅只有提供丰富多彩的菜式品种才能满足各个层次的餐饮需求,这就意味着所要设计的菜单必然由不同成本,甚至成本相差较大、赢利能力悬殊的诸多菜式组成。如何合理地设计菜单,使其既能满足宾客需求,又能确保企业赢利,牵涉到如何调整菜肴销售结构的问题。菜单设计者在决定某一菜式是否列入菜单时,应综合考虑如下三方面因素:一是该菜式的原料成本、售价和毛利,检查其成本率是否符合目标成本率,即该菜的赢利能力如何;二是该菜式的畅销程度,即可能的销售量;三是该菜的销售对其他菜式销售所产生的影响,即有利或不利于其他菜式的销售。

(三)食品原料的供应情况

凡列入菜单的菜式品种,厨房必须无条件地保证供应,这是一条相当重要但极易被忽视的餐饮管理原则。很多餐厅的菜单看似丰富多彩,甚至包罗万象,但宾客点菜时却常常得到这也没有那也没有的回答,结果招来宾客的失望和不满。究其原因,通常是原料断档所致。因此,在进行菜单设计时,必须充分掌握各种原料的供应情况。

食品原料的供应往往受到市场供求关系、采购和运输条件、季节、餐厅的地理位置等诸多因素的影响。有关市场供求关系的信息,一般都由采购部门及时提供,但如何有效利用这些信息,则完全属于菜单设计者的责任。地处偏远地区的餐厅,其食材应尽可能选用当地出产的、供应充足的原料;对于一般餐厅,如果菜单所需的原料都需从遥远的地方采购,甚至需要从国外进口,则难免发生供应不及时或原料成本过高等问题。

餐饮企业所需的食物原料中,不乏具有季节性特点的蔬菜、瓜果、水产、禽畜类原料,这些节令原料在大量上市之时,往往也是质量最好、价格最低的时候。菜单设计者应根据节令要求,不失时机地调整菜单菜式,以便满足宾客品尝时令菜的要求,同时也有利于降低原材料成本。

在掌握食物原料市场供应的同时,菜单设计者还应重视现有的库存原料,特别是那些容易损坏的原料以及各种备用的食品。要做到这一点,菜单设计者每天都要巡视库房,做到心中有数;要根据具体情况考虑是否增设当日菜式进行推销,决定哪些原料应立即予以消耗,或作其他适当处理。

(四)菜品的花色品种

不论何种类型、何种规格的餐厅,它们所供应的食物都应注重花色品种的丰富性。丰富菜品的花色品种既是菜单设计者的一项重要任务,又是其业务素质的综合体现。只有充分考虑到原料的多样性、烹法的变换性、色泽的协调性、质感的差异性、口味的调和性和形状的丰富性等多种因素,设计出的菜单方可满足顾客求新、求异、求变的心理需求。

1. 原料的多样性

不同的食物原料具有不同的滋味和质感,它既是菜肴风味多样的物质基础,又是供给多种营养素的主要来源。无论设计何种菜单,如果兼顾使用山珍海味、鱼畜禽蛋、蔬菜水果及粮豆制品,顾客一定能感受到原料的丰富多彩,一定会有物鲜为珍、物稀为奇的新鲜感。

2. 烹法的变换性

烹调技法是形成菜肴风味的主要因素之一,如果一份菜单只采用一两种烹制技法,尽管所用的原料不同,但其质感大同小异,令人觉得单调乏味。因此,设计菜单时,应根据顾客的需求,利用各种原料的特性,变换烹调技法,烹制出丰富多彩的菜品,让顾客真正感到新颖、和谐,享受美食的乐趣。

3. 色泽的协调性

菜肴色彩搭配合理,最能影响顾客食欲。设计菜单时,既要利用原料的自然色彩和加热烹制后的成菜色泽,适当点缀和映衬,使每一道菜点绚丽多彩,又要通盘考虑整套菜品色泽搭配的协调性和合理性,使其搭配巧妙,层次分明,鲜艳悦目,给人美的享受。

4. 质感的差异性

菜品质感的差异性主要表现在两个方面：一是要求整套菜品的质感多种多样，二是要求针对不同对象确立不同菜品的质感。由于人们的饮食习惯、身体体质、年龄结构等不同，对于菜肴质感的偏爱也不尽相同，因此，设计菜单时，应尽量了解客人的饮食爱好，有针对性地设计菜品的质感。

5. 口味的调和性

味是菜肴的灵魂，设计与制作任何菜单，都应注重味的调和性。零点菜单是餐厅里最基本的菜单，它所展示的菜品务求一菜一格、百菜百味，如果味型太过单一，顾客选菜的余地极小。套菜菜单中菜与菜的搭配更应兼顾味的协调性，如果味型单一，菜式雷同，必然会影响食用效果。筵席是一整套菜品的艺术组合，筵席菜品的主要功能是佐酒品味，如果菜品滋味不协调或是味型太单一，则其菜单设计必患舍本逐末之弊病。

6. 形状的丰富性

菜品的外形，能给宾客多姿多彩的感觉。设计各式菜单，不可忽视菜品形状的丰富性。我们应结合顾客的聚餐性质、接待规格、民俗风情及饮食习惯合理设计菜品的外形，注重原料的形状变化，注重装盘的造型变化，注重盛器的品种变化。

（五）食物的营养成分

菜单设计还须考虑营养供给这一因素。相比之下，学校、医院等企事业单位的接待餐厅对此较为重视，而一般的酒店、饭店则往往忽视了营养配餐。他们认为顾客只是临时用餐，其营养需求问题一时半会不会显现出来。

事实上，随着我国居民生活水平的不断提高，人们外出就餐已是经常性的活动。餐厅为就餐顾客安排餐饮产品，既要使其丰富多彩、感官性状协调，还须符合营养保健原理，力求形成一整套平衡膳食。菜单设计人员只有掌握现代营养学的相关理论，熟悉各种食物的营养特色，了解宾客营养素和热量的摄入需求，熟悉不同原料间的合理搭配，才能设计出符合营养学原理的各式菜单。

（六）厨房设备条件及员工技术水平

厨房设备条件及员工技术水平在很大程度上影响着菜单菜式的种类和规格。不考虑厨房设备条件及员工技术水平而盲目编制菜单，即使再美妙，也无异于空中楼阁；那种先行购置设备、招聘人员，然后再编制菜单的经营方式无异于本末倒置。如果厨房现有烤箱的生产能力只能满足制作面包之需，菜单上就不能增设需要使用烤箱的其他菜式；如果现有的厨师只能烹制川菜，那么菜单上也不便增设其他菜系的菜式。

此外,菜单上各类菜式之间的数量比例必须合理,以免造成厨房中某些设备使用过度,而某些设备却得不到充分利用。此外,各类菜式数量的分配应避免造成某些厨师负担过重,而另一些厨师闲来无事。

总之,菜单设计者不能光凭主观愿望去决定菜单内容、规格和数量,而必须先熟悉厨房设备条件,了解它们的最大生产量及各自的局限性,掌握各类厨师和服务人员的实际技能水平,这样才能避免菜单内容与厨房设备条件和员工技术水平之间的矛盾。

三、菜单设计的原则

充分考虑餐厅本身的基本资源和市场需求,全面了解影响菜单设计的诸多因素,能为菜单设计奠定基础。而要想设计出科学合理的各式菜单,还须遵循一定的菜单设计原则。

(一)以市场需求为主导

市场需求是餐饮经营的指挥棒。要使餐厅的菜单具有吸引力,就必须认真进行市场调研,确定目标市场,根据目标顾客的需求来设计菜单。影响目标市场餐饮需求的因素主要有收入情况、年龄结构、宗教背景、饮食习惯和性别比例。受这些因素影响,目标市场的需求会发生变化,要及时把握市场需求的变化情况,对菜单进行调整。

(二)体现企业自身的特色

菜单是沟通消费者与经营者的桥梁。因此餐饮企业应充分利用这一工具,在设计菜单时应考虑竞争对手的经营内容和服务项目,最好采用差别化产品策略,突出本企业的餐饮风格特色,从而在消费者心目中树立起有别于其他餐饮企业的形象。

(三)保证食品原料有效供应

凡列入菜单的菜品,其原材料必须无条件地保证供应。如果某些原料因市场供求关系、采购和运输条件、季节因素及餐厅地理位置等客观条件的影响而不能保证供应,餐厅最好不要把相关菜品放在固定菜单中,可在菜单中留出一定空间,将这些菜品的菜名、标价等打印成小卡片,附在菜单里。此外,根据节令变化及时调整菜单,增加时令菜品,也是出于对食品原料供应情况的考虑。

(四)注重菜肴品种的多样化

顾客的饮食需求呈现出多样化的特征,求新、求异、求变是众多宾客的共性。菜单中的菜品如果过于单一,或是菜品的原料、口味、质地、色泽、外形重复过多,顾客会因失去选择的余地而感到厌烦。

（五）菜单形式力求美观大方

菜单是餐厅的宣传工具,形式美观大方是菜单设计的一项基本要求。菜单的式样、大小、颜色、字体、纸质、版面安排等都要与餐厅的档次和气氛相协调,要与餐厅的陈设、布置以及服务人员的服装风格相适应。大众化的餐厅尽管无须装饰精美的菜单,但美观大方的菜单,对增加菜品的销售还是有帮助的。

（六）适应餐饮销售趋势

一份好的菜单,要能引领或适应菜品的营销趋势,反映菜肴传承和发展的潮流,体现国内销量较大的风味流派,展示当地人最喜爱的菜式品种。

（七）体现季节变化要求

根据节令的变化及时调整菜单,增加时令菜品,满足就餐者尝新求异的饮食需求。同时,节令原料在本地市场大量上市,对餐饮经营者来说,原料容易采购,还可以降低菜品的成本。

（八）充分考虑企业的生产能力

餐厅的设备与设施限制着餐饮产品的数量及种类。设计菜单时,应根据生产能力筹划菜单,利用现有设备、设施保质保量地生产出菜单上所列的菜品,注意避免过多地使用某一种设备和设施。厨师的技术水平和烹饪技能决定了能提供何种风格、何种档次的菜肴,在设计菜单时这是首先要考虑的问题。餐厅服务人员的服务方法、服务技能与服务技巧也要与菜单上菜品的档次相配套。

（九）合理调配膳食营养

设计菜单时,要多从宏观上考虑所选菜品的营养是否合理,考虑原料的品种是否丰富多样,考虑植物性原料的供应是否充足,考虑整套食品是否利于消化吸收,考虑原料之间的互补效应和抑制作用如何。在保证特色风味的前提下,控制用盐量,清鲜为主,凸显本味,以维护人体健康。

（十）努力创造经济效益

菜单设计是否合理,直接影响到餐饮企业的目标利润能否实现。菜品的选择要充分考虑食品原料成本及菜品的赢利能力。如果菜单中的高成本菜品较多,那么即使有完整的成本控制措施,也难以获得预期的利润。

任务三　菜单设计的基本程序

菜单设计主要包括菜单内容设计及菜单形式设计两方面。

一、菜单内容设计

菜单内容设计是菜单设计的主体,它直接影响着餐饮企业的生产经营。

(一)菜单的基本内容

一份完整的菜单,往往涉及以下几个方面的内容。

1. 菜品的名称和价格

菜品的名称会直接影响到顾客对菜品的选择,顾客未曾尝试过的菜肴,往往会凭菜名去挑选。菜单上菜品的名称会促使客人在头脑中产生一种联想,顾客对用餐是否满意,很大程度上取决于顾客对菜品名称的理解及由此衍生的期望是否在进餐过程中得到满足,其中最重要的是,餐厅提供的菜品能否满足顾客的期望和心理。

一般来说,菜单上菜品的名称和价格要具有真实性。这种真实性要求体现在如下几方面:

(1)菜品名称真实。菜品的名称应符合菜品命名规则,既好听好记,又真实准确,不能太过离奇。一些故弄玄虚、离奇不实的菜名,很难为顾客所接受。

(2)菜品质量真实。菜品质量真实一般指原料质量和规格要与菜单的介绍相一致。如菜品名称为"清蒸武昌鱼",餐厅制作这道菜肴时就不能使用普通的鳊鱼,而应选用正宗的团头鲂。产品的产地必须真实,如果菜名是烤新西兰牛排,那么原料就应从新西兰进口。菜品的份额必须准确,菜单上介绍份额为300克的烤肉,其用量必须在允许的误差之内。菜品的新鲜度应真实,如果菜单上标明为新鲜食材,就不能提供罐装食品或速冻食品。

(3)菜品价格真实。菜单上的价格应该与实际收费的费用一致。如果餐厅加收服务费,必须在菜单上注明。若有价格变动,要立即更改菜单。

(4)外文名称拼写正确。菜单是餐厅经营水平的一种体现。如果西餐厅菜单的英文或法文名称拼写错误,表明西餐厅对该国的烹调不太熟悉,或对质量控制不严格,会使顾客产生不信任感。

(5)原材料要能保证供应。菜单上过多的菜品因为缺少原材料而无法供应,会使顾客产生被欺骗的感觉,会使餐厅失去信誉。

2. 菜品内容的介绍

为节省顾客点菜的时间,提高工作效率,有些餐厅的菜单要对一些菜品,特别是部分高价菜和特色菜,进行简要介绍。介绍的内容主要有:

(1)主料、配料及一些独特的调料,有时注明规格和用量。

(2)菜品独特的烹调技法和服务方法。

(3)菜品的份额,注明每份的数量或重量。

值得注意的是菜品的介绍不宜过多过杂,以免顾客产生厌烦感。

3. 告示性信息

每张菜单都应提供一些告示性信息。告示性信息必须十分简洁,一般有以下内容:

(1)餐厅的名称。通常安排在封面上。

(2)餐厅的特色风味。如果餐厅有某些特色风味而在餐厅名称中又没有得到反映,就要在菜单封面的餐厅名称下列出。

(3)餐厅的地址、电话和商标记号。一般列在菜单的封底下方。有些餐厅的菜单还附有简易地图,列出该餐厅在城市中的地理位置。

(4)餐厅的营业时间。一般列在封面或封底。

(5)餐厅加收的费用。如果餐厅加收服务费,要在菜单的内页上注明。如"包间就餐,所有价目加收10%的服务费"。

4. 机构性信息

菜单是餐饮企业推销自己的最佳途径。大型餐饮企业的菜单上可简要介绍企业的历史背景、餐厅特点、连锁机构、发展现状等内容。例如一些老字号的餐饮企业,习惯于在菜单上介绍餐厅的规模、烹调特色以及餐厅的历史背景。

5. 特色菜推销

有些餐厅为了展示其畅销菜、品牌菜,或对高利润但不太畅销的菜品作宣传,有时单独设计特色菜单,对其特色菜品进行推销。这些特色菜品有以下几类。

(1)能使餐厅扬名的看家菜。一些知名餐厅总要有意识地规划出几款风味独特、市场畅销、厨师擅长制作而且销售价格适中的特色菜品,这些能使餐厅扬名的菜品必须得到特殊对待、重点推销。

(2)畅销或高利润菜品。这类菜品能给餐厅带来高额利润。

(3)特殊套餐。推销一些特殊套餐,能提高销售额,增强推销效果。

(4)每日时菜。有的菜单上留出空间来推荐每日的特色菜和时令菜,以增加菜单的新鲜感。

（二）菜式品种的选用

菜式品种的合理选用是菜单内容设计的关键之所在。菜单设计者必须全面了解影响菜单设计的诸多因素，真正掌握菜单设计的相关原则，才能合理选择相应的菜品。

1. 菜肴要有独创性

餐饮行业的竞争越来越激烈，菜单上所提供的菜品如果不能满足客人日益强烈的对新、奇、特菜品的消费热情，就难以为消费者所认同。一个餐厅若能创制出某类菜品、某个品种菜品、某种烹调方法、某种服务用餐方法等，就能显著提升餐厅的形象。

餐厅要根据自己的经营方针来决定提供什么样的菜单，是西式菜单还是中式菜单，是大众化菜单还是地方风味菜单。无论菜单上的菜品设计得多么有特色，都不能忽略了菜肴的创制者——厨师。在设计菜品时，要考虑到厨师的技术特长，尽量选择厨师擅长的菜品。

2. 菜肴品类要平衡

为满足不同消费层次、不同饮食需求的客人，菜单所选的品种范围不能太窄。选择品种时要考虑如下因素。

（1）每类菜品的价格要平衡。因为客人的消费水平不同，每类菜品的价格应尽量在一定范围内有高、中、低的搭配。

（2）原料搭配平衡。不同的客人对于烹饪原料存有不同的嗜好和禁忌，如有的客人喜食鸡肉，有的客人偏爱海鲜，有的客人不吃猪肉，有的客人禁食荤腥。设计菜单时，原料搭配平衡，可使更多的客人作出选择。

（3）烹调方法要平衡。各类菜品的烹调方法不同，成品的质地、口味等感官特征也不相同，可以给人带来丰富的就餐感受。

（4）膳食营养要平衡。理想的膳食，既要使其感官性状协调，还须注重营养平衡；要使顾客在领略特色风味的同时，获得相应的膳食营养。

3. 选择毛利较大的品种

餐厅经营者最关心的还是餐饮成本和利润，没有哪一个经营者愿意在其辛劳之后无利可图。有些菜式虽然价格高，但除去其成本后，所得利润不多；有些价格低廉的菜品，因它的成本较低，毛利率可能比高价销售的菜品还大。由此可见，在选择菜式时，不能只看售价的高低，而要从利润的高低来分析。多选毛利大的菜品，适当舍弃毛利较小的菜式，使各种菜式互相弥补，以获得合适的利润。

4. 菜品的数量要适中

菜单上菜式过多，客人点菜时会因选择困难而犹豫不决；更主要的是增加了采购和贮藏成本,餐厅无法很好地把握各种菜品的销售量,菜品品种越多,原材料占用的贮藏空间越大,既给厨师操作带来困难,有时还会造成浪费。菜单上菜式过少,餐厅的特色风味得不到展示,客人点菜时没有选择的余地,会直接影响到餐饮营销。因此,菜单上菜式的数量要因餐厅的规模和特色而异,适量最佳。

5. 菜品的规格应与餐厅的档次相协调

餐厅的装潢环境、服务质量及规格水平都是餐厅"隐形价值"的外在表现。菜单中菜品的选用应与餐厅的档次相协调。如果简陋的餐厅主营高档菜肴,客人会觉得享受不到舒适的用餐环境;如果豪华的餐厅提供的菜式多是一些毫无特色的普通菜品,客人也会大失所望。

6. 所选菜品要尽量迎合客人需求

顾客是餐厅服务的对象,餐厅要努力迎合不同客人的需求。确立菜单中的菜品,一定要了解客人的民族、地域、年龄结构、性别比例、职业特点、文化程度、收入水平、风俗习惯、饮食嗜好和禁忌等。只有把握了目标市场需求,有针对性地确立相关菜品,才能得到社会认同。

(三)菜单菜式的编排

菜单的菜式排列花样繁多,因餐厅而异。中餐菜单的排列顺序一般是冷盘、热菜、汤菜、点心、主食和饮料;但有的餐厅按菜肴所用主料来编排,如山珍类、海味类、河鲜类、家畜类、禽鸟类、蛋奶类、蔬菜类等;有的餐厅按烹调方法来编排,如炒菜类、炸菜类、蒸菜类、烧烤类等;有的餐厅按盛器或加热方法来编排,如火锅系列、铁板系列、烧烤系列、沙煲系列等。西餐菜单的顺序一般是开胃品、汤、副菜、主菜、甜食和饮品。

零点菜单内容的编排,除顺序上有一定的规律外,在每个菜的数量和价格上也有一定规定。团体包餐菜单和各式筵席菜单则要根据整套菜品的价格来排列菜品,其排菜顺序前面已作说明。

菜品在菜单上的位置对于菜品的推销有很大影响,主菜应尽量列在醒目的位置,单页菜单应列在单页的中间,双页菜单应该列在右页,三页菜单应该列在中页。要使推销工作效果显著,必须遵循两大原则,即最早和最晚原则。列在第一项和最后一项的菜品最能吸引人们注意,并能在人们头脑中留下深刻印象。因此,应将赢利最大的菜品放在顾客最为注意的地方。

此外,菜单上有些重点推销的菜品,如名牌菜、高利润菜、特色菜、特殊套菜等,可以单独推销,这些菜品不要列在一般的位置,而应放在菜单显眼处。

二、菜单形式设计

注重菜单内容设计的同时,不可忽视其形式设计。菜单形式设计主要包括菜单形式的确立、制作材料的选择、菜单封面与封底设计、菜单文字设计、菜单插图设计等几方面内容。

(一)菜单形式的确立

菜单的形式多种多样,其式样与外表能否吸引顾客,关键在于菜单的格式与精美程度是否与餐厅的装饰环境相适应。目前,常用的菜单主要有如下几种形式。

1. 单页式

单页式菜单一般用于快餐厅、小吃部、咖啡厅、茶馆等餐厅,特选菜单、时令菜单等也可选择单页式的菜单形式。

2. 折叠式

折叠式菜单多为对折或三折的形式,一般用于各种筵席菜单。这类菜单设计精美,引人注目,一般放在主人或主宾位置,如有特别重要的宴会,则每人一份菜单,可以平放或竖立在桌上,起到点缀餐桌、吸引顾客、扩大宣传的作用。

3. 书本式

书本式菜单是酒店常见的一种菜单,一般用于零点菜单。这种菜单封面硬朗漂亮,内容丰富,菜肴排列有序,顾客可按照菜品的排列逐页挑选自己喜欢的菜点。

4. 活页式

活页式菜单可根据季节的不同、饮食对象的差异、市场需求的变化和竞争状况等因素,及时调整菜单上菜品的某些品种和价格,而不必重新制作菜单封面。这种形式的菜单能节约成本,方便实用。

5. 悬挂式

悬挂式菜单常用于客房内的菜单。这种菜单一般悬挂于客房门把手一侧的墙上,易于被顾客发现、阅读和选用菜肴。

6. 艺术式

艺术式菜单是具有一定艺术造型、多姿多彩的菜单的总称。这类菜单多因重大节庆而设计,注重色彩及造型,如春节宴上宫灯式的喜庆菜单,能给顾客留下难忘的记忆,借以达到推销产品的目的。

(二)制作材料的选择

好的制作材料不仅能很好地反映菜单的外观质量,同时也能给客人留下较好的第一印象。因此,在选择菜单用材时,既要考虑餐厅的类型与规格,也要顾及制作成本,原则上要求美观大方、经济实惠和经久耐用。

一般来说,长期重复使用的菜单,要选择经久耐磨又不易沾染油污的重磅涂膜纸张;分页菜单,往往是由一个厚实耐磨的封面加上纸质稍逊的活页内芯组成;而一次性使用的菜单,一般不考虑其耐磨、耐污性能,当然这并不意味着可以粗制滥造。许多高规格的筵席菜单,虽然只使用一次,仍然要求选材精良,设计优美,以此充分体现筵席接待规格和餐厅档次。

关于菜单纸质的选择,有下列材料可供参考:

(1)透明塑料薄膜+质地厚实的条纹纸。使用薄膜,不会让人觉得塑料感很强。条纹纸的种类非常多,重点在质感。

(2)本色木片。最适宜于特色烧烤店或咖啡厅选用。木片的质地会给人一种自然的感觉,更强调了这类餐厅本身的特色。

(3)本色竹片。使用这种材料,需要与餐厅其他设施相统一,如餐厅桌子、板凳最好也是竹子的。

(4)较薄的强化玻璃。这种材质的菜单有水晶一样的质地,无论是谁持有这样的菜单,都会有一种尊贵的感觉。

对于餐厅经营者来说,选择菜单用纸,需要考虑菜单是一次性使用还是长期使用。如果菜单是一次性的,那么这种菜单可以印在普通的轻型纸上。轻型纸无须涂膜,价格低廉。但这类纸仍有高、中、低档之分,可以选择色彩、质地和强度不错的轻型纸,以保证印刷菜单的高质量。

如果菜单是打算长久使用,那就需要印在克数较重的铜版纸上并覆膜,这种纸经久耐用,经得起长时间使用。长期使用的菜单,还要考虑选用防水纸,以便随时用湿布擦拭。这类纸经过特殊处理,耐水耐污,使用时间也长久。

选择恰当的菜单用纸,涉及纸张的物理性能,如纸的强度、折叠稳定性、透光度、油墨吸收性、光洁度和白晰度等。此外,纸张还存在着质的差异,有表面十分粗糙的,也有表面细洁光滑的。由于菜单总是拿在手中传阅,因此纸张的质地或"手感"是个不容忽视的问题。

(三)封面与封底的设计

菜单的封面与封底是菜单的"门面",其设计如何,会影响到菜单的使用效果。

每一家餐厅都有自己的经营风格,一份设计精良、色彩丰富、漂亮得体的菜单封面,应该强化这一风格。假如经营的是一家古典式餐厅,菜单封面可以选用传统的艺术装饰;如果经营的是一家现代俱乐部式餐厅,那么,菜单封面艺术装饰就要有时代色彩,可以考虑抽象艺术,甚至流行的通俗绘画艺术。

菜单封面的颜色应当与餐厅内部环境相协调,当客人在餐厅点菜时,菜单可以作为餐厅的点缀品。餐厅的装饰、房间的装饰、门脸的装饰等都应统一起来,菜单作为餐厅经营中一个部分,封面的颜色要跟餐厅的色彩设计相协调,使之相映成趣。

菜单封皮上还有几项内容是必不可少的,如餐厅的地址、电话号码、营业时间、信用卡支付方式和其他营业信息等。这些内容不一定都印在封面正面,有时正面只印餐厅的名称,其余内容可以印在封底上。封底也是刊载经营信息的重要版面,如会议设施、外卖服务、餐厅简史或餐厅地理位置简图等,这样,可以借此机会向客人进行推销。

(四)菜单的文字设计

菜单是一种信息载体,作为餐厅与客人沟通交流的桥梁,菜单主要靠文字向顾客传递信息。一份好的菜单,文字介绍应该做到描述得当,恰到好处,以起到促销作用。有些菜单文字杂乱无序,读起来味同嚼蜡,这样会影响促销效果。

如果把菜单与杂志广告相比,其文字推敲不亚于设计一份精彩的广告文案。特别是一些高级餐厅的零点菜单以及部分高级筵席菜单,其文字设计应一入眼帘便使人感到耳目一新,读后令人久久难忘。

此外,菜单文字字体的选择也很重要。菜单上的菜名一般用楷体,以阿拉伯数字排列、编号,并标明价格。字体的印刷要端正,使客人在餐厅的光线下很容易看清楚。菜单的标题和菜品的说明可用不同的字体字号,以示区别。

如无特殊要求,菜单上菜品的名称要避免使用外文来表示,即使有的菜单使用外文,也要统一规范,符合文法,防止差错。

(五)菜单插图与色彩设计

为了增强菜单的艺术性和吸引力,餐厅往往会在封面和内页使用一些插图。使用图案时,一定要注意色彩与餐厅的整体环境协调。菜单中常见的插图主要有菜点图案、名胜古迹、餐厅外貌、本店名菜、重要人物在餐厅就餐的图片。除此之外,几何图案、抽象图案也经常作为插图使用,但这些图案要与经营风格相适应。

为了增加菜单的营销功能,许多餐厅都会把特色菜肴的实物照片印在菜单上,这既美化菜单,也能加快客人订菜的速度。但是在使用照片或图片时,一定要注意照片或图片的拍摄和印刷质量,否则达不到预期效果。此外,菜单上的彩色照片最好与菜品名称、价格及文字介绍列在一起,这样促销效果会更好。

色彩的运用也很重要,赏心悦目的色彩能增强菜单的吸引力,更好地突出重点菜肴,同时也能反映出餐厅的风格和情调。不同的色彩能对人的心理产生不同的影响,具有一定的暗示意味。因此,选择色彩一定要考虑餐厅的风格和客人类型。

 实训演练题

一、填空题

1. 菜单根据使用方式划分,可分为固定型菜单、_____和_____三大类。

2. 菜单根据餐饮供应方式划分,可分为_____、_____和筵席菜单三大类。

3. 市场需求是餐饮经营的指挥棒。影响目标市场餐饮需求的因素主要有顾客的收入情况、_____、_____、饮食习惯和性别比例。

4. 菜单根据其用途的不同,可分为_____、_____、营养保健菜单、客房送餐菜单、风味餐厅菜单等。

5. 菜单根据餐别的不同,可分为早餐菜单、_____、_____三类。

6. 菜单设计主要包括_____设计及_____设计两方面。

7. 常用菜单的形式主要有_____、折叠式、_____、活页式、悬挂式、艺术式等菜单形式。

8. 选择菜单用纸涉及到纸张的物理性能,如_____、_____、透光度、油墨吸收性、光洁度和白晰度等。

9. 菜单中常见的插图主要有菜点图案、名胜古迹、_____、_____、重要人物在餐厅就餐的图片。

10. 编排菜单的样式,总体原则是_____、_____、易于识读、匀称美观。

11. 丰富菜品的花色品种应充分考虑到_____、烹法的变换性、色泽的协调性、_____、口味的调和性和形状的丰富性等多种因素。

12. 套餐菜单根据主题及用途的不同,可分作_____、_____、旅游套餐菜单、情侣套餐菜单、儿童套餐菜单、生日套餐菜单、营养套餐菜单等。

13. 菜单设计的依据主要包括_____、菜品成本及赢利能力、食品原料的供应情况、_____、食物的营养成分、厨房设备条件及员工技术水平。

14. 从事餐饮推销,设计特色菜单,所选的菜式主要包括:餐厅的_____、特殊套餐、每日时菜。

二、多项选择题

1. 菜单在餐饮经营方面的作用,观点正确的选项是(　　)。

A. 菜单是沟通消费者与餐饮经营者的桥梁

B. 菜单体现了餐厅的经营目标和经营水平

C. 菜单既是艺术品,又是餐饮经营的宣传品

D. 菜单是餐饮生产和接待服务的依据

2. 菜单在餐饮管理方面的作用,观点正确的选项是( )。

A. 菜单决定了食品原料的采购和贮藏

B. 菜单影响餐饮设备的选择和购置

C. 菜单决定了人力资源的配备,影响着餐饮成本

D. 菜单对餐饮销售控制起着决定性作用

3. 关于固定型菜单及其使用,观点正确的选项是( )。

A. 固定型菜单是指餐厅每天提供相同菜目的菜单

B. 有利于餐饮成本控制,有利于设备的选购使用

C. 不利于原料采购与贮存,不利于人力资源合理配置

D. 缺乏灵活性和创新性,使人产生厌倦感

4. 关于即时性菜单及其使用,观点正确的选项是( )。

A. 即时性菜单是指根据某一时期内原料的供应情况而制定的菜单

B. 即时性菜单一般具有固定模式,使用时间较长

C. 即时性菜单可根据季节和食材的变化及时更换

D. 菜单品种更换频繁,会使原料采购及菜品生产难以形成标准

5. 关于零点菜单及其使用,观点正确的选项是( )。

A. 零点菜单是餐厅里使用最广的基本菜单

B. 零点菜单要求分类列出菜名,标明每道菜品的价格

C. 中式零点菜单的菜品通常按冷菜、热菜、汤菜、点心等归类

D. 所有中式餐厅,在其零点菜单之外备有时令菜单、特选菜单

6. 关于套餐菜单及其使用,观点正确的选项是( )。

A. 套餐菜单简化了点餐程序,保证了营养供应,适合于简易就餐

B. 中式套餐是将荤菜、素菜、汤菜、主食等配套销售

C. 套菜菜单因菜肴点心等组合内容固定、价格固定,顾客选择余地较小

D. 中西套餐菜单菜式相同,但特点不一

7. 关于菜单设计者的素质要求,观点正确的选项是( )。

A. 具备广泛的食品原料知识、饮食民俗知识、美学知识

B. 熟悉菜品的制法、售价、食法、特色及营养功效

C. 熟悉餐厅的基本状况,具有一定的业务技能

D. 具备一定的创造性思维和随机应变的能力

8.设计菜单应考虑菜品成本及赢利能力。下列选项正确的是( )。

A.零点菜单由不同成本、不同赢利能力的诸多菜式所组成

B.选择菜品应综合考虑该菜的赢利能力如何

C.选择菜品应综合考虑该菜式的畅销程度

D.选择菜品不必考虑该菜的销售对其他菜式销售所产生的影响

9.下列选项属于菜单设计的重要依据的是( )。

A.市场需求状况

B.原料供应情况及食物营养成分

C.菜品的花色品种及赢利能力

D.厨房设备条件及员工技术水平

10.关于菜单设计原则,观点正确的选项是( )。

A.以市场需求为主导,努力创造经济效益

B.保证食品原料有效供应,体现季节变化要求

C.菜式品种调配合理,菜单形式美观大方

D.充分考虑企业生产能力,体现企业自身特色

11.一份完整菜单所包含的基本内容主要涉及( )。

A.菜品的名称和价格

B.菜品内容的介绍

C.告示性信息及机构性信息

D.厨房设备条件及员工技术水平介绍

12.菜单上菜品名称和价格的真实性要求体现为( )。

A.菜品名称真实

B.菜品质量真实

C.菜品价格真实

D.原材料要能保证供应

13.菜单上菜品内容的介绍主要涵盖( )。

A.原料的构成及所有原料的具体用量

B.菜品烹调技法、成菜时间和食用方法

C.菜品的份额和价格

D.菜品的成菜特色和营养食疗功效

14.菜单上告示性信息必须十分简洁。它所包含的内容主要有( )。

A.餐厅的名称及特色风味

B.餐厅的地址、电话和商标记号

C.餐厅的营业时间及收费信息

D. 餐厅的经营状况及发展规划

15. 下列选项符合菜单设计菜品选用要求的是(　　)。

A. 所选菜品要顺应市场需求,要体现企业自身特色

B. 菜品数量要适中,品类要平衡

C. 菜品的规格应与餐厅的档次相协调

D. 所选菜品全是高利润畅销菜品

16. 菜单设计时菜品选用的平衡性要求主要包括(　　)。

A. 菜品的数量及规格要平衡

B. 原料搭配及烹制技法要平衡

C. 菜品的感官特色要平衡

D. 菜品的膳食营养要平衡

17. 关于菜单形式叙述,观点正确的选项是(　　)。

A. 特选菜单、时令菜单不宜选择单页式的菜单形式

B. 折叠式菜单多为对折或三折的形式,一般用于各种筵席菜单

C. 书本式菜单内容丰富,菜肴排列有序,一般用于零点菜单

D. 活页式菜单可根据季节及顾客等因素的变化及时调整菜单内容

18. 关于菜单纸质的选择,可供参考的材料主要有(　　)。

A. 透明塑料薄膜 + 质地厚实的条纹纸

B. 本色木片

C. 本色竹片

D. 较薄的强化玻璃

19. 关于菜单的文字设计,下列选项观点正确的是(　　)。

A. 菜单的文字介绍应该做到描述得当,恰到好处,以起到促销作用

B. 菜单上的菜名一般使用黑体,以阿拉伯数字排序、编号,并标明价格

C. 菜单上菜品的名称要尽可能地使用外文来表示,以体现规格档次

D. 菜单的标题和菜品的说明可用不同的字体字号,以示区别

20. 关于菜单插图与色彩设计,下列选项观点正确的是(　　)。

A. 菜单插图的色彩要与餐厅的整体环境协调

B. 菜单中常见的插图主要有菜点图案、名胜古迹、餐厅外貌等

C. 菜单上的彩色照片不宜与菜品名称、价格及文字介绍列在一起

D. 设计菜单时选择色彩一定要注意餐厅的风格和客人的类型

模块二

零餐套餐菜
单设计实务

项目四　零点菜单设计

　　零点菜单,又称点菜菜单,它是餐厅为顾客所制定的供其点菜用餐的饮食品清单。在餐饮企业里,零点菜单是一种最常见、使用最广泛的菜单形式,它既可以服务零散客人,也可用于人数不多的团体客人。由于零点菜单上的菜式品类齐全,每一道菜品都标明价格,并且档次分明,顾客可根据自己的喜好及消费水平自由选择菜品,因此,这类菜单深得顾客认同,它是顾客点菜用餐的必备工具。

任务一　零点菜单的种类与特点

　　零点菜单的种类较多,特色鲜明。了解其种类及特色,对于我们细分餐饮市场,确定目标客源,进一步做好市场营销具有重大意义。

一、零点菜单的种类

(一)按菜单的表现形式划分

按菜单的表现形式来划分,零点菜单可分为常用菜单和非常用菜单两种。

1.常用菜单

常用菜单又称不变菜单、基本菜单。这类菜单中的菜式品种相对稳定,一年四季变化不大,主要是由餐厅的一些特色菜、品牌菜及顾客喜欢点食的菜点所组成。这些菜点都严格按照一定的规格程序制作而成,成菜的质量标准比较稳定,顾客比较认同。常用菜单固定提供一批特色风味菜品,既可突出餐饮企业的经营特色和菜品的风味特点,又有利于菜肴在制作过程中的生产管理和成本控制;但其不足之处是缺少变化,不能适时创新,难以长期吸引老顾客来餐厅消费。

2.非常用菜单

非常用菜单又称临时菜单、补充菜单。这类菜单出现的形式比较多,有的按季节的不同,推出春、夏、秋、冬四季菜单,展现节令食材的独特风味,满足客人"物鲜为贵"的饮食需求。有的按地方风味流派分类,推出不同的地方特色菜单如四川菜、广东菜、湖南菜、上海菜等菜单,展示地方饮食风情。有的按照餐厅里某些主厨的技术特长编制菜单,推出一些特选菜、品牌菜菜单,借以突现餐厅的技术力量。有的以某一类盛器或某类烹调方法为分类依据,推出砂锅菜、煲锅菜、铁板菜、瓦罐菜、竹筒菜、小笼菜、烧烤菜、盐焗菜等系列菜单,展示其菜品特色。非常用菜单的优点是变化快,可以弥补常用菜单的不足,既给顾客一种常吃常新的感觉,又能促进厨师不断创新,提升餐饮企业的经营水平;其不足之处是菜肴质量的稳定性较差。

(二)按菜单的应用场所划分

按菜单的应用场所来划分,零点菜单可分为餐厅内菜单和餐厅外菜单两种。

1.餐厅内菜单

餐厅内菜单指在各种餐厅内供顾客所用的零点菜单,它有普通菜单与特殊菜单之分。普通菜单主要是为满足一般顾客的饮食需求而设计的菜单,这类菜单的菜肴品种较多,价格高低不一,可以满足不同人群、不同层次、不同饮食习惯的顾客的要求。特殊菜单,如儿童菜单、老年人菜单、糖尿病人菜单、药膳菜单、保健菜单等,主要是为满足一些特殊人群的饮食需求而设计,其菜单设计讲究营养配膳,注重饮食疗效。

2.餐厅外菜单

餐厅外菜单指服务范围超出餐厅的零点菜单,如客房送餐菜单、外卖菜单等。这类菜单主要根据客人需求和经营需要而设计,可满足一些因各种原因不愿或不能进入餐厅用餐的人群的饮食需求,其菜肴品种不是太多,制作不太复杂,既方便客人就餐,又有利于服务人员服务。

(三)按菜单的餐别划分

按菜单的餐别来划分,零点菜单可分为早餐零点菜单、正餐(包括午餐和晚餐)零点菜单和夜宵零点菜单三种。相关内容,前一章节已作介绍,这里不再赘述。

二、零点菜单的特点

零点菜单与套餐菜单及各式筵席菜单相比,无论在设计内容、方法上,还是在制作过程上,都有着根本的区别。它具有适应范围广泛、生产批量较少、菜式品种较多、菜品风味突出、餐饮价格较贵等特点。

(一)适应范围广泛

零点菜单不是针对某个细分群体而设计的,它的顾客群体范围非常广,其菜单设计通常要考虑多种人群的饮食喜好及消费能力。如北方人口味偏咸,南方人口味偏甜;西南地区人们喜欢麻辣味厚的菜肴,江浙一带人们喜爱口味清淡的菜肴;中国人习惯于炒、爆、蒸、煨、烧、焖菜式,西方人则嗜好煎、烤、煮、炸等无骨的菜肴。因此,零点菜单的菜式品种较多,增加了顾客自由选菜的余地,同时,所列菜品的原料、烹法、成菜特色等均衡合理,菜品的价位高低齐全,可适应不同消费人群的饮食需求。

(二)生产批量较少

零餐点菜有别于团体包餐及大中型筵席,因其客人的数量不定,需求不同,有的菜品顾客点的几率大一些,有的菜品很少或根本没有客人选用。所以,厨房很难确定零餐点菜的具体数量,批量供应的现象非常少。针对这一现状,厨房在准备各类菜品原料时,通常根据餐厅以往的经营状况进行认真分析,得出菜肴供应的大致数量,既保证菜单上的菜品能及时供应,又不至于储备过多,以免造成浪费。

(三)菜式品种较多

因零点菜单是面向众多顾客所设计,为满足各类顾客的饮食需求,菜单上的菜品既种类齐全,又确保了一定的数量。如中式零点菜单,有冷菜类、海鲜类、河鲜类、畜肉类、禽鸟类、蛋奶类、汤羹类、蔬果类、面点类等不同类别,每一类均安排了一定数量的菜肴,各类菜肴的主要食材、烹调方法、成菜特色均不相同,以便顾客从中选取自己喜爱的菜品。有些餐饮企业为了满足顾客求新、求变的饮食心理,往往在常用的固定菜单中,根据季节的变化及饮食风尚,不定时地增加一些时令菜、特选菜来弥补固定菜单的不足。

(四)菜品风味突出

零点菜单通常是根据市场行情、餐厅风格、设施条件及厨师的技术力量等来设计的,其菜式种类较多,特色鲜明。特别是在人们的消费意识逐渐成熟、餐饮竞争日趋激烈的今天,不少顾客已不再满足于一些"大众化"、"固定式"的老品种,一种求新、求异的饮食思潮要求菜单上的菜品进一步突现个性,彰显特色。为了与时俱进,一些风味餐厅特别注重彰显自身的特色,从餐厅的装潢、布局,到菜单设计、菜品制作及接待服务等各个环节环环紧扣主题,时时展现特色,使客人一进餐厅便能领略其独特风味。

(五)餐饮价格较贵

零点菜单上的菜品因其菜式品种较多,销量不能固定,大多数菜品不能批量生产,所以在原料贮存、生产加工及销售服务的过程中增加了生产经营成本。相对于套餐菜肴,特别是团体包餐菜肴,零餐点菜的成本率相对较高,为了保证餐厅的合理利润,零餐点菜的价格通常高于各式套餐菜肴的价格。

任务二　零点菜单的设计要求与方法

设计零点菜单,必须结合其用途与特点,充分考虑影响菜单设计的诸多因素,明确设计要求,使用合理的设计方法。

一、零点菜单的设计要求

(一)明确餐厅自身的条件

零点菜单的设计必须根据餐厅自身的生产能力来筹划。菜单设计者在设计零点菜单之前,首先应对自己所在的餐厅有一个全面的了解。一般情况下,餐厅的地理位置、规模设施、人员构成、管理水平、技术能力、服务质量、社会声誉、营销状况、竞争能力以及经营理念等都会影响到零点菜单的设计。特别是员工的技术水平和餐饮设备与设施,它们是菜品保质保量按时生产的重要保障,必须予以高度重视。菜单设计者如果不顾餐厅自身的条件,一味地模仿别人的菜单,或是单凭自己的主观愿望排菜,势必难以保证菜品的质量,难以展示本店的特色风味,难以发挥本店的技术专长。

(二)明确客源的需求状况

任何餐厅都拥有一群或数群具有相关消费特点的宾客,只有明确其民族、地域、年龄结构、职业特点、收入水平、风俗习惯、饮食嗜好和禁忌等,再结合餐厅的经营目标、规模设施、人员构成、管理水平、技术能力等条件,有针对性地定位顾客的消费层次,才会使设计出的菜单切实可行。因此,菜单设计者应在了解餐厅自身条件的基础上,从研究宾客的需求状况着手,通过市场调查,真正掌握宾客的饮食需求,合理安排菜式结构,让消费者能够根据自身的消费能力灵活选菜。

(三) 明确餐饮经营风味

设计零点菜单,在明确了餐厅的自身条件、目标市场、经营理念及经营特色的同时,还应结合目标市场的各种特点和需求,根据本地区、本企业餐饮经营特点,有针对性地选定一两种地方风味菜肴,形成具有独特风味的零点菜单,借以吸引相关顾客,提升市场竞争力。零点菜单不是各式菜点的简单拼凑,而是一系列菜品的艺术组合;展现特色、发挥所长是其菜单设计的关键之所在。如果不顾餐厅的经营特色,不计菜品的特色风味,一味地照抄照搬别人的菜单或将多种菜系的菜品拼凑在一起,最终只能得到一份不符合自身实际、毫无特色可言的大杂烩式的菜单。

(四) 明确所列菜肴的数量

零点菜单中菜肴数量的多少要根据餐厅规模的大小、储存条件的好坏和技术力量的强弱等多种因素来综合确定。通常情况下,菜肴的品种越丰富,客人选择的机会就越多,但并不是说菜单上菜肴的品种越多就越好。因为,菜肴数量太多,会使客人在点菜时无所适从,既浪费时间,又易产生烦躁情绪;会使原料的采购与贮存、菜品的生产与销售更为繁杂,特别是在人手不足或储存条件有限的情况下,极易造成顾客点菜而厨房不能及时供应等现象。实践表明,一些中等规模的中餐餐厅,其零点菜单的菜肴数量一般以 80～120 种为宜,既有利于厨房加工,又方便顾客点菜。此外,随着市场和季节的变化,厨房还可适时增加一些特色菜、创新菜和时令菜,既能丰富零点菜肴的品种,又可满足顾客求新求变的饮食需求。

(五) 明确菜品的原料构成及成菜特色

要编制零点菜单,菜单设计者务必掌握相当数量的菜点,对每一道菜点的原料构成、烹调技法、成菜特色、菜品类别、食用方法、营养特色、销售价格、营销状况及赢利能力等有一个全面了解。特别是菜品的原料构成,它是菜品生产的物质基础,通常会受到市场供求关系、采购和运输条件、季节变换等诸多因素的影响,务必引起高度重视。此外,掌握菜品的成菜特色也很关键,因为,它是菜品质量好坏的重要表现,是顾客选菜的重要依据,关系到菜单花色品种的合理调配。

(六) 明确菜肴成本及赢利能力

从事餐饮经营,既要获取一定的利润,又要考虑顾客的承受能力。因此,正确核算菜品的成本,合理确定菜品的价格,掌控菜品的毛利幅度,熟悉菜品的赢利能力,是编制零点菜单必备的工作程序。计算菜品成本,不能凭经验、凭感觉去估算,而应从原料初加工时的出料率开始逐一据实核算。确定菜品的价格,主要根据毛利率法公式来计算,还须遵循菜品的定价策略。菜品的销售毛利率虽然以餐厅预先设定的计划毛利率为指导,但不同的菜品,其实际毛利幅度并不相同。如大众化菜肴销售毛利率较低,特选菜、品牌菜的毛利率较高。确立零点菜肴,应以有利于促销、有利于经营、有利于赢利为目标。特别是菜点的赢利能力,它将直接影响到餐厅的经济效益。如果安排一些既畅销又能获取高额利润的菜品,则既能满足宾客的餐饮需求,又能确保企业赢利。对于那些既不畅销又属低利润的菜品,则应尽量回避。

二、零点菜单的设计方法

(一)零点菜单的品种设计

设计零点菜单,最主要的任务是确定所要经销的菜式品种。确定菜式品种应根据市场的现状和趋向,结合自身的目标和条件,通盘考虑影响菜品安排的各项因素,审慎决定产品的种类、数量、价格及质量。

1. 收集菜式品种

零点菜单是由众多的菜式品种构成的。确立营销品种,首先必须拥有可供选择的大量菜品。一般来说,菜单上的菜式品种可从以下几方面进行收集、挑选。

(1)本餐厅正在热销或曾经热销过的菜点;

(2)当地饮食市场上流行的菜品和饮品;

(3)本店厨师研发创制的特色菜点;

(4)竞争对手特色产品的替代品或升级产品;

(5)传统地方特色风味菜品;

(6)著名地方菜系的特色风味菜品;

(7)外地引进或定向设计的新型菜品。

2. 确定菜品数量

(1)根据企业规模大小来确定菜式品种的数量。企业规模越大,客人来源越广,相应的品种数量也应越多,以满足不同层次的饮食需求。

(2)根据餐厅自身的条件确定菜品数量。每个餐饮企业的规模设施、人员构成、管理水平、技术能力、服务质量、营销状况以及竞争实力都不一样,菜单上菜品数量的多少应视具体情况而定,过多或者过少,都不利于生产经营。

(3)根据经营性质确定菜品数量。正餐的品种数量要多,快餐、特色餐饮的品种数量可偏少;热菜的品种要多,冷菜及点心、主食的品种要少;当地特色食材烹制的菜式品种要多,食材过于名贵或难以及时供应的相关菜式品种要偏少;主体特色风味菜品的数量要多,其他风味流派的菜品数量要偏少。

3. 确立营销品种

拥有一定数量的菜品来源,明确了企业所要营销的菜品数量之后,接着就应确立相应的营销品种。确立营销品种通常可分5个步骤:

(1)收集菜式品种。即从各式菜单、食书、杂志及餐厅主厨工作日记中收集菜式。

(2)剔除因食用原料、设备设施、技艺水平、特色风味、季节变换等限制因素而不能供应的各式菜品。

(3)将剩余的菜品分类比较,结合自身的目标和条件,逐一筛选;根据菜单的数量要求,再次充实菜式品种,填补缺项,以构成菜单的基本架构。

(4)集中研讨菜单初稿,审慎确立菜单内容,逐一试制各式菜品,优选特色品牌菜品,建立菜品的标准菜谱。

(5)完善菜名、菜价、质量标准及文字说明。

确立营销品种的这5个步骤可以概括为:先普遍收集,后分类筛选,再重点试制,逐一挑选,最后形成工艺标准。要做好这一工作,菜单设计者应对每一待选菜点的原料构成、烹调技法、成菜特色、菜品类别、食用方法、营养特色、销售价格、营销状况及赢利能力等有一个全面了解;要充分考虑影响菜品安排的各项因素,遵循菜单设计原则,顺应餐饮营销规则;要集中研究,群策群力,突出重点,发挥特长,以实现最大限度利于生产、经营、销售的目的。

4. 菜品内容设计

菜品内容设计指菜式品种选定之后,还须对其进行菜名设计、菜价设计、营养设计以及产品质量设计。

(1)菜名设计

零点菜单上的菜品主要由菜名及价格所构成。菜品命名应力求名符其实,要么反映菜品的概貌,要么突现菜品的特色;菜名的音韵要和谐、文字要简练,以便于记忆和传诵;写实法命名要朴实明朗,寓意法命名要工巧含蓄。

(2)菜价设计

菜品的定价涉及菜品的价值、餐饮市场的供求关系、餐厅的规格档次、市场竞争的状况、季节的更替变换等诸多因素,只有遵循菜品定价的基本原则,使用合理的定价策略,才能制定出切实可行的菜品价格。菜品价格的设计一定要做到价实相符,童叟无欺,对此顾客相当敏感。有些餐厅加收的服务费、包间费、特种行业经营管理费等,设计菜单时,必须加以注明;有些餐厅为适应季节的变化,变更了某些菜品的价格,对此,零点菜单也应作出相应调整。

(3)营养设计

顾客用餐,除注重其社交、美食功能之外,还特别讲究营养功效。设计零点菜单,描述菜品的营养特色时,应着重突现其主料,兼及一些特殊的辅佐食材,以相关的膳食平衡理论及食疗保健原理为切入点,作出适度的定性介绍,万不可夸夸其谈。有些食疗菜,如冰糖哈士蟆、虫草炖金龟等,对其特殊的食疗效果可向顾客作出详尽介绍。

(4)产品质量设计

菜单是餐饮企业的宣传书,餐厅主要通过零点菜单向顾客展示其经营产品。菜单上的营销产品一经确立,其产品质量就应得到相应保障。菜肴产品质量的设计主要包括食材质量的设计、菜品分量的设计以及色、质、味、形等感官品质的设计。食材的质量要符合营养卫生要求,体现节令变化,遵循随菜选料的烹调规则。菜品的分量应符合成菜标准,大、中、小件必须准确无误。色、质、味、形等感官品质最为餐厅和顾客所看重,色泽和谐、香气宜人、滋味醇正、外形美观、质地适口以及盛器得当是所有营销菜品的共性要求,餐饮特色、烹调技艺、餐厅水准、接待风范等主要依靠它们来体现,确立餐厅声誉也靠它们。

（二）零点菜单的结构设计

餐厅确立了所要供应的营销品种之后,还要将其合理分类,并按一定的顺序加以排列,以便充分展示本店的营销品种,方便顾客订菜。这种将选定的菜品分门别类,并按一定的顺序加以排列的工序,即为安排菜单程式。编排菜单程式应遵循一定的排菜规则,即应按照人们的饮食习惯,结合零点菜单的式样,来确定哪些菜品安排在前面、哪些菜品安排在后面、哪些菜排在重点位置、哪些菜排在次要位置。

由于各类餐厅的规模档次不同、经营风格不一,因此,零点菜单的菜单程式各种各样,没有统一固定的模式。现以普通中式餐厅通行的零点菜单为例,介绍其菜单程式设计。

1. 零点菜单的菜品分类

菜品的分类方法很多,可按成菜温度、工艺难度、原料属性、烹制方法等多种方式进行归类。零点菜单的菜品分类,应视餐饮企业的规模及菜式的风味流派而定。一些中小型中式餐厅,一般是先将菜肴与面点分开,再将冷菜与热菜分开,对于各式热菜,主要是以原料属性为分类标准,其菜单程式可大致地概括为:冷菜类—海鲜类—河鲜类—畜肉类—禽鸟类—蛋奶类—蔬果类—汤羹类—面点类。

一些大中型餐厅,由于菜单上所列的菜品数量较多,因此其菜品分类细致。除按上述分类方法归类外,大多还结合自身的实际,细分出一系列特色菜品。

如为了突出餐厅的特色风味,增加厨师特选菜(即餐厅的招牌菜、厨师的拿手菜);为了区分菜品的规格档次,常将鱼鲜类菜品细分为生猛海鲜菜、淡水鱼鲜菜;为了强调某些菜品的食物疗效,增加滋补食疗菜;为了展示一些特殊的餐饮器具,增设铁板菜、锅仔菜、原盅菜、竹筒菜等。特别是一些大中型粤式风味餐厅,其菜式分类较为特殊,如:卤水烧味类、生猛海鲜类、淡水鱼鲜类、畜肉类、禽鸟类、煲仔类、铁板类、蔬菜类、汤羹类、点心类、主食类。这些分类方法虽有交叉,有时甚至不太"科学",但它方便顾客选菜,更能突现餐厅的特色风味。

2. 零点菜单的菜品排列

选定的菜品经过分类之后,还需按一定顺序加以排列。零点菜单的菜品排列应以人们的饮食习惯为基础,按照先冷后热、先干后稀、先菜后点、贵贱交错的排菜原则进行安排。这既符合人们饮食习惯和思维方式,又能方便客人很快地找到所选的类别,不致出现漏选菜肴的现象。

通常情况下,中式餐厅的菜单排列程式可概括为:(1)每日特选菜;(2)冷菜类;(3)海鲜类;(4)河鲜类;(5)禽鸟类;(6)畜肉类;(7)蛋奶类;(8)野味类;(9)蔬果类;(10)汤羹类;(11)点心类;(12)主食类。

西餐的进餐次序稍有不同,一般按照开胃品、汤、副菜、主菜、甜食等的次序先后进行,因此西餐菜单通常是按开胃菜—汤类—主菜类(海鲜、河鲜、畜肉、禽肉)—蔬菜类—甜点类—餐后饮料等的顺序排列。

3. 促销菜品的位置安排

促销菜品可以是时令菜、特色菜、厨师的拿手绝活菜,也可以是由滞销、积压原料经过精心加工之后制成的特别推荐菜,总之,餐厅希望尽快将其介绍、推销给就餐者。

既然是重点促销的菜品,就应该将其安排在醒目之处。为使推销效果明显,最好是将这些菜品置于菜单的首部或尾部,因为,这两个位置最能吸引顾客的注意力。此外,一些重点推销菜、品牌菜、高价菜或特色套菜也可采用插页、夹页、台卡的形式单独进行推销。

值得注意的是,零点菜单的结构设计并非千篇一律;有时候,一些不拘一格的排菜方法,同样能受到宾客的追捧。例如,有些乡土风味菜馆,为了展现其特色风味,餐厅根据厨师的技术专长,将员工分为若干小组,每组专营 6~8 种乡土菜品。整个餐厅的菜品全部编号,将菜名及编号刻写在木牌上,悬挂于设置在墙面上的点菜专栏里。顾客只根据菜名点菜,没有必要去考虑菜单的排列结构。再如,一些普通餐馆,因其设施简陋,菜式品种单一,其菜品直接以价格的高低为序,依次排列,过往的顾客依旧欣然接受。

(三)零点菜单的形式设计

一份外观漂亮、内涵丰富的零点菜单,既能营造就餐气氛,又能增添愉悦情趣。关于菜单的形式设计,前一章节已作详细介绍,这里仅就零点菜单的材料选择、式样和大小,字体与字型、颜色及照片作一补充说明。

1.零点菜单的制作材料

如何选取零点菜单的制作材料,取决于餐厅的经营风格和菜单的使用方式。酒店的零点菜单通常是长期使用的固定式菜单,因此,其纸质应当选用质地精良、克数较高的厚实纸张,同时还必须考虑纸张的防污、去渍、防折和耐磨等性能。一些中等规模的中式餐厅,其菜单封面通常选用克数较重的铜版纸,并且覆膜,菜单内芯既可使用加厚的铜版纸,也可由纸质稍次的活页来代替。

值得注意的是,零点菜单应避免使用塑料、绢、绸等材料制作菜单封面。因为塑料品质低廉,有损餐厅形象,而绸、绢之类固然高雅,但极易沾污染渍;其他材料,如漆纸、漆布,虽不易弄脏,但其油漆龟裂剥落,会有碍美观。

2.零点菜单的式样和大小

零点菜单的式样和尺寸大小,有一定的规律可循:菜单的式样必须与餐厅的风格相协调,菜单的大小应与餐厅的面积和布局相配套。一般单页菜单以30厘米×40厘米大小为宜,对折式的双页菜单合上时以其尺寸为25厘米×35厘米最佳,多页菜单的尺寸也不能设计得过小。有些小型餐厅,其菜单内芯以16开普通纸张制作,菜名排列得过于紧密,看起来不舒适,阅读时不方便,有损餐厅的形象。此外,零点菜单在布局上应留有一定的空白,留白在50%左右,这样既美观醒目,便于顾客选菜,又可提升菜单的档次,体现餐厅的风格。

3.零点菜单的字体与字型

零点菜单的字体要能营造餐厅气氛,它和餐厅所用的标记、颜色一样,是展现餐厅风貌的重要特征。使用容易辨认的字体能使顾客感到餐厅的餐饮产品和服务规程具有一定的规范性,并因此留下深刻印象。据调查统计,仿宋体、黑体等字体,被较多地用于菜单的正文,而隶书则常用于菜肴类别的题头说明。在引用外文时,可使用一般常见的印刷体,尽量避免使用圆体字母。零点菜单的字型,即印刷菜单时所用字体的型号大小,以二号字和三号字较为常见,尤其是三号字,最易被就餐者接受。

4.零点菜单的颜色与照片

零点菜单的颜色应能显示餐厅的风格和气氛,能利用其装饰作用吸引顾客的注意力。设计菜单时,要使菜单的颜色与餐厅的环境、餐桌、桌布及餐具等的颜色相协调。快餐厅的零点菜单适合选用鲜艳的大色块、五彩标题、五彩插图等;高档风味餐厅的零点菜单应以淡雅优美的色彩(如浅褐、米黄、天蓝等)为基调,点缀性地配用其他色彩,以彰显其格调。

彩色照片反映了餐饮产品的真实品相,它能直观展示餐厅所提供的菜品和饮品。许多风味餐厅将其创新菜、高价菜及最受顾客欢迎的特色品牌菜拍摄成彩色照片,印在菜单上,配以菜名、售价及文字说明,借助彩照的美观性和真实性,实现其餐饮推销的目的。高质量的彩色图片,作用远胜于大段的文字说明。但如果照片的清晰度不够好或是印刷的质量较差,还不如不用照片,免得弄巧成拙,起了反作用。

任务三　零点菜单设计示例

零点菜单种类丰繁,特色各异。这里根据其餐别的不同,分别对早餐零点菜单、正餐(包括午餐和晚餐)零点菜单和夜宵零点菜单的设计作一简要介绍。

一、中式早餐零点菜单设计

(一)中式早餐零点菜单的内容

中式早餐菜单有零点菜单、桌餐菜单和自助餐菜单等不同形式,其中,早餐零点菜单主要由粥类、面食类、点心类、小菜类和饮料类等组成。

(1)粥类。如大米粥、红豆粥、绿豆粥、八宝粥、皮蛋粥、蔬菜粥等,一般安排3~5种,以白米粥的应用最广泛。

(2)面食类。如三鲜面、牛肉面、肉丝面、什锦炒面等,一般安排3~4种,一些风味餐厅经常供应当地的特色面食。

(3)点心类。如包子、馒头、花卷等大路点心;千层糕、银丝卷、金鱼饺等筵席点心;油条、麻花、烙饼等风味小吃;烤红薯、蒸南瓜、煮玉米等乡土食品。其品种数量因餐厅规模而异,一般安排8~12种。

(4)小菜类。如酱菜、泡菜、酸菜、腐乳、咸蛋、香肠、虾鲊、风鱼、腊肉、熏卤菜、凉拌菜等,它们风味独特,质精量少,一般安排10~15种。

(5)热菜类。如炒时蔬、煎鸡蛋、蒸凤爪、炸肉串等,内地较少使用,粤式早茶中品种较为丰富。

(6)水果类。如西瓜、哈密瓜、冰糖橘、葡萄、荔枝等,大多要分份,有时还需造型,一般安排3~5种。

(7)饮品类。如豆浆、牛奶、米酒、果汁、茶水等,一般安排4~6种,注重与面食、点心、粥品及小菜的合理搭配。

（二）中式早餐零点菜单设计的注意事项

设计中式早餐零点菜单，要认真分析主要客源的饮食习俗，深入研究餐厅自身的营销模式，既展现餐饮特色，又方便顾客就餐。

（1）选作早餐的食品，一定要注重风味特色，普通粥品及大路点心可南北通用，但其他菜式必须特色鲜明。设计菜单时，合理配置一些特殊食材、特异技法烹制而成的风味菜品，更能赢得顾客的好评。

（2）菜式品种应清鲜浓醇并重，冷热干稀调配。在安排清淡少油的面食点心的同时，可佐以口味相对浓醇的特色小菜；在配置面食点心、开胃小菜的同时，应合理安排一些汤汁较宽的粥品和饮料。

（3）花色品种宜丰富，单份用量不能多。中式早餐的食品大多物美价廉，丰富菜式的花色品种，控制单份菜品的用量，既可满足"早上要吃好"的消费需求，又能节省顾客的用餐时间。

（三）早餐零点菜单实例

华中地区某甜食店早餐零点菜单

点心类

炸油条	1.00 元/根	炸苕面窝	1.00 元/只
鸡冠饺	1.50 元/只	空心麻丸	2.00 元/只
鲜肉包	1.00 元/只	三鲜豆皮	3.00 元/份
豆沙包	0.50 元/只	小笼汤包	3.00 元/份

面食类

牛肉面	12 元/份	牛肉粉	12 元/份
三鲜面	8.00 元/份	三鲜粉	8.00 元/份
热干面	4.00 元/份	炸酱面	4.00 元/份
原汤面	4.00 元/份	原汤粉	4.00 元/份
米酒汤丸	3.00 元/份	原汤水饺	5.00 元/份

粥品类

白米粥	2.00 元/份	绿豆粥	2.00 元/份
皮蛋粥	4.00 元/份	瘦肉粥	5.00 元/份

小菜类

炒酸豆角	赠送	香油榨菜	赠送
五香香干	1.00 元/块	咸鸭蛋	1.50 元/只

二、中式正餐零点菜单设计

(一)中式正餐(午、晚餐)零点菜单的内容

中式正餐零点菜单的内容通常是根据市场的现状和趋向,结合餐厅自身的目标和条件,集中研讨,审慎而定。一般分为:冷菜类、海味类、河鲜类、禽蛋类、畜肉类、蔬果类、汤羹类、点心类及主食类等不同类别。

1. 冷菜类

冷菜类菜品主要指餐厅所经销的各式凉菜,常以鱼、畜、禽、蛋、蔬、果为原料,运用拌、炝、腌、糟、卤、冻等技法制作而成,具有干香透味、开胃爽口等特色,佐酒、品位等功能。一些中高档次的中式餐厅,其正餐菜单通常安排冷菜15道左右。

2. 海味类

此类菜品常选用海参、鱼翅、龙虾、鲍鱼、海鱼、海虾等海产鱼鲜,成菜清鲜醇美,大多价格昂贵,中高级餐厅通常安排6～15种,内地的普通餐馆一般不供应珍稀海味菜肴。

3. 河鲜类

此类菜品的菜式众多,涉及的范围较广。江河湖泊中的各式鱼鲜,虾、蟹等节肢动物,甲鱼、牛蛙等两栖爬行动物,螺丝、贝壳等贝类动物,都可作为此类菜品的主要食材。设计菜单时,一般根据本地物产的丰富程度,安排10～20种左右。

4. 畜肉类

畜肉类菜品系指以猪、牛、羊、狗、兔等畜兽类原料为主料所制成的各式热菜,有时也涉及少量的野味。一般安排10～15种。

5. 禽蛋类

禽蛋类菜品系指以鸡、鸭、鸽、鹅、鹌鹑、禽蛋及蛋制品为原料所制成的各式热菜。此类菜品适于各式风味餐厅,一般安排6～12种。

6. 蔬果类

蔬果类菜品系指餐厅所经销的各式素菜,其用料以时令蔬菜、水果为主,一些豆制品、菌笋类原料的应用也较广泛。通常安排10～15种。

7. 汤羹类

汤羹类菜品泛指餐厅所经销的各式汤菜和羹菜,按其口味的不同,有咸汤与甜汤之分。此类菜品所用原料的种类较多,汤多于料,一般安排8～12种。

8.面点类

面点类菜品主要包括主食、点心和小吃,多由白案师傅负责生产,其营销品种的安排常因当地的饮食习惯而定,有时细分为点心类及主食类,一般安排10~15种。

(二)中式正餐(午、晚餐)零点菜单设计的注意事项

中式正餐(午、晚餐)零点菜单是零点菜单的主要类别,其菜单设计需要注意如下事项。

1.设计零点菜单,要注重风味特色

设计零点菜单,要发挥所长,显示风格,尽可能地展现本店的特色食品、技术专长。即使是大众化的普通餐厅,也应有几道招牌菜、看家菜,否则,很难吸引老主顾、新客源。人无我有,人有我全,人全我特。特色鲜明,本身就是一面旗帜。

2.确立营销产品,应优先选用高利润菜品

餐饮经营的最终目的是为了赚钱盈利,所以设计零点菜单时,不仅要分析影响菜品安排的各种因素,更要考虑其餐饮成本和赢利能力。在不影响同一菜单上其他菜式销售的前提下,尽可能多选低成本、高利润、特色鲜明、顾客追捧的各式菜品。

3.菜品的数量要与餐厅的规模相适应

规模较大的餐厅,菜品的数目可多一些,以 120~180 道菜品较为合宜;规模较小的餐厅,菜品的数目以 60~100 道为好。零点菜单上的菜品数目的多少一定要以餐厅的经营能力为依据,过多或者过少都不利于餐饮经营和顾客消费。

4.菜品的档次要与餐厅的规格相配套

规格较低的餐厅,如果安排过多的高档菜肴,普通的顾客会望洋兴叹,高消费人群亦鲜有问津。高档次的餐厅,如果安排过多的普通菜式,既不能显示餐厅的特色,又不能满足高层次的消费需求。

5.菜式的安排应突出重点、分清主次

菜式品种应以餐厅常用菜、特色菜为基础,适当补充时令菜、特选菜等特殊菜式。菜品的排列要突出重点,将招牌菜品、高利润菜品等置于菜单上最醒目的位置。

6.菜单形式设计要体现餐厅特色

零点菜单的形式设计既要充分考虑影响菜单设计的诸多因素,遵循菜单设计的基本原则,又要尽可能地体现餐厅的特色风味,与餐厅的经营宗旨相匹配。纸张质量、菜单装帧、字体设计、颜色调配、照片设置等都要与餐厅风格保持一致。

7.菜单的使用要推陈出新,适应新的形势

社会在不断发展,顾客的口味要求和饮食风尚也在不断变化。菜单设计者要顺应餐饮潮流,适时调换菜式品种,推陈出新,借以吸引客源。特别是零点菜单,如果一年四季、岁岁年年总是那副老面孔,即便是最有耐性的顾客,也会有厌倦的那一天。

(三)正餐(午、晚餐)零点菜单实例

例1,西南地区某小型菜馆零点菜单

冷 菜

咸水鸭	28 元/份	油焖笋	18 元/份
棒棒鸡	28 元/份	拌鸡丝	26 元/份
白切肉	20 元/份	五香牛肉	38 元/份
拌腰片	18 元/份	凉拌蜇丝	28 元/份
四川泡菜	18 元/份	糟醉冬笋	18 元/份
酸辣黄瓜	12 元/份	凉拌肚丝	28 元/份
凉拌毛豆	16 元/份	蒜泥白肉	28 元/份
葱油白鸡	28 元/份	卤味葱油鸡	30 元/份

热 菜

重庆辣子鸡	58 元/份	旱蒸全鸡	48 元/份
水煮牛肉	58 元/份	芙蓉青蟹	58 元/份
坛子肉	48 元/份	蜜柚烧牛蛙	48 元/份
毛肚火锅	48 元/份	锅巴虾仁	38 元/份
酸菜鱼	38 元/份	樟茶鸭子	35 元/份
酱烧小黄鱼	28 元/份	水煮鱼	28 元/份
口水鸡	28 元/份	荷叶蒸排骨	35 元/份
鸡公煲	35 元/份	豆瓣鲜鱼面	20 元/份
怪味素鸡	28 元/份	鱼香肉丝	20 元/份
香辣猪蹄	32 元/份	糖醋排骨	35 元/份
宫保鸡丁	28 元/份	东坡肉	28 元/份
酥炸茄饼	18 元/份	青椒皮蛋	18 元/份
炒土豆泥	18 元/份	干煸苦瓜	18 元/份
豆腐丸子	18 元/份	炝圆白菜卷	18 元/份
干煸竹笋	18 元/份	手撕包菜	12 元/份
油淋茄子	12 元/份	蚝油生菜	16 元/份
椒盐玉米	16 元/份	魔芋豆腐	12 元/份

汤 菜

番茄鸡蛋汤	12 元/份	紫菜豆花羹	12 元/份
芙蓉豆腐汤	16 元/份	酸辣汤	16 元/份
榨菜肉丝汤	18 元/份	三鲜汤	18 元/份
萝卜老鸭汤	48 元/份	酸菜鱼片汤	28 元/份

主 食

三鲜水饺	16 元/份	三丁包子	14 元/份
什锦炒饭	26 元/份	三鲜面条	14 元/份
莲蓉小包	16 元/份	砂钵蒸饭	2 元/份

例2,华中地区某美食城零点菜单

湖畔美食城菜单

特选精品

秘制竹夹蛇	88 元/份	葱烧武昌鱼	32 元/份
椒盐蒜香骨	32 元/份	卤水童子甲	22 元/只
京式片皮鸭	66 元/份	剁椒蒸鱼头	30 元/份
鸡肾牛筋煲	58 元/份	腊猪蹄锅仔	48 元/份

透味凉菜

卤水鸭掌	5 元/只	糖醋油虾	14 元/份
白切嫩鸡	14 元/份	脆皮乳鸽	32 元/份
麻辣鱼条	14 元/份	水晶凤爪	20 元/份
凉拌海蜇	20 元/份	蜜汁叉烧	20 元/份
蒜泥白肉	14 元/份	卤水牛腱	28 元/份
芝麻香芹	8 元/份	椒麻肚丝	18 元/份
凉拌泥蒿	18 元/份	脆皮黄瓜	10 元/份
双色泡菜	10 元/份	豆豉鲮鱼	14 元/份
卤味双拼	28 元/份	九色攒盒	68 元/份

生猛海鲜

澳洲龙虾(椒盐、蒜茸蒸、上汤焗)	时价
活黄花鱼(清蒸、红烧、糖醋)	时价
活螃蟹(清蒸、姜葱炒)	时价
大王蛇(凉拌蛇皮、椒盐蛇肉、八宝蛇羹)	议价
加州鲈鱼(葱烧、清蒸)	48 元/份
活扇贝(清炖、豉汁蒸)	60 元/份
活甲鱼(清炖、清蒸、黄焖、红烧)	70 元/份

基围虾（白焯、椒盐、蒜茸开边）　　　　　　　　88 元/份

淡水鱼鲜

红烧鲴鱼	时价	煎糍粑鱼	26 元/份
三鲜鱼肚	时价	鱼籽烧豆腐	22 元/份
豆瓣鲫鱼	28 元/份	红烧鲇鱼	34 元/份
沙滩鲫鱼	28 元/份	剁椒蒸牛蛙	32 元/份
粉蒸鲇鱼	38 元/份	辣子牛蛙腿	38 元/份
炒生鱼片	30 元/份	清蒸武昌鱼	35 元/份
三色鱼丝	30 元/份	干烧鳊鱼	26 元/份
菊花才鱼	38 元/份	豉油蒸鲩鱼	24 元/份
才鱼焖藕	32 元/份	干烧鲤鱼	24 元/份
黄焖鱼方	28 元/份	干烧刁子鱼	28 元/份
菜心鱼丸	30 元/份	清蒸鳜鱼	48 元/份
茄汁鱼饼	30 元/份	水煮鳝片	32 元/份
珊瑚鳜鱼	88 元/份	马鞍鱼乔	36 元/份

畜兽奶类

水煮牛肉	32 元/份	豉椒炒牛柳	32 元/份
红烧牛尾	42 元/份	卤蛋烧牛脯	40 元/份
腊鱼烧肉	34 元/份	糖醋直排	30 元/份
川味回锅肉	26 元/份	孜然羊肉串	28 元/份
黄焖肉丸	26 元/份	椒盐蹄花	32 元/份
鱼香肉丝	18 元/份	三鲜锅粑	25 元/份
油爆腰花	30 元/份	蒜瓣焖兔肉	42 元/份
水煮腰片	28 元/份	脆炸鲜奶	24 元/份

禽鸟蛋类

楚乡辣子鸡	32 元/份	母子大会	48 元/份
豆豉烧凤爪	30 元/份	啤酒鸭	32 元/份
腰果鸡丁	26 元/份	酱烧野鸭	48 元/份
江城酱板鸭	38 元/份	京式烤鸭	52 元/份
椒盐蛋卷	28 元/份	板栗焖仔鸡	30 元/份
鸡腰烧鹌鹑	42 元/份	韭黄鸡丝	20 元/份
白椒炒鸡杂	35 元/份	香烤乳鸽	时价
孜然鹌鹑	30 元/份	虎皮鹌鹑蛋	22 元/份
铁板鲜鱿	35 元/份	铁板鸡肾	48 元/份

铁板牛柳	28 元/份	铁板三鲜	30 元/份
什锦火锅	48 元/份	双元火锅	45 元/份

精美靓汤

砂锅牛尾汤	48 元/份	砂锅土鸡汤	35 元/份
毛肚火锅	55 元/份	羊肉火锅	45 元/份
莲藕排骨汤	26 元/份	瓦罐鸡汤	38 元/份
人参乌鸡汤	38 元/份	杏元炖水鱼	68 元/份
参芪乳鸽汤	68 元/份	鱼头豆腐汤	35 元/份
凤凰玉米羹	16 元/份	什锦果羹	22 元/份

时令蔬果

清炒时蔬	时价	腊肉炒菜薹	18 元/份
腊味炒泥蒿	30 元/份	腊味荷兰豆	24 元/份
松仁玉米	24 元/份	干煸藕丝	18 元/份
口蘑菜心	18 元/份	植蔬四宝	32 元/份
油焖双冬	24 元/份	拔丝马蹄	20 元/份
拔丝鲜果	22 元/份	鲜果拼盘	28 元/份

面食点心

金银馒头	12 元/份	黄金饼	22 元/份
葱煎包	16 元/份	椰茸小包	18 元/份
双色蛋糕	25 元/份	三鲜蒸饺	18 元/份
叉烧酥	20 元/份	香酥丽蓉合	24 元/份
香炸春卷	16 元/份	软饼	14 元/份
三鲜炒花饭	16 元/份	三鲜面	14 元/斤

例3,中南地区某乡土风味菜馆零点菜单

特选精品

蒜香焖鸡翅	35 元/份	乡味全家福	38 元/份
石锅胖头鱼	42 元/份	古法焖驼肉	68 元/份
农家铁锅鸭	38 元/份	乡村沸腾虾	58 元/份

开味凉菜

糖醋泡藕带	18 元/份	养颜皮冻	15 元/份
卤藕拌牛肉	28 元/份	原味猪手	28 元/份
泡椒黑木耳	15 元/份	爽口鱼皮	18 元/份
酱汁乳黄瓜	18 元/份	冰镇湘莲	18 元/份
红皮花生仁	10 元/份	水晶凤爪	18 元/份

特色土菜

楚乡一锅鲜	68 元/份	油焖土龙虾	68 元/份
干锅山野笋	32 元/份	原汁烧豆腐	22 元/份
坛子五花肉	32 元/份	坛子烤牛肉	48 元/份
花菇烧土鸡	38 元/份	芋头煨牛腩	68 元/份
茶树菇芸豆	18 元/份	土豆烧排骨	38 元/份
酸辣汤肥牛	38 元/份	毛血旺鸡杂	28 元/份
口味野山药	22 元/份	干锅腐竹蛋	22 元/份
地道小炒肉	22 元/份	蕨菜炒鱿鱼	38 元/份
油焖武昌鱼	38 元/份	马鞍烧鳝乔	42 元/份
田鸡烧鱼乔	45 元/份	鱼籽烧豆腐	28 元/份
灶王焖猪脚	38 元/份	韭香鸡蛋干	18 元/份
口味黄牛肉	38 元/份	农家豆腐丸	18 元/份
米粉蒸排骨	38 元/份	番茄汽水肉	18 元/份
蒜蓉苕藤尖	16 元/份	清炒南瓜秧	16 元/份

养生汤品

山珍野菌汤	28 元/份	排骨炖鱼面	32 元/份
芸豆肚片汤	38 元/份	瓦罐煨鸡汤	38 元/份
野菌鸡汁汤	36 元/份	排骨冬瓜汤	32 元/份
牛八挂煨汤	32 元/份	鱼头豆腐汤	30 元/份

乡村主食

芝麻流沙包	22 元/份	韭菜鸡蛋盒	18 元/份
锅帖三鲜面	16 元/份	三鲜野菜饼	16 元/份
腊八豆煨粥	16 元/份	碎米锅巴粥	14 元/份
砂钵蒸米饭	2 元/份	地菜炸春卷	18 元/份

例4，华东地区某五星级酒店西餐厅式零点菜单

APPETIZERS 开胃菜

Baffalo wings	美味炸鸡翅	￥75
Crispy calamari	脆炸鱿鱼圈	￥70
Jumbo onion rings	脆炸洋葱圈	￥55
Mexican quesadilas	墨西哥奶酪煎麦饼	￥80
Pop corn chicken	香酥鸡肉花	￥70
Chili cheese fries	辣牛肉奶酪土豆条	￥80
Wet fries	红酒汁薯条	￥75

Supreme combo	开胃菜大汇串	￥105
Cheese potato skins	烘烤奶酪土豆皮	￥65
Bacon & sausage	烟肉香肠卷	￥75
Chicken nuggets	香脆麦香鸡	￥75
Crispy mozzarella stix	香滑金芝士	￥75

SOUP&SALADS 汤和沙拉

Creamy mushroom soup	奶油蘑菇汤	￥35
Mom's chicken noodle soup	鸡肉蔬菜汤	￥35
Boston seafood chowder	波士顿海鲜周大浓汤	￥40
Louisiana gumbo	路易斯安那特色汤	￥40
Market fresh garden salad	田园沙拉	￥60
Classic Caesar salad	凯撒生菜沙拉	￥65
Salad nicoise	金枪鱼尼斯沙拉	￥85
Thai beef salad	泰式牛肉沙拉	￥90

CHEF'S SPECIALS 特色菜

Fish& chips	脆炸鱼块配土豆条	￥90
Thai chicken wrap	泰式鸡肉麦饼卷	￥80
Wiener schnitzel	维也纳煎猪扒	￥80
Pork cordon bleu	特色煎猪排	￥75

SANDWICHES&HOTDOGS 三明治和热狗

Club sandwich	俱乐部三明治	￥75
Grilled ham & cheese sandwich	火腿奶酪三明治	￥75
Tuna melt	奶酪吞拿鱼三明治	￥75
Philly cheese steak sandwich	炙西冷奶酪三明治	￥120
Sonoran dog	经典热狗	￥75
Chili dog	香辣热狗	￥70
Italian panini sandwich	意式帕尼尼三明治	￥65

TEX MEX FAVORITES 墨西哥风味

Beef & bean chili	辣牛肉酱配法棍	￥75
Tropical fish tacos	脆炸鱼柳塔克	￥80
Black pepper steak tacos	黑椒牛肉塔克	￥110
Sizzling fajitas	墨西哥辣味卷	￥130
Burrito	自选麦饼卷	￥95

FROM THE GRILL 烤制菜品

Mushroom rib eye steak	肉眼牛扒配炒鲜菇	￥200
T – bone steak	炙烤 T 骨牛扒	￥205
Fillet	炙烤牛柳	￥210
Top sirloin steak	顶级西冷扒	￥190
Canadian black cod	香煎银雪鱼扒	￥175
Grilled lamb chops	炙烤羊扒	￥190
Grilled salmon oscar	锲努克烤三文鱼柳	￥115
Tuna steak	顶级吞拿鱼扒	￥145
Blue cheese pork chop	烤猪扒配蓝波芝士	￥85

BBQ 烧烤

BBQ pork ribs	炙烤猪肋排	￥85
BBQ beef ribs	炙烤牛肋排	￥160
BBQ half chicken	炙烤春鸡	￥100

POPULAR COMBOS 流行拼盘

BBQ beef ribs & BBQ chicken combo	牛肋排烤鸡双拼	￥145
BBQ pork ribs & BBQ beef ribs combo	猪肋排牛肋双拼	￥145
BBQ pork ribs & BBQ chicken combo	猪肋排烤鸡双拼	￥120

BURGER 汉堡

The classic burger	精典牛肉汉堡	￥80
The famous double double burger	巨无霸牛肉汉堡	￥100
Supreme beef burger	超级至尊牛肉汉堡	￥105
The big pig burger	经典猪肉汉堡	￥80
Mushroom swiss burger	瑞士奶酪牛肉汉堡	￥90
Breakfast burger	烟肉煎蛋芝士汉堡	￥90
Black'n blue burger	香辣蓝波烟肉汉堡	￥90
Chicken burger	鸡肉汉堡	￥85
Crispy cajun chicken burger	脆炸鸡肉奶酪汉堡	￥80
Country chicken burger	乡村炸鸡汉堡	￥80
California chicken burger	加利福尼亚烤鸡汉堡	￥90
Southwest chicken burger	西南鸡肉汉堡	￥90
The double cheese burger	双层奶酪汉堡	￥90
Tex – Mex burger	美墨双味牛肉汉堡	￥90
Black pepper beef burger	黑胡椒牛肉汉堡	￥90

Four cheese burger	四味奶酪牛肉汉堡	￥90
Texas chilli burger	得克萨斯牛肉汉堡	￥90
Twin peaks burger	烟肉芝士双层牛肉汉堡	￥110
Hickory beef burger	烟肉奶酪烧烤牛肉汉堡	￥90
Cracked peppercorn burger	黑胡椒奶酪洋葱汉堡	￥90
Bacon & onion burger	烟肉炸洋葱汉堡	￥90
Black Jack chicken burger	香辣烤鸡奶酪汉堡	￥85
Grilled salmon burger	烤三文鱼柳汉堡	￥95
Veggle burger	素菜饼汉堡	￥80

PASTA&PIZZA 面食和比萨

Fettucini Alfredo	香草白汁菠菜面	￥65
Salmon penne	三文鱼通心面	￥90
Spaghetti bolognaise	意式肉酱面	￥75
Penne carbonara	奶油培根通心面	￥80
Spaghetti marinara	海鲜意面	￥90
Pepperoni and mushroom pizza	意式香肠鲜菇比萨	￥75
Tuna & egg pizza	金枪鱼鸡蛋比萨	￥80
Greek chicken pizza	希腊鸡肉比萨	￥75

ASIAN DELIGHTS 亚洲风味

Sweet & sour prawns	秘制酸甜咕虾	￥85
Canton wok fried chicken with cashew nuts	腰果炒鸡肉	￥80
Ginger & spring onion beef	特色姜葱牛肉饭	￥80
Mee goreng	马来香辣炒面	￥70
Nasi goreng	印尼辣味炒饭	￥65
Curry chicken	香浓咖啡鸡	￥65
Seafood noodle soup	海鲜汤面	￥65

DESSERTS 甜点

Banana split	香蕉船	￥45
Tiramisu	提拉米苏	￥45
Hot fudge brownie	热巧克力布朗泥	￥45
New York cheese cake	香滑奶酪蛋糕	￥45
Icecream sundae	三味雪糕圣代	￥45

三、中式夜宵零点菜单设计

(一)中式夜宵零点菜单的内容

中式夜宵零点菜单,在菜式品种上与中式早餐、正餐的零点菜单有一定的差别,其菜品主要由冷菜、热菜、面食点心、风味小吃等组成。

(1)冷菜类。主要指以烧、腊、卤、腌、拌、炝等技法制作而成的各种凉菜,荤素兼备,开胃爽口。一般安排8道左右。

(2)热菜类。以鱼鲜、禽畜、蛋奶、菜蔬等为主料,运用炒、炸、烧、焖、蒸、煮等技法制作而成,注重色质味形等成菜质量,讲究膳食营养及其滋补功效,菜品的数量一般控制在16道左右。

(3)面点类。以中西风味面点及当地特色小吃为主,每份用量不多,精致而又灵巧。面点类食品应因餐厅的经营模式而确定,一般安排12种左右,其中包括少量的粥品。

(4)水果类。水果类菜品以鲜果为主,大多要分份,有时还造型,一般安排3~5种。

(二)中式夜宵零点菜单设计的注意事项

设计中式夜宵零点菜单,应注意如下事项:

(1)分析夜宵客人的饮食习俗,探索适合于夜宵的各式菜品,将可食性与营养性作为选择夜宵菜品的基本条件,根据不同就餐人群的共同需求来设计菜单,投其所好,避其所忌。

(2)结合夜间餐饮营销的实际情况,精选一批工序简单、耗时较少、物美价廉、服务快捷的高效率菜品,既节省餐厅人力,又方便顾客就餐。

(3)注意分析菜品设置的合理性。夜宵菜单上的菜品,其数量不宜过多,规格不宜过高,菜式排调要合理,营养搭配应平衡。只有这样,享用夜宵的客人才会觉得物有所值,餐厅的营销理念才能得以实现。

(三)夜宵零点菜单实例

中南地区某星级酒店夜宵零点菜单

透味凉菜

香菜拌牛肉	28元/份	蚝油花菇	16元/份
蒜泥黄瓜条	12元/份	卤水鸭肫	18元/份
川式泡藕带	16元/份	椒麻鸭掌	18元/份

| 双冬拌腐竹 | 12 元/份 | 卤味双拼 | 22 元/份 |

滋补热菜

豉椒炒牛柳	28 元/份	香干炒肚片	25 元/份
梅干菜扣肉	22 元/份	时菜炒肉丝	18 元/份
牛腩芋头煲	36 元/份	开洋煮干丝	15 元/份
水煮牛肉片	28 元/份	糖醋烧排骨	30 元/份
麻辣炸鱼块	24 元/份	香菇焖鸡翅	32 元/份
豆豉烧凤爪	30 元/份	啤酒焖鸭块	32 元/份
萝卜牛尾汤	48 元/份	菜心三鲜汤	16 元/份
蒜茸炒时蔬	16 元/份	排骨冬瓜汤	32 元/份
芸豆肚片汤	38 元/份	香菇土鸡汤	38 元/份

精美主食

莲蓉小包	16 元/份	北方水饺	16 元/份
开洋馄饨	14 元/份	香炸春卷	18 元/份
什锦花饭	16 元/份	灌汤包子	18 元/份
奶油蛋糕	28 元/份	八宝甜粥	16 元/份
红枣湘莲粥	16 元/份	多味麦片粥	16 元/份

 实训演练题

一、填空题

1. 零点菜单具有_____、生产批量较少、_____、菜品风味突出、餐饮价格较贵等特点。

2. 餐厅的地理位置、_____、人员构成、管理水平、_____、服务质量、社会声誉、营销状况、竞争能力以及经营理念都会影响零点菜单设计。

3. 明确客源的需求状况是指要明确顾客的民族、地域、_____、职业特点、收入水平、_____、饮食嗜好和禁忌等。

4. 中等规模的中餐餐厅,其零点菜单的菜肴数量一般以_____种为宜。

5. 确立零点菜肴,应以有利于促销、_____、_____为目标。

6. 确立零点菜单的营销品种,常用的手法是:先普遍收集,后_____,再_____,逐一挑选,最后形成工艺标准。

7. 菜肴产品质量的设计主要包括_____、_____以及色、质、味、形等感官品质的设计。

8. 零点菜单的菜品排列应以人们的饮食习惯为基础,按照先冷后热、先干后稀、_____、_____的排菜原则进行安排。

9. 规模较大的餐厅,零点菜单的菜品数目以_____较为合宜;规模较小的餐厅,菜品数目以_____为好。

10. 中式夜宵零点菜单的菜品主要由冷菜、热菜、_____、_____组成。

二、多项选择题

1. 关于零点菜单的特点,正确的选项是(   )。

A. 适应范围广泛

B. 生产批量较少

C. 菜式品种较多

D. 菜品风味突出

2. 关于零点菜单的设计要求,观点正确的选项是(   )。

A. 明确客源的需求状况及餐厅自身的条件

B. 明确餐饮经营风味及所列菜肴的数量

C. 明确菜品的原料构成及成菜特色

D. 明确所列菜肴的成本及赢利能力

3. 零点菜单的菜式品种大多源自(   )。

A. 本餐厅正在热销或曾经热销过的菜点

B. 当地饮食市场上流行的菜品

C. 本店厨师研发创制的特色菜点

D. 传统地方特色风味菜品

4. 关于零点菜单菜品数量的确定,下列选项观点正确的是(   )。

A. 根据企业规模大小来确定菜式品种的数量

B. 根据餐厅自身的条件确定菜品数量

C. 根据经营性质确定菜品数量

D. 根据经营者的主观意愿确定菜品数量

5. 关于零点菜单的菜品排列,下列选项观点正确的是(   )。

A. 零点菜单的菜式结构千篇一律

B. 零点菜单的菜品排列应以人们的饮食习惯为基础

C. 菜品排列既要方便顾客选菜,又要突现餐厅的特色风味

D. 促销的菜品应该安排在醒目之处

6. 关于零点菜单的制作材料,下列选项观点正确的是(   )。

A. 选用制作材料取决于餐厅的经营风格和菜单的使用方式

B. 纸质应当选用质地精良、克数较高的厚实纸张

C. 选用制作材料应考虑纸张的防污、去渍、防折和耐磨等性能

D. 零点菜单应避免使用塑料、绢、绸等材料制作菜单封面

7. 关于零点菜单的式样和大小，下列选项观点正确的是（　　）。

A. 菜单式样应与餐厅的风格相协调，大小与餐厅面积和布局相配套

B. 单页式零点菜单以 20 厘米×30 厘米大小为宜

C. 对折式双页零点菜单合上时以其尺寸为 25 厘米×35 厘米最佳

D. 零点菜单在布局上应留有一定的空白，留白在 50% 左右

8. 关于零点菜单的字体与字型设计，观点正确的选项是（　　）。

A. 菜单的正文较多使用仿宋体、黑体等字体

B. 隶书常用于零点菜单菜肴类别的题头说明

C. 引用外文时，尽量使用圆体字母

D. 印刷菜单时所用字的型号以二号和三号字较为常见

9. 关于中式早餐零点菜单的设计，下列选项观点正确的是（　　）。

A. 设计中式早餐零点菜单要展现餐饮特色，方便顾客就餐

B. 普通粥品及大路点心可南北通用，其他菜式必须特色鲜明

C. 中式早餐的菜式品种应清鲜浓醇并重，冷热干稀调配

D. 花色品种宜丰富，单份用量必须多

10. 设计中式正餐零点菜单，应注意的事项有（　　）。

A. 要尽可能地展现本店的特色食品、技术专长

B. 确立营销产品应优先选用高利润的畅销菜品

C. 菜品的数量与规格要与餐厅的规模相适应

D. 菜式的排列应显示特色，突出重点，分清主次

三、综合应用题

1. 结合本地的饮食资源、地方特色风味及客源需求状况，根据餐厅的地理位置、规模设施、技术力量、营销状况以及竞争实力设计一份能够体现一定经营理念和管理水平的中式正餐零点菜单。

2. 对照零点菜单的设计原则及夜宵零点菜单设计的注意事项，分组剖析下列中式夜宵零点菜单，指出其中的不足之处。

附：中南地区某潇湘风味菜馆夜宵零点菜单

开胃凉菜

香菜拌牛肉	32 元/份	麻辣凤翅	18 元/份
香芹拌海米	12 元/份	脆皮黄瓜	12 元/份
蒜泥芸豆	12 元/份	五香熏鱼	26 元/份

风味盐焗鸭	28 元/份	口味仔鸡	28 元/份

风味热菜

洞庭才鱼片	38 元/份	松鼠鳜鱼	138 元/份
黄焖土甲鱼	168 元/份	泡椒烤鲫鱼	36 元/份
苦瓜焖肉	28 元/份	小炒鸡杂	22 元/份
风味香辣蟹	88 元/份	酱烧排骨	36 元/份
风味糍粑鱼	28 元/份	烟熏白鱼	42 元/份
风味臭鳜鱼	108 元/份	腊味双蒸	38 元/份
干锅杏鲍菇	28 元/份	鲮鱼油麦菜	20 元/份
豉油上海青	12 元/份	烧汁海鲜菇	26 元/份
手撕包菜	15 元/份	菠萝咕噜肉	28 元/份

面食点心

湖南米粉	16 元/份	三鲜水饺	16 元/份
扬州炒花饭	18 元/份	清汤素面	12 元/份
天津小包	16 元/份	红枣湘莲粥	14 元/份

项目五　套餐菜单设计

　　套餐，又称"套菜"、"公司菜"，主要是指由餐厅设计制作、按固定价格成套销售，以供顾客简易就餐的全套菜品。套餐是西方普遍使用的一种餐饮营销方式，它起源于中世纪欧洲的一些大中型饭店，现今主要有中、西套餐两大类别。西式套餐是由开胃品、面包、黄油、牛排等菜品配套而成；中式套餐则是将冷菜、热菜、汤菜和主食等配套销售。

　　套餐菜单又称"套菜菜单"，它将客人一次消费所需的菜品和饮料组配在一起，并以统一的价格进行销售，故又称"定食菜单"。此类菜单根据就餐对象及人数的不同，常分为普通套餐菜单和团体包餐菜单；根据菜式特色的不同，可分为西式套餐菜单、中式套餐菜单；根据餐别的不同，可分为早餐套餐菜单和正餐（午、晚餐）套餐菜单等；根据菜单主题及用途的不同，又可分作商务套餐菜单、会议套餐菜单、旅游套餐菜单、情侣套餐菜单、儿童套餐菜单、生日套餐菜单、营养套餐菜单等。

任务一　普通套餐菜单设计

　　普通套餐菜单的设计，受诸多因素的影响。只有结合套餐的具体特色，遵循套餐菜单设计的各项要求，把握正确的设计方法和程序，才有可能设计出顾客乐意接受的各式套餐菜单。

一、普通套餐的特色

　　中式普通套餐一般由中餐菜肴和主食所组成，以热菜为主，有时配以适量的点心、水果或饮料。这种供餐形式的主要特点如下。

（一）经济实惠

　　普通套餐素以经济实惠、简便大方而著称。首先，普通套餐的食物结构简练,菜品数量有限,既能迎合消费者的饮食需求,又不至于造成浪费;其次,普通套餐作为一种简易的就餐形式,其烹制材料普通,制作工序简捷,食用为主,华而不实;最后,普通套餐中的食品大多小批量生产,并以最为便捷的方式进行销售,节省了人力成本,降低了生产费用。

(二)方便快捷

相对于零餐点菜及各式筵席,普通套餐是一种方便快捷的就餐方式。首先,套餐的菜品数量不是很多,工序不太繁杂,菜品的取舍由餐厅决定,套餐的制作比较从容;其次,套餐的服务对象主要是讲求便利、快捷、实惠的顾客群体,要求就餐环境明快、服务程序简单;最后,套餐菜品通常都是成套供应,顾客按价付款,简易用餐,这种餐饮形式节省了点菜时间,省去了不必要的宴饮规程和繁杂礼节。

(三)组配合理

由于套餐菜品只能成套供应,不能拆开单卖,因此,餐厅在设计套餐菜单时,通常都能丰富原料的品种,变换烹制的技法,充分考虑菜品与菜品之间色、质、味、形的合理组合,注重整套菜品的营养搭配。例如冷热干稀的配合、高低贵贱的配合、荤素食材的配合、菜肴与主食的配合、外在感官性状的配合、膳食营养的配合等,大多符合消费者的饮食需求。

(四)市场广阔

随着时代的发展与进步,人们的生活节奏逐渐加快,普通套餐也因其经济实惠、方便快捷日渐被民众所接受,一些宾馆酒店常将经销普通套餐视为一种既经济便利,又富有成效的餐饮促销方式。销售普通套餐,虽然每份获利有限,但其形式多样,人多面广,因此总的来说,都能确保餐厅的经济效益。特别是餐厅在生意比较清淡时,适时推出各种风味套餐,一般都能满足市场需求。

二、普通套餐菜单设计要求

普通套餐既不同于零餐点菜,又有别于各式筵席,其菜单设计要求主要有以下几点。

(一)明确客源目标市场,确定经营风格

设计普通套餐菜单,首先应认清企业的目标市场,掌握目标市场的特点和需求;明确主体就餐者的民族、地域、年龄结构、职业特点、收入水平、风俗习惯、饮食嗜好和禁忌等。只有在及时、详细地调查了解和深入分析目标市场的特点

和需求的基础上,菜单设计者才能有目的地在风味特色、菜式品种、规格水平、餐饮价格等方面进行计划和调整,从而确定出普通套餐的经营风格。

(二)认清餐厅自身条件,确保生产经营

套餐菜单的设计必须根据餐厅自身的生产能力来筹划。在明确了客源目标市场之后,还应对所在的餐厅有一个全面的了解。一般情况下,餐厅的地理位置、规模设施、管理水平、技术能力、营销状况、竞争能力以及经营理念等都会影响到套餐菜单的设计。特别是员工的技术水平和餐饮设备与设施,它们是菜品保质保量按时生产的重要保障,必须予以高度重视。

(三)合理选配营销菜品,兼顾经营效益

设计中式普通套餐,必须突现其经济实惠、方便快捷、组配合理、物美价廉等具体特色,既要满足顾客追求多、快、好、省的饮食需求,又要确保餐厅获取合理利润。其菜品的选择要以有利于促销、有利于经营、有利于赢利为目标;要尽可能地安排品质优异、特色鲜明、制作便捷的各式菜品;还要适当穿插一些既畅销又能获取高额利润的特色菜品,既满足宾客的餐饮需求,又确保企业赢利。

(四)突出套餐主题特色,迎合市场需求

普通套餐的规格不是很高,菜品数量有限,在确立菜式品种时,一定要明确套餐主题,突现风味特色,在对目标市场进行细致和系统的研究之后,精选一批特色菜品,然后有针对性地选配菜肴,形成主题特色菜单,以迎合餐饮市场需求。

(五)注重菜品食用功能,力求简便快捷

从本质上讲,套餐是一种经济型的快餐。套餐里的食品,都是一些普普通通的菜肴和主食,吃饭佐菜,食用为先,实实在在,朴实无华。套餐菜品的制作工艺大多要求简便快捷,适时安排这类菜式,既节省人力,降低成本,又能迎合注重实惠、讲求便利等餐饮需求。

(六)合理调配花色品种,促成膳食营养平衡

普通套餐的菜单设计,应重视菜式品种之间的合理搭配,如冷热配合、干稀配合、菜点配合、荤素配合、贵贱配合、食材配合、烹法配合、色泽配合、口味配合、质感配合、外形配合以及营养配合等。一份理想的套餐应做到:菜品风味特色鲜明,花色品种搭配合理,餐饮销售价实相称,膳食营养全面均衡。

(七)提供多套系列菜单,增加顾客的选择机会

普通套菜菜单因其菜肴、点心等组合内容固定、价格固定,顾客选择的余地

较小,所以,设计菜单时,应根据宾客嗜好、人数多少、价格高低,提供不同规格、多种风味、多个系列的套餐品种,以增加顾客的选择机会。

(八)经常翻新菜式品种,努力占领餐饮市场

设计普通套餐菜单,其菜式品种要灵活多变,常用常新,以满足客人求新求变的消费心理。新食材、新炊具、新烹法出现了,在套餐菜单的设计中要有所反映,抢占先机,引领市场;餐饮市场的饮食风尚改变了,菜品的设置应趋时而动,顺应餐饮潮流;时令季节更替了,菜点的组配要应时而变,以符合节令要求。只有变化,才能产生生机与活力;只有变化,才能增强餐饮企业的市场竞争力。

三、普通套餐菜单设计方法与程序

设计普通套餐菜单,最主要的任务是根据菜单设计要求确定营销品种,根据套餐的主题风格编制系列套餐菜单。总的来说,其设计方法与程序如下。

(一)收集套餐菜品资源

收集套餐菜品资源,一般是在明确了客源目标市场,认清了餐厅自身条件,确定了餐饮经营风格之后,才具体实施。套餐菜品的收集与整理,可为确立套餐菜品奠定基础。通常情况下,应从下列几方面着手。

(1)工序简短,成菜迅捷,具备方便快捷特色的各式菜点;

(2)风味独特,顺应饮食潮流,为目标顾客所接受的各色食品;

(3)食材供应及时,菜品品质确有保障,为本店厨师所擅长的各类菜点;

(4)符合餐厅设备设施要求,能及时供应的各类菜品和饮品;

(5)成本较低,利润合理,市场畅销,能给餐厅带来可观收益的各式菜点;

(6)注重食用功能,兼顾膳食营养的各式菜品和饮品;

(7)符合季节变换要求,节令特色鲜明的各式菜点。

(二)明确套餐主题风格

设计套餐菜单,在拥有一定数量的菜品资源之后,接着应分清套餐类别,明确套餐主题。中西套餐,特点相同,但菜式迥异;早餐套餐与正餐套餐,餐别不同,构成内容完全不一;即便同是中式正餐套餐,也有情侣套餐、儿童套餐、商务套餐、生日套餐和营养套餐等不同类别。主题就是旗帜,就是方向,主题明确了,套餐菜品的确立就有了相应的依据。如生日套餐,可配用寿桃、寿面、生日蛋糕之类具有象征意义的菜点;情侣套餐,可选择"肝胆相照"(猪肝、猪腰合烹)、"山盟海誓"(糖醋海蜇拌蕨菜)等充满情趣的特色菜品;营养套餐,如砂仁

肚条、巴戟狗肉等菜品的选用,更具针对性。

(三)确立套餐营销品种

确立普通套餐菜单的菜式品种应根据套餐的特色和要求,结合市场需求及自身条件,灵活处理,审慎决定。其基本步骤如下:

第一,熟悉套餐菜品资源,明确餐厅风格及各类套餐主题;

第二,剔除因食用原料、设施条件、技艺水平、特色风味、季节变换等限制因素的影响而不能及时供应的菜品。

第三,根据普通套餐的格局,将冷菜类、热菜类、汤羹类、主食类、水果类、饮品类等不同食品按一定比例进行归类组合。

第四,结合自身的目标和条件,将各类菜品进行综合比较,择优选用理想菜品。

第五,结合套餐菜式的构成特点,按比例确定各类菜品的数量。对于数量不足的菜品类别,再次充实菜式品种,以确立餐厅所要经营的各式菜品。

第六,完善菜品名称、质量标准、销售价格及文字说明,构建"套餐菜品库"。

(四)套餐菜单内容设计

由于套餐菜品是以固定的格式成套供应,顾客选择的余地较少,因此,其菜单设计通常以菜单内容设计为主。菜单内容一经确立,其菜单模式便基本形成。通常情况下,套餐内容设计可分为三步。

第一步,根据套餐主题及规格档次,按照套餐的基本结构,从"套餐菜品库"中选择相应菜品,形成套餐菜单初稿。

第二步,根据菜单设计要求对所选菜品进行逐一考察,合理者保留,不合理者更换。这种适度调整,可使全套菜品的组配协调合理。

第三步,审定其他设计内容。如套餐名称设计、价格设计及产品质量设计等。特别是产品质量设计,它主要包括食材质量的设计、菜品数量及单份分量的设计、整套套餐的膳食营养设计以及色、质、味、形等感官品质的设计。餐厅的餐饮特色、烹调技艺、餐厅水准、接待风范等主要依靠它们来体现,餐厅也凭借它们蜚声千里。

(五)套餐菜单形式设计

普通套餐菜单设计虽以菜单内容设计为主,但其形式设计也不可忽视。具体操作时,菜单的格式应尽量与餐厅的装饰环境相适应;部分系列菜单需要长期重复使用,其纸质宜选择经久耐磨又不易沾染油污的重磅涂膜纸张;菜单的文字介绍尽可能地描述得当,恰到好处;菜单色彩设计应与餐厅风格、套餐主题相协调。

（六）形成系列套餐菜单

（1）同一主题的套餐，可按照规格的高低、季节的不同，编制出多套菜单，形成系列套餐菜单，以供顾客从中选用。

（2）不同主题的系列套餐菜单，可汇总成册，形成整个餐厅的多系列套餐菜单，完成"套餐菜单库"的构建。

四、普通套餐菜单设计示例

（一）早餐套餐菜单设计

1. 早餐套餐菜单内容

早餐套餐主要有中式早餐、西式早餐及中西混合式早餐等三类套餐。中式早餐套餐的内容主要由主食、副食、小菜、蔬菜及水果等组成。常用的主食有粥品、面条、包子、水饺及各种风味小吃；副食一般是鸡蛋、牛奶、豆浆、火腿等；小菜可以是各种酱菜、泡菜、咸菜、凉拌菜等；蔬菜、水果可根据季节变换进行适当调配。

西式早餐一般可分为美式早餐和欧式早餐两类。美式早餐的内容相当丰富，主要包括（1）水果或果汁；（2）玉米、燕麦等制成的谷类食品；（3）煎蛋、煮蛋或炒蛋，配以火腿、腌肉或腊肠等；（4）吐司和面包；（5）饮料等。

欧式早餐比美式早餐略简单，内容大致相同，但一般不供应蛋类制品。

2. 早餐套餐菜单设计注意事项

早餐套餐的规格虽不及正餐套餐，但其菜单设计仍很讲究，特别是西式早餐套餐菜单。

（1）品种要齐全，搭配要合理，风味要突出。

（2）套餐规格要符合接待标准，菜品数量及用量要满足客人的饮食需求。

（3）菜品的花色品种要丰富，冷热干稀等品种的配合要协调。

（4）提供多套套餐菜单，增加顾客的选择机会。

（5）主副食为主，小菜、水果及蔬菜不可缺少。

（6）中西早餐套餐风格相异，设计菜单时应因人而异，应客所需。

3. 早餐套餐菜单设计实例

（1）西式早餐套餐菜单实例

A套：Grapefruit Juice（葡萄柚汁）、corn flakes（玉米片）、fried eggs（煎蛋）、toast（面包片）、coffee（咖啡）；

B套:Tomato Juice(番茄汁)、rice crispies(脆爆米)、bread/roll(圆面包)、red tea(红茶);

C套:Orange Juice(橙汁)、oatmeal(麦片粥)、boiled eggs(水煮蛋)、croissant(法式牛角面包)、milk(牛奶);

D套:Pineapple Juice(凤梨汁)、cornmeal(玉米粥)、scrambled eggs(炒蛋)、Danish pastry(丹麦式甜面包)、red tea(红茶);

E套:Tomato Juice(番茄汁)、corn flakes(玉米片)、omelette(蛋卷)、croissant(法式牛角面包)、coffee(咖啡)。

(2)中式早餐套餐菜单实例

A套:鲜肉包子、三鲜豆皮、咸鸭蛋、豆浆、朝鲜泡菜、稀饭;

B套:天津小包、煎鸡蛋、米发糕、老锦春酱菜、绿豆稀饭;

C套:葱油软饼、肉末花卷、清炒时蔬、泡萝卜、红豆稀饭;

D套:生煎包子、葱油花卷、桂林米粉、咸鸭蛋、四川泡菜、稀饭;

E套:牛肉粉、五彩蛋糕、酱肉包子、绿豆汤、桂花糊米酒。

(二)正餐套餐菜单设计

1.正餐套餐菜单内容

正餐(午、晚餐)套餐是普通套餐的主要表现形式,它有工作套餐、情侣套餐、儿童套餐、商务套餐、生日套餐、节日套餐和营养套餐等不同形式,这些套餐的主题风格虽然不同,但其菜式构成基本一致,具体的菜品数量要根据用餐人数及接待标准来确定。以4~5人为例,一般可配冷菜1~2道,热菜3~4道,汤菜1道和主食1道;如人数为5~6人,冷菜和热菜可各加1~2道。

2.正餐套餐菜单设计注意事项

(1)确立套餐菜品,必须符合套餐设计要求,注重风味特色,突现套餐主题,以满足人们的餐饮需求。

(2)设计套餐菜单,要注意花色品种的合理搭配,达到膳食营养平衡;要准确核算菜品成本,合理计算销售价格,既使套餐价实相符,又确保餐厅赢利。

(3)普通工作套餐多以分份的形式成套销售,以供外卖或餐厅内客人各自用餐。其菜品批量或小批量生产,分份拼配,荤素兼备,规格较低。

(4)商务套餐档次相对较高,菜品设计既要注意菜品间的搭配关系,还须考虑菜肴与酒水的合理配合。

(5)会议套餐大多服务工作研讨性质的会议客人,由于接待标准一般不高,因此,菜品的配置应注意简便、实惠。

(6)旅游套餐菜品的选用应突出地方风味,规格不求很高,但分量一定要充足。

(7)情侣套餐的菜品命名一定要注意情趣,每次接待人数较少,但套餐主题鲜明。

(8)生日套餐应配用一些具有象征意义的菜品,如寿桃、寿面、生日蛋糕等。

(9)节日套餐的节令特点鲜明,一定注意配用节令食品,使用应时当令的节令食材。

(10)营养套餐要重视菜品的食疗保健功效,确保营养素供应全面,力争形成平衡膳食;要因人而异,对症而施,以突现其营养保健功能。

3.正餐套餐菜单设计实例

例1,生日套餐(适于1～3月,供6～7人用餐)

A套:五香凤翅、萝卜烧牛腩、腊味合蒸、黄焖肉圆、清炒菜薹、什锦火锅、椰茸寿桃包、锦绣水果拼;

B套:腊香白鱼、葱头炒牛肉、酱卤羊排、香菇蒸鸡翅、蒜茸菠菜、腊蹄藕汤、吉星长寿面、五福水果拼。

例2,旅游套餐(适于2～4月,供4～5人用餐)

A套:芝麻香芹、粉蒸排骨、豆瓣鲫鱼、青椒炒牛肚、炒白菜薹、香菇煨鸡汤、米饭;

B套:椒麻鸭掌、干烹带鱼、蒜苗肉丝、萝卜焖羊肉、蒜茸茼蒿、鱼头豆腐汤、米饭。

例3,商务套餐(适于4～6月,供4～5人用餐)

A套:凉拌毛豆、泡椒鳝鱼、椒盐竹节虾、豉椒炒牛柳、蒜蓉苋菜、芸豆肚片汤、三鲜水饺;

B套:蒜泥芸豆、红烧鮰鱼、芋头焖牛腩、家常牛蛙腿、蚝油菜心、野菌鸡汁汤、腊肉豆丝。

例4,工作套餐(适于5～7月,供1人用餐)

A套:红烧鱼块、香干回锅肉、蒜蓉炒黄瓜、番茄鸡蛋汤、米饭;

B套:煎糍粑鱼、千张炒肉丝、清炒白菜秧、紫菜虾皮汤、米饭。

例5,营养套餐(适于6～9月,供4～5人用餐)

A套:皮蛋拌豆腐、砂仁肚条、沙滩蒸鲫鱼、萝卜青头鸭、韭黄炒鸡丝、虫草炖甲鱼、雪梨、枸杞绿豆粥;

B套:凉拌苦瓜、胡椒根煲蛇肉、鱼籽烧豆腐、川贝焖老鸭、番茄炒鸡蛋、人参土鸡汤、西瓜、薏苡仁粥。

例6,情侣套餐(适于7～10月,供2人用餐)

A套:甜汁番茄、清蒸鳊鱼、油爆鲜鱿、鱼香茄子、花菇乳鸽汤、米饭;

B套:蜜汁红枣、香酥鹌鹑、腰果鲜贝、鸡汁菜心、鱼圆籴鸡汤、米饭。

例7,儿童套餐(适于8~11月,供3~4人用餐)

A套:拔丝薯条、茄汁鱼饼、铁板爆牛柳、香菇菜心、萝卜老鸭汤、百事可乐、什锦炒花饭;

B套:脆炸鲜奶、白汁鱼丸、孜然羊肉串、韭黄鸡丝、野菌土鸽汤、可口可乐、蟹黄小笼包。

例8,节日套餐(适于9~12月,供6~7人用餐)

A套:朝鲜泡菜、发菜猪手、香芋焖土鸭、砂锅鱿鱼仔、蒜蓉虾片、双冬扒猴头、萝卜牛尾汤、双色果拼、米饭;

B套:泡鲜藕带、红扒蹄膀、铁板爆海鲜、黄焖野鸭、干烹剥皮鱼、鸡汁素四宝、鱼丸鲫鱼汤、佳果双辉、米饭。

任务二 团体包餐菜单设计

团体包餐,又称团体套餐,是指为学术会、研究会、洽谈会、旅游团、访问团、考察团等大规模团体用餐而设计与制作的一类经济型套餐,主要有旅游包餐、会议包餐及其他类型的包餐。中式团体包餐通常根据人数的多少和价格的高低来设计,一般配有冷菜、炒菜、大菜、汤羹、主食等菜品,数量在8~12道不等,以大路菜品为主,成套供应,以供顾客简易就餐。西式团体包餐主要选用西式菜点,有高、中、低不同规格。

一、团体包餐的特点

团体包餐既不同于零餐点菜,又有别于风味筵席,其主要特点如下。

(一)接待人数较多,集中简易就餐

团体包餐的接待对象主要是旅游团体及大规模的集会宾客,他们多在旅游或开会之前预订套餐,届时以统一时间进行集体就餐,少则几桌、几十桌,多则几百桌不等。与零餐点菜及风味筵席相比,中式团体包餐的突出特点是用餐人数固定,用餐标准固定,开餐时间统一,菜肴菜式统一,用餐速度较快,就餐顾客容易形成统一意见,容易配合就餐服务。这种简易的就餐形式礼节仪程很少,餐饮服务迅捷。

(二)菜品批量生产,按时集中供应

由于团体包餐人多面广,顾客通常按统一时间进行集体就餐,因此,制作团

体包餐的工作任务非常艰巨,其菜品烹制多为大批量生产,在保证特色风味及菜品品质的同时,一般都能准时准点地将各式菜点推上餐桌。

(三)用餐标准较低,注重经济实惠

无论是会议包餐还是旅游包餐,由于其接待对象以旅游或集会为活动主题,没有足够的时间和精力去品尝美味佳肴,按时用餐虽然必不可少,但远不及正规的宴饮聚餐那么隆重,因此,这类接待活动的用餐标准一般较低,所选菜品以大路菜居多,有时也出现一些地方特色菜肴,其总体规格不高,特别注重经济实惠。

(四)套餐结构简洁,菜式品种丰富

团体包餐多以桌菜的形式出现,一般安排菜品 8～12 道不等,主要为冷菜、炒菜、大菜、汤羹和主食,有时加配点心、水果和饮品。此类套餐虽然结构简洁、规格不高,但接待的对象层次不低,要求不少,因此,因时配菜,应客所需,丰富菜品花色品种,确保菜品质量显得非常重要。

二、团体包餐菜单设计要求

设计团体包餐菜单除应遵循菜单设计的一般规则之外,还需注意下列设计要求。

(一)丰富烹饪原料品种,适时安排节令物产

团体包餐是一种简易就餐,菜品规格不高,但原料的品种要丰富,鱼畜禽蛋奶兼顾,蔬果粮豆菌并用,既可丰富菜式品种,又能赢得顾客认同。由于烹饪原料的选用与节令变化联系较大,因此,选用套餐原料,还应突出节令物产,尽可能地安排一些应时当令、物美价廉的特色食材。

(二)尊重客人饮食需求,突出地方风味特色

团体包餐包括会议包餐、旅游团包餐、访问团包餐、考察团包餐等。由于包餐性质不同,前来就餐的人员构成不同,因此,设计菜单时要了解包餐客人的国籍、民族、职业及宗教信仰。了解包餐客人的特殊需求及饮食禁忌。在充分尊重客人饮食需求的同时,还须突出当地的餐饮特色,展现当地的饮食风情,亮出本地的特色菜品、特产食材及特殊工艺,使人一朝品食,终生难忘。

(三)注意菜品相互调配,确保膳食营养平衡

团体包餐是一种规模较大的简易就餐,菜式结构相对单一。设计团体包

餐,应注意菜品间冷热、干稀、荤素、咸甜、浓淡、贵贱的相互调配,品种要齐全,搭配要合理。要使整套食品营养成分齐全,构成模式合理,易于消化,利于吸收,以确保膳食营养平衡。

（四）合理安排菜式品种,兼顾餐饮经营效益

用作团体包餐的菜品,要适于批量或小批量生产,使用蒸、焖、烧、炒、炸、烤、煮、炖等技法烹制;要适合于提前预制,以便集中开席,及时上菜;要发挥厨务人员的技术专长,展示餐厅的风味特色;要注重原料间的合理取舍,合理安排边角余料;要充分考虑接待标准,兼顾餐饮经营效益,在确保顾客满意的同时,保证餐厅的合理利润。

（五）努力翻新菜品花样,避免正餐菜品雷同

设计团体包餐菜单,要注重菜式品种的多样化,处理好原料的调配、技法的区别、色泽的变换、味型的层次、质感的差异及品种的衔接,努力翻新菜品花样,以满足顾客求新求变的饮食需求。特别是会议餐等团体包餐,往往一连进行数天,更应注意高低档菜品的搭配,合理安排地方特色菜点,避免正餐菜品的雷同,力争做到餐餐不重复,天天不一样。

三、旅游包餐菜单设计方法及示例

旅游包餐,系团体包餐的一种主要类型,是指旅客在旅行社为其事先预订之后,以统一标准、统一菜式、统一时间进行集体就餐的一种餐饮形式。其特点是:事先预订、人多面广、简易就餐、集中开席、服务迅捷。

设计与制作旅游包餐,必须选择好合适的菜品。确定旅游包餐的菜品,首先要分清旅游团队的类别,尊重旅客的合理需求。具体操作时,一旦涉及外宾,首先应了解的便是国籍,国籍不同,口味嗜好会有较大差异。无论是接待外宾还是内宾,都应十分注意游客的民族和宗教信仰。例如,信奉伊斯兰教者禁血生,禁外荤;信奉喇嘛教者禁鱼虾,不吃糖醋菜。凡此种种,都要了如指掌,小心对待。生活地域方面,自古我国就有"南甜北咸、东淡西浓"的口味偏好。即使生活在同一地方,假若职业、体质不同,其饮食习惯也有差异。如体力劳动者爱肥浓,脑力劳动者喜清淡,能照顾时都要照顾到。

满足了旅游团队的具体要求后,接着应亮出餐厅的特色菜点,尽量发挥自身的技术专长。游客在旅游过程中,品尝地方特色菜点既是旅游经历的重要组成部分,又可满足其摄食养生、求新求异、求美趋时等消费心理。像北京的仿膳菜、海南的海鲜菜、四川的农家菜、陕西的饺子宴等,无不特色鲜明,常令游客津

津乐道、流连忘返。对待旅客好奇而主厨较陌生的菜肴,则要审慎为之,切不可抱侥幸的心理。有些菜肴,虽然菜名悦耳,可是制作工艺太过复杂,如果时间紧,任务重,不如干脆回避。

除"因人选菜"、"扬长避短"之外,"质价相称"、"优质优价"的配菜规则也须遵守。游客如果选择在风味餐厅就餐,则应多选精料好料,巧变花样,推出当地知名的特色菜品,为其提供个性化服务;如果团队的游客较多,出价又低,则应安排普通原料,上大众化菜品,保证每人吃饱吃好。值得注意的是:现今有些餐厅违反了"质价相符"的配菜原则,300 元的包餐与 400 元包餐区别不大,甚至没有区别。这种"以高补低"的做法,严重挫伤了高标准订餐的旅行社的积极性,大家攀比着降低订餐标准,必然会导致餐饮投诉的发生。

务本求实,是承制旅游包餐需要遵守的又一基本原则。因为,旅游包餐的主要特征是"人多面广、简易就餐",用有限的旅游餐费,去承制一整套菜点,去迎合众多的旅客,不能不注重其食用价值。例如,普通的旅游包餐中如果安排"珊瑚鳜鱼",其色、质、味、形虽无可挑剔,但此菜耗时费力,食用性差,成本又高,倒不如改用"黄焖鱼方"、"干烧全鱼"之类的菜肴,既简便省事,又中看中吃。

要使旅游包餐受人欢迎,其菜品组配与质量控制最重要。承办旅游包餐时,应特别注意统筹规划、灵活变通。具体地说,设计菜单时,可适时借鉴下列方法:一是丰富原料的品种,适当增大素料的比例;二是选择应时当令的原料,突出节令物产;三是注意菜品间冷热、荤素、咸甜、浓淡、干稀的调配,确保整套菜品的膳食营养平衡;四是多用地方特色菜品,降低餐饮成本,确保饭菜质量;五是合理安排边角余料,注重物尽其用;六是避免正餐菜品的雷同,力争做到餐餐不重复,天天不一样。这样,既能节省成本,美化席面,取悦宾客,又可提高餐厅的社会声誉,带来可观的经济效益。

旅游包餐的菜点选出之后,还须合理组合、依次排列。设计此类菜单,既要参照传统的模式,还须兼顾当地的食俗。

旅游包餐的菜式结构通常是安排 6~8 菜 1 汤,另加主食、点心或小吃,上菜不论顺序,宴饮不讲仪程。从构成上看,冷菜通常只用 1~2 道,有时安排双拼冷盘或者三拼冷盘。热菜通常为 5~8 道,兼用禽类、畜类、鱼鲜、蛋奶、蔬果和粮豆,其中,汤菜只用 1 道,以咸汤为主。主食(或小吃、点心)是不可缺少的组成部分,一般安排 1~2 道。针对部分档次较高的旅游团体,为兼顾其特殊订餐要求,有时可参照宴会席的排菜格局排菜,菜品数量不多,但质量较精,以客人的具体需求为准。

旅游包餐的菜品排列本来就没有固定的规程,传统的"八菜一汤、十人一桌",完全可以参照各地的食风民俗而灵活变通。一些特殊的就餐方式,一些特异的排菜方法,都可以借鉴和使用,使游客充分享受旅游包餐的乐趣。值得注意的是,无论采用哪类用餐方式,菜与菜之间的排列必须协调,尤其要注意原料的调配、色泽的变换、技法的区别、味型的层次和质感的差异。只有合理调排,灵活处理,才能显现出旅游包餐的生机和活力,才能使游客获得美好的就餐体验。

下面是武汉某酒店为在武汉东湖—黄鹤楼—古琴台这一线路旅游的客人设计的一份旅游包餐菜单,可供鉴赏。

冷 菜:麻辣牛肚
　　　　三色莴苣丝
热菜:蒜苗烧鳝乔
　　　沔阳新三蒸
　　　干锅洪湖鸭
　　　黄焖武昌鱼
　　　虾米蒸鸡蛋
　　　虎皮炸青椒
　　　香滑蔡甸藕
汤菜:土鸡野菌汤
主食:华农新谷饭

这份旅游包餐有菜有汤,另加米饭,适用于春夏之交,可作正餐使用,其订餐标准为每十人一桌300元。下面是对这份旅游包餐菜单的评析。

(1)从结构上看,作为便宴式旅游包餐,这套菜品没有固定的模式,没有繁杂的仪程,座位不分主次,上菜不讲顺序,各式菜肴可同时上桌,简便大方。

(2)从原料构成上看,这份桌菜合理使用了江鲜、海味、畜肉、禽肉、蛋类、蔬菜及主食,特别是淡水鱼鲜和蔬菜,既突现了地方特产,又兼顾了节令。

(3)从制作方法上看,它集蒸、拌、烧、煨、炒、焖等技法于一身,因料而异;所有的烹法皆简便实用,无一工序复杂,适合于批量烹制、集中开席。

(4)从菜品感官品质上看,这份桌菜的9道菜肴兼顾了色、质、味、形的合理搭配。如菜肴的口味,有咸鲜味、麻辣味、酱香味、酸甜味、咸香味5种;菜品的质地、色泽、外形等更是一菜一格,各不相同。

(5)从营养配伍的角度看,其最大特色是高蛋白、低脂肪的食品是主角,素料、主食也占有一定比例。它注意了广泛取料、荤素结合及蛋白质互补,克服了传统筵席的"四高模式"(高蛋白、高脂肪、高糖和高盐),这种组配方式,完全可构成一组平衡膳食。

（6）从价格构成上看，这套包餐的订餐标准为每十人一桌300元，若按10桌计算，则产品成本为1800元，总毛利额为1200元，毛利率为40%。虽然每桌利润较薄，但它仪程简单，就餐迅捷，集中开席，时间统一，占用餐厅的资源有限，如果有稳定的客源，其前景还是可观的。

四、会议包餐菜单设计方法及示例

会议包餐，又称会议餐、会议套餐，是指开会期间，与会成员以统一标准、统一菜式、统一时间进行集体就餐的一种餐饮形式。这类套餐属于团体包餐的一种常见类型，其特点是：会前事先预订、按时集体用餐；就餐人数较多，开餐时间固定；套餐规格较低，膳食标准统一；就餐程式简短、服务要求迅捷。

在我国，会议包餐的设计与制作，多由餐饮接待部门来完成。从表面上看，这项工作既简单又平凡，但要赢得与会成员的普遍认同，确有不少方面需要注意。因为，会议包餐既不同于正规宴会，又有别于零餐点菜，它的接待规格不高，餐饮利润较少，难以引起足够的重视；与会成员人多面广，就餐要求相对较多，难以逐一得到满足；特别是周期较长的大型会议，顾客在同一餐厅多次就餐，易产生厌倦情绪，甚至发生矛盾。因此，设计与制作会议包餐一定要持严谨的态度，只有遵循菜点的选配原则，采用合理的排调方法，认真对待每一菜点，方可制出令人满意的会议餐。

确定会议餐的菜品，首先要明确就餐者的具体情况，尊重与会宾客的合理需求。只有在明确了就餐人数、包餐规格、接待方式、用餐时间、宾客构成、会议周期以及订席人的具体要求后，才能据实选用相应的菜品。例如，高级别的会议包餐可选用名贵食材，配置地方名菜，而普通的会议包餐则宜使用大路菜品，简易就餐。再如，桌次较多的会议餐忌讳菜式的冗繁，不可多配工艺造型菜；周期较长的会议餐则应注意更新菜品花样，避免菜式单调、工艺雷同。对于与会成员的具体要求，特别是订席人指定的菜品，只要在条件允许的范围内，都应尽量安排。只有投其所好，避其所忌，最大限度地满足主办方的合理要求，才能为菜单的设计和包餐的制作奠定良好的基础。

照顾到会议主办方的具体要求后，接着应根据会议包餐的接待标准确立菜品的取向。会议包餐作为餐饮营销的一种重要形式，其菜品必须遵循"质价相称"、"优质优价"的选配原则。会议主办方如果选择在风味餐厅就餐，则应多选当地知名的特色菜品，为其提供个性化服务；如果与会成员较多，接待标准较低，则应安排普通原料，上大众化菜品。通常情况下，可将餐厅所能供应的菜品分为三类：一是节令性较强的时令菜、知名度较大的流行菜以及本餐厅的特色菜和创新菜,二是饮酒佐饭两宜的各式常供菜点,三是规格较高、专供佐酒的宴饮菜。选配菜品时,应视第一类菜点为调配重点,优先考虑;视第二类菜点为会议包餐的主流菜品,灵活安排;第三类菜点一般不作考虑。

值得注意的是,大部分会议包餐是服务工作研讨性质的会议的,主办方既要考虑会议成本,又不想让会议餐过于寒酸。因此,会议接待部门在会议餐的安排上还需注意一定的方式方法,力求以最小的成本,取得最佳效果。第一,原料的品种要多样化,鱼畜禽蛋蔬果粮豆兼顾使用,可丰富菜式品种;第二,风味特色菜品为主,地方乡土菜品为辅,可提升与会宾客的满意度;第三,多用造价低廉又能烘托席面的"高利润"菜品,能给人丰盛之感;第四,适当安排主厨拿手的特色菜品,可提高会议餐的级别。

为了做到万无一失,会议餐的设计者除应遵循上述原则外,重视"扬长避短"的选菜要诀也很重要。每一餐厅都有自己的优势,当然也有各自的缺憾和不足,选菜时,要尽可能地发挥本店之专长,亮出本店之特色,以确保所选的菜品能有效供应。除此之外,应注意以下几点:(1)凡因供求关系、采购和运输条件等影响原料供应的菜品不宜选用。(2)凡原料受法律、法规限制或在加工、运输、贮藏等环节存有卫生问题的菜品更应坚决杜绝。(3)受炉灶设施或餐饮器具限制的菜品不能安排。(4)奇异而陌生的菜肴或工序复杂的工艺大菜切忌冒险承制。(5)平时销量较小且风格与会议主题不相一致的菜品要慎重考虑。

会议餐的菜点选出之后,还须按照用餐标准合理组合、依次排列。由于会议主办方的订餐标准不同,会议餐的排菜格式存在着较大的差别:用作早餐的会议包餐,以当地特色面食、风味小菜、时令蔬菜为主,可适时加配水果和饮料。用作正餐的会议包餐规格不高,适应面广。其菜品通常是每桌(10 人/桌)5 ~ 8 菜 1 汤,上菜不讲究顺序,宴饮不注重节奏。从构成上看,冷菜有时安排 1 道,有时省去不用。热菜通常为 5 ~ 7 道,兼顾使用禽类、畜类、河鲜、海鲜、蛋奶、蔬果和粮豆,其中,汤菜只用 1 道,以咸汤为主。主食(或点心)不可忽略,一般安排 1 ~ 2 份。

菜单设计作为会务接待的一项重要内容,必须引起餐厅管理层高度重视。设计会议包餐菜单必须兼顾好菜品冷热、荤素、咸甜、浓淡、干稀的搭配关系,特别是原料的调配、色泽的变换、技法的区别、味型的层次和质感的差异,只有合理调排,灵活多变,才能显现出会议餐的生机和活力,才能给与会成员愉快的用餐感受。如果菜式单调、技法雷同、味型重复,宾客难免会产生厌烦情绪。

承办周期较长的会议包餐,除了菜与菜之间应注意"翻新花样,避免雷同"之外,不同餐次之间也应合理安排。通常情况下,会议起始日和结束日的菜品规格应高,其他时间菜品的规格可相对较低;同一天里,早餐的菜品规格最低,午餐的菜品相对简单,晚餐的菜品比较丰盛。这种"应时而化"的排菜手法在会议餐的设计与制作中经常使用。

会议餐是否受人欢迎取决于以下几点:一是菜品的特色与质量,二是就餐的环境与设施,三是服务的仪程与规格,四是价格是否合理。究其根本,还是菜品的质量与价格因素最重要。所以,在会议餐的制作过程中,应特别注重务本求实、灵活变通。

务本求实,是承制会议餐时最应遵循的一条重要规则。由于会议餐的主要特征是人多面广、简易就餐,餐饮接待部门用有限的会议餐费,去承制一整套菜点,去迎合众多的宾客,不能不注重其食用性。因此,无论是原料的择用与组配、菜品的烹制与调理,套餐的品质与服务都应强调以食用为中心。如果在菜品的制作过程中偷工减料、胡乱组配、过分雕琢、违规烹制或者敷衍了事,虽然一时欺哄了宾客,但最终受损的是餐厅的声誉。

灵活变通,指会议餐的制作要因人、因时、因价、因料、因菜而异,切忌墨守成规。第一,普通菜品的烹制方法并非金科玉律,凡订席人提出的要求,只要行得通,完全可以尝试着迎合对方,特别是招待食俗不同的与会宾客,因人制菜非常必要。第二,会议餐的制作除应选择应时当令的原料外,还需按照节令的变化调配口味。夏秋的菜品汁稀、色淡、质脆,口味偏重清淡;冬春的菜品以汁浓、色深、质烂的菜为主,口味趋向醇浓。第三,调制规格较低的会议餐,除选用大众化菜品外,每份菜肴还可改变主配料间的搭配关系,如梅菜扣肉,用价格低廉的素料作主料,其佐餐的效果说不定更好。第四,烹饪原料发生了变化,烹制的技法也应随着改变。特别是制作餐次较多、规格较低的会议餐,"因料施艺"的调制手法行之有效,屡见不鲜。第五,对于名菜名点,其原料构成、烹调方法及成菜特色务必保持"正宗",但每份菜品的分量及装盘方式仍可作适当调整。总之,会议餐的制作不必死守常规,只要能确保质量、取悦宾客,多一分变通裨益多多。

下面是中南地区某酒店一周会议餐菜单,可供参考。

中南地区某酒店会议餐菜单　　2012 年 5 月

时间	餐别	菜品
周一	早餐	栗茸松糕、空心麻丸、煎软饼、咸鸭蛋、桂林米粉、四川泡菜、西瓜汁、绿豆稀饭
	午餐	粉蒸排骨、泡椒鳝鱼、腰果鸡丁、回锅肚片、酸辣藕带、炒莴苣叶、鱼头豆腐汤、米饭
	晚餐	凉拌毛豆、虾籽蹄筋、水煮牛肉、香酥鸭方、马鞍鱼乔、酥炸藕夹、口茉菜心、瓦罐鸡汤、扬州炒花饭

续表

时间	餐别	菜品
周二	早餐	豆沙小包、肉末花卷、葱油牛肉饼、煎鸡蛋、热干面、绿豆汤、老锦春酱菜、桂花糊米酒
	午餐	豆瓣鲫鱼、青椒牛柳、荆沙鱼糕、菜心奎圆、豆瓣茄子、韭黄鸡丝、虾米冬瓜汤、米饭
	晚餐	卤味双拼、煎糍粑鱼、回锅口条、孜然鹌鹑、珍珠米丸、三鲜锅粑、炒竹叶菜、萝卜老鸭汤、米饭
周三	早餐	五彩蛋糕、烧梅、酱肉包子、卤鸡蛋、葱油花卷、牛奶、红豆稀饭
	午餐	蚝油牛柳、江城酱板鸭、梅菜扣肉、虾米蒸鸡蛋、肉末烧冬瓜、蒜蓉苋菜、奶汤鲫鱼、米饭
	晚餐	蒜泥芸豆、麻仁鸡翅、韭黄炒鸡蛋、红烧鲇鱼、虎皮青椒、黄焖牛筋、水果拼盘、冬瓜排骨汤、腊肉豆丝
周四	早餐	双色蛋糕、三鲜豆皮、金银馒头、米发糕、黄金饼、牛肉粉、果珍、豆浆
	午餐	椒麻肚丝、粉蒸鲇鱼、芹菜牛肉丝、黄焖野鸭、糖醋排骨、清炒豆角、双元粉丝汤、米饭
	晚餐	凉拌苦瓜、椒盐竹节虾、清蒸樊鳊、芋头烧牛脯、肉末蒸蛋、油焖双冬、炒萝卜缨、红枣乌鸡汤、三鲜水饺
周五	早餐	天津小包、香煎软饼、咸鸭蛋、三鲜面条、泡菜萝卜、香油榨菜、可口可乐、白米稀饭
	午餐	蒜苗牛肉丝、香干回锅肉、莴苣焖仔鸭、炒滑藕片、蒜蓉四季豆、萝卜牛骨汤、米饭
	晚餐	皮蛋拌豆腐、葱爆肚仁、红烧鲴鱼、香酥全鸡、虎皮蹄膀、水煮鳝片、蒜蓉苋菜、腊蹄煨藕汤、手工面条
周六	早餐	红枣发糕、萝卜丝酥饼、桂林米粉、咸鸭蛋、四川泡菜、鲜橙汁、青菜瘦肉粥
	午餐	油爆腰花、贵妃凤翅、干烹带鱼、油焖双冬、家常牛蛙腿、清炒白菜秧、甲鱼冬瓜汤、米饭
	晚餐	川味凤爪、三鲜蹄筋、红烧青鱼尾、油焖大虾、铁板海鲜、香炸茄夹、鸡汁菜胆、花菇乳鸽汤、砂钵蒸饭

 实训演练题

一、填空题

1. 套餐菜单又称"_____",它将客人一次消费所需的菜品和饮料组配在一起,并以统一的价格进行销售,故又称"_____"。

2. 套餐菜单根据主题及用途的不同,可分作_____、会议套餐菜单、_____、情侣套餐菜单、儿童套餐菜单、生日套餐菜单、营养套餐菜单等。

3. 设计套餐菜单,应重视菜品之间的_____、干稀配合、_____、荤素配合、贵贱配合、食材配合、烹法配合、感官品质配合以及营养配合等。

4. 中式早餐套餐的内容主要由_____、副食、小菜、蔬菜及水果等组成。西式早餐套餐一般可分为美式早餐套餐和_____两类。

5. 团体包餐,又称团体套餐,主要有_____、_____及其他类型的包餐。

6. 团体包餐的特点是:事先预订、_____、_____、集中开席、服务迅捷。

7. 会议包餐的特点是:会前事先预订、_____;就餐人数较多,开餐时间固定;套餐规格较低,_____;就餐程式简短、服务要求迅捷。

8. 会议包餐菜单的设计特别注重_____,按价选材,_____,注重风味,既务本求实,又灵活变通。

9. 会议包餐如果一连进行数天,应特别注重高低档菜品的搭配,合理安排地方特色菜点,避免_____,力争做到_____。

10. 旅游包餐的菜式结构通常是安排_____,另加主食、点心或小吃,热菜为主,通常安排_____。

二、多项选择题

1. 关于普通套餐的特色,观点正确的选项是( )。

A. 普通套餐较零餐点菜经济实惠

B. 普通套餐相对于点菜及筵席方便快捷

C. 普通套餐菜品成套供应组配合理

D. 普通套餐的市场前景不够广阔

2. 设计普通套餐菜单,必须遵守的规则是( )。

A. 明确客源目标市场,确定经营风格

B. 认清餐厅自身条件,确保生产经营

C. 合理选配营销菜品,兼顾经营效益

D. 突出套餐主题特色,迎合市场需求

3.关于普通套餐的设计要求,下列选项观点正确的是( )。

A.设计普通套餐应注重菜品食用功能,力求简便快捷

B.设计普通套餐应合理调配花色品种,促成膳食营养平衡

C.设计普通套餐应提供多套系列菜单,增加顾客的选择机会

D.设计普通套餐应经常翻新菜式品种,努力占领餐饮市场

4.套餐菜品资源的收集,应着重考虑( )。

A.工序简短,成菜迅捷,具备方便快捷特色的各式菜点

B.风味独特,品质确有保障的各类菜点

C.成本较低,利润合理,市场畅销的各式菜点

D.符合季节变换要求,节令特色鲜明的各式菜点

5.关于套餐菜单的形式设计,下列选项观点正确的是( )。

A.菜单的格式尽量与餐厅的装饰环境相适应

B.菜单的文字介绍应尽可能详尽

C.所有套餐菜单宜选择经久耐磨的重磅涂膜纸张

D.菜单色彩设计应与餐厅风格、套餐主题相协调

6.关于早餐套餐菜单设计的注意事项,观点正确的选项是( )。

A.品种要齐全,搭配要合理,风味要突出

B.套餐规格要符合接待标准

C.菜品花色品种要丰富,冷热干稀的配合要协调

D.增加顾客的选择机会,因人而异,应客所需

7.关于正餐套餐菜单设计的注意事项,观点正确的选项是( )。

A.确立套餐菜品必须注重风味特色,突现套餐主题

B.注意花色品种的合理搭配,促成膳食营养平衡

C.既使套餐价实相符,又要确保餐厅赢利

D.正餐套餐的菜品通常安排8～12道不等

8.关于主题套餐菜单的设计,下列选项观点正确的是( )。

A.商务套餐档次相对较高,须考虑菜品酒水间的合理配合

B.多数会议套餐接待标准不高,菜品的配置注重简便、实惠

C.旅游套餐菜品的选用应突出地方风味,规格很高,分量充足

D.情侣套餐每次接待人数较少,但套餐主题鲜明

9.关于团体包餐的特色,观点正确的选项是( )。

A.接待人数较多,集中简易就餐

B.菜品批量生产,按时集中供应

C.用餐标准较低,注重经济实惠

D.套餐结构固定,菜式品种单一

10.关于团体包餐菜单设计要求,观点正确的选项是(   )。

A.丰富烹饪原料品种,适时安排节令物产

B.尊重客人饮食需求,突出地方风味特色

C.注意菜品相互调配,确保膳食营养平衡

D.努力翻新菜品花样,兼顾餐饮经营效益

三、综合应用题

1.根据普通套餐菜单的设计要求,结合本地的饮食资源、地方特色风味及客源需求状况,结合酒店的规模设施、技术力量以及营销状况设计 8 组中式正餐套餐菜单。

(1)生日套餐(供 6~7 人用餐):

(2)旅游套餐(供 4~5 人用餐):

(3)商务套餐(供 4~5 人用餐):

(4)工作套餐(供 1 人用餐):

(5)营养套餐(供 4~5 人用餐):

(6)情侣套餐(供 2 人用餐):

(7)儿童套餐(供 3~4 人用餐):

(8)节日套餐(供 6~7 人用餐):

2.对照团体包餐菜单的设计原则及会议餐菜单的具体设计要求,剖析下列会议餐菜单,指出其中的不足之处。

附:西南地区某接待餐厅 3 天会议餐(桌餐)菜单

时间:2011 年冬　　接待标准:80 元/人/天

时间	餐别	菜品
周一	早餐	栗蓉松糕、空心麻丸、煎软饼、咸鸭蛋、桂林米粉、四川泡菜、稀饭
	午餐	玫瑰豉油鸡、阳朔啤酒鱼、香芋坛子扣、翠玉肉片、酱香肉丝、菠萝炒虾仁、清炒时蔬、桂林三鲜汤、米饭
	晚餐	风味大拼盘、滋补鹌鹑汤、原汁青竹粉、吊烧童子鸡、特式担子粉、芋泥咸蛋黄、紫砂红烧肉、旺火炒时蔬、米饭
周二	早餐	豆沙小包、肉末花卷、葱油牛肉饼、绿豆汤、老锦春酱菜、桂花糊米酒
	午餐	啤酒鱼、香菇蒸鸡、香芋扣肉、青椒木耳鸭、香葱煎蛋、桂林炒丸子、时菜肉片、清炒油菜、冬瓜海带汤、米饭
	晚餐	卤味双拼、啤酒毛骨鱼、香菇蒸鸡、香芋扣肉、琵琶鸭、田螺酿、番茄炒蛋、芹菜腊肉、黄焖老南瓜、煎土蛋饼、米饭

时间	餐别	菜品
周三	早餐	酱肉包子、卤鸡蛋、桂林米粉、葱油花卷、炒酸豆角、稀饭
	午餐	黄焖鸡、阳朔啤酒鱼、荔芋扣肉、山水豆腐酿、时菜肉片、清炒时蔬、萝卜老鸭汤、米饭
	晚餐	白切鸡、荔芋扣肉、青椒炒牛柳、风味田螺酿、姜葱漓江虾、口蘑菜心、气锅甲鱼、漓江石头粉、精美鲜果盘、米饭

项目六　特种餐菜单设计

在餐饮服务行业里,常见的供餐方式主要有零餐点菜、各式套餐及筵席宴会等。近些年来,随着我国餐饮业的迅猛发展,行业内的竞争日趋激烈,一些餐饮企业为了争取到更多的市场份额,千方百计地开设各式特色餐厅,如快餐店、自助餐厅、外卖餐厅、团膳餐厅、火锅店等,以迎合不同类型的餐饮需求。这些特色餐厅所经营的各式菜品,因其营销方式特殊、菜品特色鲜明,故被称作特种餐。熟悉快餐、自助餐、外卖餐、团膳及火锅等特种餐的特色与类别,合理设计营销菜单,有利于彰显企业特色,满足市场需求,增强其市场竞争力。

任务一　快餐菜单设计

随着时代的发展与进步,人们的生活节奏逐渐加快,外出就餐日趋频繁。一些要求简易就餐的人们,希望能吃到一些卫生、可口、廉价、快捷的特色菜品,既减少支出,又节省时间。现代快餐正好迎合其快节奏、高品质、低价位及个性化的饮食需求。

快餐,是一种便捷式的餐饮经营方式,主要是指餐饮企业根据消费者的饮食需求,为其提供各式方便快捷食品,以供简易就餐。快餐的种类很多,按菜式分,有中式快餐和西式快餐;按主要食材分,有以面食为主的快餐和以菜肴为主的快餐;按经营方式分,有专卖快餐、流动快餐和一些送餐快餐等。

设计快餐菜单,必须充分考虑快餐的经营特色,全面了解影响菜单设计的诸多因素。只有遵循快餐菜单的设计要求,把握正确的设计方法,才有可能设计出营销能力较强的各式菜单。

一、快餐菜品的营销特色

在我国,快餐多在快餐店供应,其营销特色主要表现为以下几点。

（一）产品专一，特色鲜明

快餐店所经营的菜品品种不多，但特色鲜明，标准统一，物美价廉，自成体系。除美国的肯德基、麦当劳，意大利的比萨店等世界闻名的快餐店之外，我国台湾的德克士、永和大王，香港的大家乐、大快活等快餐店，无不以某一品牌系列产品推向市场，走向世界。内地本土兴起的一些著名快餐店，像上海新亚快餐店、兰州马兰拉面、深圳面点王、江苏大娘水饺等快餐店或快餐公司，都以某一特色系列产品打响国内外市场。

（二）方便快捷，节省时间

快餐菜品最显著的特色是制售快捷，食用便利。第一，用作快餐菜品的食材大多适于批量采购、集中配送。第二，快餐菜品的制作一般是批量或小批量生产。一些现代化的快餐业，其产品的预加工已在食品加工厂完成，再由配送中心统一配送至各快餐网点，简化了工作程序，有利于现场操作。第三，快餐店的网点繁多，菜单简明，减少了顾客选择菜品的时间；快餐店的服务高效迅捷，经受了市场的检验，得到了顾客的认同，有利于实施连锁经营。

（三）工艺规范，规格统一

快餐店实施的是典型的便携式餐饮经营方式。快餐的经营具有菜品生产标准化、产品配方科学化、供餐方式快捷化、就餐环境舒适化、消费价位大众化、经营模式连锁化等特点。快餐店之所以能够实施标准化生产，实施连锁经营，主要得益于快餐菜品的原料配方、工艺流程、成菜标准相对稳定，快餐店的经营模式、服务标准规格统一。

（四）经济实惠，价格低廉

快餐店常以薄利多销为经营原则，其菜品售价不高，经济实惠。这是因为，用作快餐的食材大多集中采购，兼顾了原料的综合利用；菜品的制作通常按程序、按标准进行批量生产，制作成本低廉；快餐店的经营模式稳定，座位周转较快，服务成本不高；一些知名快餐店实施连锁经营，主要以量大面广的优势获取商业利润。

二、快餐菜单的设计要求

快餐的菜单设计，有别于零餐点菜、各式套餐及筵席宴会，其设计要求如下。

（一）菜品定位要准确

设计快餐菜单,首先应根据不同消费群体的饮食需求对菜品进行准确定位。具体地讲,即是要根据顾客的生活地域、工作性质、年龄结构及饮食习俗等来确定营销品种的取向。例如,北方人喜爱面食,畜禽类菜品使用较多;南方人嗜好米饭,鱼鲜类菜品应用较广。轻体力劳动者注重特色风味,其菜肴口味要清淡,膳食营养要合理;重体力劳动者强调经济实惠,其菜肴分量要充足,口味要浓厚。设计快餐菜单时,只有深入调查研究,找准自己的市场定位,充分考虑消费者的饮食需求,充分发挥自身的优势,才能赢得更多的市场份额。

（二）快捷特色要鲜明

顾客选择快餐,最为看重的是方便快捷。设计中式快餐菜单时,一定要满足顾客追求多、快、好、省的饮食需求,要尽可能地安排品质优异、特色鲜明、制作快捷、便于工业化和标准化生产的特色菜品。设计出的菜品要能突破传统的手工制作,方便机械化操作,有利于提供便捷服务,以缩短客人的就餐时间。最好是将传统手工操作改为机械操作,用定量代替定性,用标准配方代替传统经验,使产品供应迅速、品质恒定,以利于实施连锁化经营。

（三）菜品价格要实惠

人们到快餐店就餐,除了追求方便快捷之外,还特别注重经济实惠。快餐店可通过集中采购、合理供餐、标准化生产、连锁化经营等手段来降低营销成本,获取合理利润。设计快餐菜单时,可适当安排一些高利润的畅销菜品,既使顾客感到物美价廉,又能确保企业获取利润;绝不能人为地将菜品价格定得过高,以免伤害顾客的就餐热情。

（四）产品组配要合理

中式快餐产品有两类:一种是组合式快餐,亦称指定式快餐,就是把几种不同的菜肴、主食、点心、汤羹、水果等有机地组合在一起,进行整体销售。另一种是选择式快餐,即设计出一定量的冷菜、热菜、主食、面食等,由客人根据自己的喜好自行挑选,快餐店对其挑选出的菜品进行烹制,并按价销售。组合式快餐的菜单设计要考虑到整套菜品色、质、味、形及营养的搭配,数量要适宜,价格要合理。选择式快餐的菜单设计要合理调配菜品的规格档次,菜品数量不宜多,特色风味要鲜明。

（五）生产能力要兼顾

快餐菜单的设计,除要注意上述设计要求外,还须充分考虑餐厅自身的生产能力。只有兼顾了餐厅的规模设施、人员构成、管理水平、技术能力以及营销状况等,设计出的快餐菜单才能得以有效实施。特别是员工的技术水平和餐饮设备与设施,它们是快餐菜品保质保量按时生产的重要保障,必须予以高度重视。

三、快餐菜单的设计方法

设计快餐菜单,最主要的任务是根据菜单设计要求确定营销品种,根据快餐的营销风格编制菜单。

(一)确立快餐菜品品种

确立快餐菜品品种应根据快餐的特色和要求,结合市场需求及自身条件,灵活处理,审慎决定。其基本步骤如下:

第一,熟悉快餐菜品资源。优先考虑风味独特、工序简短、成菜迅捷,适于批量生产的各式菜点;择优选用成本较低、利润合理、市场畅销、菜品品质确有保障,并为本店厨师所擅长的各类菜点。

第二,剔除因食用原料、设施条件、技术水平、季节变换等限制因素的影响而不能及时供应的菜品。

第三,结合自身的目标和条件,将各类菜品进行综合比较,择优选用最为理想的菜品;结合快餐菜式的构成特点,确立餐厅所要经营的各式菜品。

第四,完善菜品名称、质量标准、销售价格及文字说明,构建"快餐菜品库"。

(二)菜单内容设计

1.组合式快餐菜单内容设计

(1)组合式快餐菜单的内容

组合式快餐菜单主要根据消费者的用餐标准及餐别来设计,它将各种冷菜、热菜、点心、主食、水果等食品组合在一起,以各客的形式进行销售,一般分为早餐快餐菜单和正餐(午、晚餐)快餐菜单。早餐快餐的内容主要由各种面食(如包子、饺子、面条、馅饼、馒头、馄饨等)、粥品、小菜、冷菜等组成。正餐快餐的内容一般包含冷菜、热菜、汤羹、点心、主食和水果等。

组合式快餐菜单通常根据顾客群体的消费标准,依次列出若干套菜品,每套快餐菜品都要编排序号,标明价格,并详细列出组合菜品,以供客人选择。

(2)组合式快餐菜单设计的注意事项

第一,注意菜品间的合理组配。组合式快餐一般由几种菜品组合而成,在设计此类菜单时,既要考虑每种菜品的色、质、味、形,又要考虑菜与菜之间的合理组配;既要突现具有快捷特色的主流菜品,又要适当补充一些反映新食材、新工艺的特色菜品。

第二,严格规范菜品的质量标准。组合式快餐是以每一份菜品的质量高低来决定售价,同一批快餐,其食材、用量、成菜标准、食用方法等应该是一致的,数量不可忽多忽少,品种不可有增有减。

第三,确保获取合理利润。组合式快餐是由多种菜式组合而成,其数量的多少、规格的高低一定要以确保餐厅获取合理利润为目标;其价格的确定要体现餐厅的定价策略,利润的幅度要与餐厅规定的目标利润率相吻合。

2. 自选式快餐菜单的内容设计

(1)自选式快餐菜单的内容

自选式快餐菜单,一般根据菜品的种类及烹调方法等进行分类设计。

第一,按快餐菜品的种类设计,自选式快餐菜单内容可分为冷菜类、热菜类、汤羹类、点心类、粥品类及饮料类等。

第二,按菜品种类及烹调方法设计,自选式快餐菜单内容可分为冷菜类、炒爆类、煎炸类、面食类、粥品类、汤羹类及饮料类等。

(2)自选式快餐菜单设计注意事项

第一,菜品的种类要适量。自选式快餐菜单中的每一类菜品的种类要适量,如果菜肴品种过多过杂,快餐店就像零点餐厅一样,体现不出快捷便利的特色,无形中增大了厨房的工作量,使得整个快餐经营难以运作。

第二,菜品的特色要鲜明。用于自选式快餐菜单的菜品,数量虽然不多,但菜品特色一定要鲜明。只有具备方便快捷、供应及时、风味独特、物美价廉等特性,才能彰显企业特色、充分满足顾客的饮食需求。

第三,菜品的品牌要打造。每一快餐店都有其主营的快餐菜品,要么是同类面食,要么是同类菜肴。设计快餐菜单时,一定要结合餐厅实际,突出新原料、新工艺烹制而成的菜品;突出适合标准化、工业化生产的特色菜品;精选顺应健康饮食潮流,独具营养特色的"绿色食品"。只有打造出自己的品牌菜品,才能形成快餐系列,借以占领市场份额。

(三)菜单形式设计

快餐菜单设计虽以菜单内容设计为主,但决不可忽视其形式设计。快餐菜单的形式设计主要包括菜单形式的确立、制作材料的选择、菜单封面与封底设计、菜单文字设计、菜单插图设计等几方面内容。

具体操作时,菜单的格式应尽量与餐厅的装饰环境相适应;菜单的色彩应与餐厅风格、快餐内容相协调;菜单布局应简洁大方,合理,留有一定空白,留白一般以50%最为理想;快餐菜单如需长期重复使用,其纸质宜选择经久耐磨又不易沾染油污的重磅涂膜纸张;菜名需字迹清楚易懂,如果是外文菜名,则需附注翻译或加上中文描述性说明;菜单的文字介绍应尽可能描述得当,恰到好处;封面设计必须有吸引力。此外,还应注意在菜单上适时地加入文字或图片来促销特定食物及饮料,灵活安排店址、电话及营业时间等信息的位置。

四、快餐菜单示例

(一)组合式快餐菜单

1. 菜单实例

某中式快餐店组合式菜单

序号	菜式品种	售价(元/份)
1	干烹带鱼、蒜苗肉丝、番茄鸡蛋汤	15
2	红烧鱼块、蒿芭肉丝、虾米冬瓜汤	15
3	黄焖鸡翅、丝瓜肉片、清炒莴苣、瓠子鸡蛋汤	18
4	啤酒焖鸭、青椒肉丝、蒜蓉芸豆、平菇肉片汤	18
5	萝卜焖牛腩、煎糍粑鱼、木耳炒黄瓜、芸豆肚片汤	20
6	芋头焖牛腱、香炸鹌鹑、清炒白菜秧、冬瓜排骨汤	20
7	马鞍鱼乔、椒麻鸭掌、爆鱿鱼、清炒丝瓜、野菌鸡汁汤	22
8	泡椒鳝鱼、酱鸡翅、豉椒牛肉、香菇菜心、萝卜老鸭汤	22

2. 菜单评析

本菜单属组合式中式快餐菜单,其快餐菜品以各客的形式进行销售,主食(米饭)免费供应。该菜单主要特点如下。

(1)经济实惠:本菜单的食物结构简练,菜品数量有限,制作材料普通,适于批量生产,菜式朴实无华,成菜物美价廉。

(2)方便快捷:菜品成套供应,出菜便捷及时;食用简便大方,服务高效迅捷。减化了零餐点菜的繁杂工序,省去了宴饮聚餐的礼节仪程。

(3)组配合理:充分考虑到菜品之间冷热干稀的配合、荤素食材的配合、菜肴与主食的配合、外在感官品质的配合、膳食营养的配合等,符合顾客的饮食需求。

(4)特色鲜明:全系江南水乡的特色菜品,充分展现了当地的饮食风情;菜点的组配应时当令,符合夏秋季节的节令要求。

(5)兼顾效益:该菜单中含有部分既成本低廉又市场畅销的高利润菜品,虽然每份快餐获利有限,但其售卖快捷,人多面广,故从总的趋势来看,可确保餐厅的经济效益。

(二)自选式快餐菜单

1. 菜单实例

某原盅蒸菜快餐店自选式菜单

序号	菜式品种	售价(元/盅)
1	芸豆肚片汤	12
2	香菇老鸭汤	10
3	花生猪手汤	10
4	野菌土鸡汤	12
5	排骨煨藕汤	10
6	萝卜牛排汤	12
7	豆豉蒸凤爪	12
8	荷叶粉蒸肉	10
9	梅干菜扣肉	10
10	香菇蒸鸡块	14
11	腊鸡蒸腊鱼	16
12	剁椒蒸鱼块	12
13	豆豉蒸排骨	14
14	腐竹蒸香肠	8
15	虾米蒸水蛋	6
16	剁椒蒸豆干	6
17	米粉蒸时蔬	6
18	砂钵蒸米饭	2

2. 菜单评析

示例中快餐店的原盅蒸菜属自选式中式快餐,它将健康营养、方便快捷的膳食理念融入到生产经营之中,符合人们追求卫生、可口、廉价、快捷饮食的餐饮潮流。本菜单的主要特点如下。

(1)规范:原盅蒸菜的原料配方、设备设施、生产工艺规范考究,所有菜品便于实施标准化、规范化生产,成品品质始终如一。

(2)快捷:菜品大多提前预制,批量或小批量生产,出菜速度应客所需,餐饮服务迅捷高效。

(3)营养:原盅蒸菜主要依托水渗传热,避免了煎、炸、炒、爆等高温加热方式,减少了营养素损失,符合健康美食要求。

(4)健康:原盅蒸菜强调原形、原汁和原味,食材新鲜,搭配合理,食治并举,对人体体质有补益,对周边环境无污染。

(5)美味:原盅蒸菜烹制工艺独到,火候掌控自如,菜品原汁原味,鲜香味醇,品质恒定,特色鲜明。

(6)实惠:原盅蒸菜通常是集中采买食材,实施标准化生产、连锁化经营,不事雕琢,食用为本,物美价廉。

(7)面广:原盅蒸菜遍及大江南北,受到各地食客欢迎,不少商家争相实施连锁化经营。

总的来说,快餐虽然源自国外,但在我国发展强劲。认识快餐的营销特色,明确其菜单设计要求,把握好菜单设计方法,有利于编制出独具特色的各式快餐菜单。一份内容精简、菜式合宜、品类清新、层次分明的快餐菜单,既能彰显企业特色,满足市场需求,又有利于餐饮经营,可增强餐饮企业的市场竞争力。

任务二　自助餐菜单设计

自助餐,是一种源自西方的餐饮形式。其主要特征是,餐厅将备好的冷菜、热菜、点心、主食、水果及饮品等分别陈列在长台桌上,供顾客随意取食;顾客用餐时不受任何约束,或立或坐,随心所欲,想吃什么菜就取什么菜,想吃多少就取多少。这种新颖、直观、轻松、随意的餐饮形式不受传统桌餐礼仪的约束,既尊重了顾客的饮食需求,又降低了餐饮经营费用,所以,深受广大民众的欢迎。

早期的自助餐主要用作餐前冷食,后来逐渐由便餐发展成正餐,以至各种主题自助餐。现今的自助餐已是枝繁叶茂,品类丰繁。按餐别分,有早餐自助餐、正餐自助餐、夜宵自助餐;按菜式风味分,有中式自助餐、西式自助餐、中西混合式自助餐等;按供餐方式分,有便饭式自助餐、招待会式自助餐及商务宴会式自助餐等;按餐饮主题分,有婚庆自助餐、寿庆自助餐、情人节自助餐、圣诞节自助餐等。

设计自助餐菜单,既要明确自助餐的特色与类别,遵循其菜单设计要求,还须注意使用合理的编制方法,使其菜品数量、规格档次、特色风味等符合就餐者的餐饮需求。

一、自助餐的特点

与零餐点菜、各式套餐及筵席宴会等餐饮形式相比较,自助餐的特点主要表现为以下几点。

(一)就餐形式轻松随意

自助餐的就餐形式具有不排席位、自我服务、自由取食、随意攀谈等特点,客人可随心所欲地挑选自己最喜爱的食品,打破了传统的就餐礼仪约束,改变了传统的服务方式,规避了合餐制的饮食卫生问题,解决了传统餐饮众口难调等难题,有利于客人进行社交活动,有利于餐饮企业降低经营成本。特别是人数较多、规模较大的自助餐,更有利于丰富菜式品种,充分展现餐厅特色,最大限度地利用食品、节省开支,用最少的人手实现最有效的服务。

(二)菜式品种多种多样

自助餐的菜品一般由冷菜、热菜、点心、主食、水果、饮品等组成,其数量的多少通常根据就餐人数、接待规格及自助餐风味等因素来决定,少则 30~50 种,多则 100 多种。就餐人数越多,接待标准越高,则其食品越丰富,服务功效越明显。特别是一些大型的中西混合式自助餐,其菜品由冷菜类、沙律类、热菜类、烧烤类、面食类、甜羹类、水果类、主食类、饮品类等组成,所有的菜品在顾客用餐之前全部展示在餐厅内,由顾客根据自己的喜好自由挑选,随意享用;为了增强就餐气氛,有时还使用大型食雕、水果、鲜花及其他艺术品来装饰桌面,使得自助餐的菜品色彩纷呈,富丽堂皇。

(三)接待标准应客所需

自助餐的接待标准多由举办方根据餐饮主题及经济条件来决定,可高可低,贵贱宜人。用于便饭的自助餐,主要面向普通大众,每位每餐的就餐标准可为几十元,甚至十几元;而用于招待会、商务宴会等的自助餐,每位每餐的就餐标准可多达上百元,甚至几百元。用餐标准不同,其菜品的原料规格、烹制工艺、成菜特色及环境装饰等均有较大差别:高档的自助餐通常选用名贵的动植物食材,山珍海味、名蔬佳果所占比重较大,调理精细,味重清鲜,菜式华美,场景壮观;经济型的自助餐,多选用禽畜肉品、普通鱼鲜、四季蔬菜和粮豆制品,制作简易,讲求实惠,菜式多样,荤素兼备。

(四)餐饮接待便捷自如

自助餐的最大特点是顾客可以自由选菜,自行服务。餐厅只集中提供各式菜品,一般不设置固定席位,有的甚至不提供座椅。这种特殊的供餐方式,既能充分尊重顾客的饮食需求,让其自由自在地随意选菜,又可节省餐厅空间,免除餐前服务等接待环节。餐饮企业可根据自助餐的规模,提前做好菜品制作及餐厅布置等准备工作,无论是接待 50 人、500 人,还是 1000 多人,各种菜品都可在开餐之前一起上桌,不必遵守传统筵席的上菜顺序,没有上菜不及时之虞,既轻快便捷,又灵活自如。

二、自助餐菜单设计要求

自助餐菜单的设计与制作,受着多种因素的影响与制约,特别是餐饮主题、服务对象、用餐标准、接待规模、菜品特色、节令要求、设备设施、技术水平等,必须逐一考虑周全。具体说来,有如下要求需要遵守。

(一)菜品选用要科学合理

确立自助餐菜品,是设计自助餐菜单的关键所在,一定要做到科学合理。选用自助餐菜品,通常是根据主客双方的具体要求来确定,既要充分考虑自助餐的接待规模、风味特色和服务标准,又要结合餐厅自身的生产实际,突现主厨的技术专长。特别是消费群体的总体要求和共同嗜好,一定要尽可能地满足,只有合理选用大家都很喜爱都能接受的食品,避免那些过分辛辣刺激、过酸过甜或造型怪异的菜点,才能真正赢得顾客的好评。此外,用于自助餐的菜品,一般都应适于批量生产,并能放置较长时间;即便是热菜,也应选择适于加热保温并能反复加热的菜肴,以适应顾客自由选菜的需要。

(二)菜品规格要体现接待标准

设计自助餐菜单,一定要根据主办方的订餐标准,结合餐厅的目标毛利率计算出整套自助餐的总成本;根据接待总人数,按照确保客人吃饱吃好的原则,确定自助餐的菜品总量;根据自助餐的菜品构成模式,匡算出每类菜品的大致成本;再根据每类菜品的数量,判断所选菜品的规格档次。一般来说,接待人数越多,用餐标准越高,其菜品的数量就越多,食材的规格就越高;反之,则应多选大路化菜品,尽量安排实惠型的菜肴,以满足顾客就餐之需。具体操作时,要遵循"价实相称、优质优价"的配餐原则;要优先选用物美价廉的特色食材;要兼顾原材料的合理利用;要适当安排成本较低且能显示自助餐规格的高利润菜品;要充分考虑剩余食品的合理利用,尽量做到存货尽出;要最大限度地降低损耗,避免浪费,力争以最小的成本,取得最好的效果。

(三)菜品种类要多种多样

安排自助餐菜品,无论接待规模是大是小、菜品数量是多是少,其菜式品种一定要多种多样,切忌单调雷同。因为,自助餐的菜式品种越多,顾客选菜的余地就越大,餐饮服务的满意度也就相应提高。为了丰富菜式品种,设计菜单时,应交替使用各式动植物食材,变换菜肴点心的烹调技法,注重菜品色、质、味、形的合理调配,突现部分特色风味食品,避免同类菜式的重复编排。只有这样,才能赋予自助餐以生机和活力,充分彰显其新颖、直观、轻松、随意的个性。

(四)菜品风味要特色鲜明

自助餐的设计与制作,应以特色风味为主导。只有菜品特色鲜明,餐饮主题突出,饮食风格明显,才能吸引一批又一批客人。因此,设计自助餐菜单时,要尽可能选用具有一定特色风味的各式菜品,营造出不同风格的就餐氛围;要使菜品的特色风味与餐饮主题相吻合,尽量满足顾客求新求异的饮食需求;要优先推出主厨的拿手菜品,尽量发挥其技术专长;菜品的调制要能顺应季节的变化,体现节令的要求;菜品的安排必须符合当地的饮食民俗,尽可能地显示地方风情。

三、自助餐菜单设计方法

自助餐菜单的设计应在遵循菜单设计要求的基础上,结合餐厅的实际情况灵活进行。为突出重点,下面仅介绍自助餐的菜式结构以及菜单设计注意事项。

(一)自助餐的菜式结构

1.中式自助餐菜品构成

中式自助餐菜品一般分为冷菜类、热菜类、汤羹类、现场制作类、面点类、水果类及饮品类等,具体的菜品数量应根据接待标准和就餐人数来确定。其菜品构成情况如下:

序号	类 别	菜品数量	菜品配置说明
1	冷菜类	8~30	所占比重较大,有时适当穿插花色冷盘或大型雕刻食品
2	热菜类	5~15	由河鲜、海鲜、畜肉、禽鸟、蛋奶、蔬果等食材制作而成,规格档次相对较高
3	汤羹类	2~4	与冷热菜式干稀配套
4	面点类	2~6	包括点心、主食及风味小吃等
5	现场制作	2~4	场景气氛热烈,菜品一热三鲜
6	水果类	2~4	大多取用鲜果,一般需要分份与造型
7	饮料类	2~4	视主客双方的要求及当地饮食习俗而定

2. 西式自助餐菜品构成

西式自助餐菜品一般分为汤类、冷盘类、沙律类、热盆类、客前烹制类、甜品与西饼(面包)类、水果类、饮料类等,所选菜品全是西式风味菜点。其菜品构成情况如下:

序号	类 别	菜品数量	菜品示例
1	汤 类	1~4	牛尾清汤、罗宋汤、海鲜浓汤
2	冷盘类	2~8	法式鹅肝、烤牛肉片、烟熏鸡胸
3	沙律类	2~6	海鲜沙律、龙虾沙律、鲜果沙律
4	热盆类	6~15	红酒煨牛脯、甜酸排骨、扒葡式辣鸡
5	客前烹制类	1~3	新西兰牛柳、扒鲜大虾
6	甜品与西饼	4~10	牛油餐包、杏仁曲奇、拿破仑饼
7	水果类	2~6	苹果、香蕉、西瓜、菠萝
8	饮料类	2~6	咖啡、可乐、橙汁、红茶

3. 中西混合式自助餐菜品构成

中西混合式自助餐广集中西各式菜点,可满足中西方客人共同用餐的饮食需求。一般安排冷菜类、小吃类、沙律类、热菜类、客前烹调类、面食类、汤类、甜羹类、水果类、饮料类等。其菜品构成情况如下:

序号	类别	菜品数量	菜品示例
1	冷菜类	6~12	五香牛肉、蒜泥黄瓜、白斩鸡
2	小吃类	6~20	椒盐花生仁、蒸玉米笋、美国芝士饼
3	沙律类	2~6	虾仁沙律、河鲜沙律、蔬菜沙律
4	热菜类	6~12	黑椒汁牛排、蒜蓉沙丁鱼、海鲜西兰花
5	客前烹调类	2~4	叉烧乳猪、扒鲜大虾、爆鲜鱿
6	面食类	2~10	杧果慕斯蛋糕、巧克力蛋糕、三鲜水饺
7	汤类	2~4	红枣乌鸡汤、排骨冬瓜汤、番茄鸡蛋汤
8	甜羹类	2~6	冰糖银耳、桂花糊米酒、橘子玉米羹
9	水果类	2~6	橙子、香蕉、哈密瓜、苹果
10	饮料类	2~6	牛奶、西柚汁、咖啡、英国红茶

(二)自助餐菜单设计注意事项

1. 明确自助餐的主题

根据餐饮接待主题来划分,自助餐有招待会式自助餐、商务宴会式自助餐、普通便饭式自助餐等不同形式。由于自助餐的主题不同,接待标准不同,其菜品构成及特色风味等都有所区别,因此设计菜单时不能不加以考虑。

2. 明确客源的组成情况

顾客是餐饮服务的主体。只有明确客源组成情况,熟悉就餐者的民族、地域、年龄结构、性别比例、职业特点、文化程度、收入水平、风俗习惯、饮食嗜好和禁忌等,才能更好、更有效地满足这些特定宾客的需求。

3. 认真做好菜品的成本核算

设计自助餐菜单,必须认真做好菜品成本核算,综合考虑菜品的原料成本、销售价格及毛利率的大小,着重考察菜品的赢利能力和畅销程度。

4. 注意花色品种的变化

确立自助餐菜品,只有充分考虑到原料的多样性、烹法的变换性、色泽的协调性、质感的差异性、口味的调和性和形状的丰富性等多种因素,设计出的菜单方可满足顾客求新、求异、求变的心理需求。

5. 符合节令变化的要求

设计自助餐菜单,应根据节令的变化适时选配时令菜品,根据节令的要求调配菜品的滋汁和口味。夏秋季节,菜品应清鲜淡雅;春冬季节,菜品应浓厚肥美。

6.充分考虑企业的生产能力

自助餐菜单的设计,应根据餐厅的生产能力来筹划,要充分利用现有的设备和设施,保质保量地生产出菜单上所列的菜品;要充分考虑厨师的技术水平和烹饪技能,尽可能地推出拿手菜品。

四、自助餐菜单设计示例

例1,中式自助餐菜单 Chinese type buffet menu
(108 元/位,供 80~100 人用餐)

凉菜 **Cold dish**

潮式盐水鸭	Baked Duck in Salt
脆椒木耳	Black Fungus with green pepper
酱香牛肉	Sauce fragrant beef
酸菜茴香豆	Sauerkraut anise beans
混合冷切肠	Mix cold cut intestines
酿蛋花拼盘	Ferments the egg colored hors d'oeuvre
鸡肉培根卷	Chicken Bacon volume
凉拌西芹云耳	Celery with White Fungus

热菜 **Heating platen**

香辣虾	Fried Shrimps in Hot Spicy Sauce
茶树菇牛柳	Wok – fried Beef Fillet with Mushroom
菊花鱼丸	Fish ball with flowers
宫爆鸡丁	Kung Pao Chicken
新西兰羊排	New Zealand mutton chop
薯丁培根蛋	Steamed Backen egg with patato cube
蒜香排骨	Garlic fragrant spareribs
西兰花炒叉烧	West the orchid fries roasts
香菇扒菜胆	Braised Vegetable with Black Mushrooms

面点 **Chinese type dessert**

奶皇包	Steamed Creamy Custard Bun
养生南瓜芝士	Keeping in good health pumpkin cheese

苹果派	Apple pie
香炸春卷	Fried spring roll
虾仁炒饭	Shrimps fritters

水果 Seasonal fruit plate

美国脐橙	American navel orange
火龙果	Procession of lanterns fruit
新疆哈密瓜	Xinjiang Hami melon
西瓜	Watermelon

饮料 Drink

雪碧	Sprite
汇源橙汁	Huiyuan orange juice
红茶	Black tea
青岛啤酒	Qingdao beer

例 2,中式自助餐菜单

(128 元/位,供 200~300 人用餐)

冷菜:

蜜汁叉烧、口水鸡、酱鸭脯、夫妻肺片、桂花金丝枣、老醋蜇皮、糖醋油虾、蚝汁腰片、红油肚丝、果仁菠菜、楚乡风鱼、椒麻鸭掌、泡椒凤爪、蔬菜沙拉、蒜泥藜蒿、五彩笋丝、果味瓜脯、蒜泥黄瓜。

热菜:

白焯基围虾、牛腩芋头煲、酱爆兔丁、脆皮鱼条、红椒海圣子、干锅鱿鱼仔、梅干菜扣肉、腊味合蒸、京都羊排、鲍汁百灵菇、砂锅狮子头、腊肉炒菜薹、蚝油生菜。

汤羹:

野菌土鸡汤、萝卜牛尾汤、银耳马蹄露、红枣百合汤。

面点:

白米饭、虾仁蛋炒饭、葱油饼、地菜春卷、油炸糕。

现场制作:

铁板海鲜、豉椒炒牛柳、蟹黄蒸水蛋、刀削面。

水果:

母子脐橙、南国香蕉、新疆哈密瓜。

饮料:

可口可乐、雪碧、汇源橙汁、绿茶。

例3，Menu Buffet 西式自助餐

（168 元/位，供 100 ~ 150 人用餐）

Salad 沙拉类

Hawaiian pineapple chicken salad	夏威夷凤梨鸡肉沙拉
Delicious dainty tuna fish salad	美味金枪鱼沙拉
Green salad	清新田园沙拉
Jelly fish salad with Chinese vinegar	老醋海蜇

Dressing 各式调味酱

Italian dressing	意大利汁
French dressing	法式汁
Thousand Islands	千岛汁

Soup 汤类

Gream of pumpkin soup	奶油南瓜汤
Cream corn chowder	奶油粟米周打汤

Cold cut plate 冷切类

Special mussels cold plate	特选青口冷盘
Smoked salmon cod plate	烟熏三文鱼头盘
Baked bacon rolls with French beans	四季豆培根卷
Stuffed egg with yolk mayonnaise	蛋黄酿蛋

Hot dish 热菜类

Pan fried French duck breast with orange sauce	香煎法式鸭胸配香橙汁
Bacon pork fillet in onion sauce	洋葱汁培根猪排
Italian style pan fried chicken	意式香煎鸡扒
Veal stew served	烧汁烩小牛肉
Baked pork fillet in tomato sauce	意式茄汁焗猪排
Curry chicken	泰式咖喱烩鸡
Pork and pineapple in sweet and sour sauce	菠萝咕咾肉
Sautéed sliced beef in black pepper sauce	黑椒牛柳条

Dessert 甜品

Creamed pudding	奶油布丁
Napoleon slice	拿破仑
Cheese cake	奶酪蛋糕
Black forest cake	黑森林蛋糕

Fruit platter 时鲜果盘

American orange	美国脐橙
Banana	香蕉
Fresh fruit	火龙果
Watermelon	西瓜

Drink and wine 饮料及酒水

Coca – Cola	可口可乐
Presently rubs the coffee	现磨咖啡
Black tea	红茶

例4,西式自助餐菜单

(188 元/位,供 150～200 人用餐)

汤类:

双雪煲老鸭汤、牛尾清汤、维也纳椰菜汤。

冷盘类:

意式冻肉肠、法式冷切肠、黑椒牛肉、香醋牛肉拌木耳、烟熏鸭脯拌黄桃、麻辣耳丝、凉拌罗汉笋。

沙律类:

法式烧牛肉沙拉、意大利海鲜沙拉、蜜瓜火腿沙拉、小柿子沙拉、薄荷青瓜沙拉。

热盆类:

美式鸡腿扒、香草烧羊肋排、牛柳扒拌青胡椒汁、荷兰三文鱼扒、丁香排骨、上汤娃娃菜、咖喱炒蟹、鲍汁野菌、蒜香牛油带子、清蒸多宝鱼、美国黑椒牛仔骨。

客前烹制类:

木瓜鱼翅羹、铁板迷你牛扒。

甜品与西饼:

法式什饼、瑞士蛋卷、奶油泡芙、鲜果忌廉蛋糕、杧果布丁。

水果类:

香蕉、苹果、火龙果、哈密瓜。

饮料类:

橙汁、可乐、咖啡、英国红茶。

例5,中西结合式自助餐菜单

(148 元/位,供 150～200 人用餐)

冻盘类 Cold

什冻肉肠盘	Cold Cuts

鲜虾啫喱盘	Prawns Jelly Platter
寿司卷盘	Sushi
洋葱烟肉芝士挞	Onion & Bacon Cheese Tart
烤鱼盘	Roasted Mackerel

沙律类 Salad

德式土豆沙拉	German Potato Salad
俄式鸡蛋沙拉	Russian Egg Salad
金枪鱼西红柿沙拉	Tuna and Tomato Salad
爽脆沙拉	Mixed Salad
青瓜沙拉	Cucumber Salad
火腿通心粉沙拉	Ham and Macaroni Salad

少司 Dressing

意大利汁	Italian Dressing
千岛汁	Thousand Island Dressing

中式冷盘 Chinese Cold

炝梗丝蜇皮	Mixed Shredded Jellyfish
西芹炝海鲜	Mixed Seafood with Celery

汤类 Soup

蟹肉玉米羹	Crab Meat and Sweet Corn Thick Soup

热盆类 Hot

中式炒海鲜	Sautéed Seafood in Chinese Style
煎鲽鱼柳紫苏草汁	Pan – fried Sole Fillet with Basil Cream Sauce
孜然羊排	Roasted Lamb Chop with Cumin Seeds
川椒鸡球	Wok – fried Chicken Ball with Chili
包糠猪排	Deep – fried Pork Chops
黑椒牛柳条	Sautéed Sliced Beef in Black Pepper Sauce
季节蔬菜	Seasonal Vegetable
扬州炒饭	Fried Rice in YangZhou Style

甜品 Dessert

鲜果盘	Fruit Platter
六款小蛋糕	6 Kinds of Cake
果挞及慕斯	Fruit Tart and Mousse

面包类 Bread

四款面包配黄油	4 Kinds of Bread with Butter

例6,中西结合式自助餐菜单

(198 元/位,供 200 ~ 300 人用餐)

冷菜类:

法式鹅肝、糖醋油虾、法式冷切肠、黑椒牛肉、水晶冻肴肉、椰香红豆糕、黑木耳扇贝、生拌鲜茼蒿、翡翠拌蜇头、蚝油双冬、奶油南瓜糕、五彩香肚、水晶肴肉。

小吃类:

蒸玉米笋、美国芝士饼、椒盐烤青豆、蒸山芋、脆炸鲜奶。

沙律类:

龙虾沙律、苹果鸡沙律、意面沙律、虾仁沙律、蔬菜沙律。

热菜类:

荷兰三文鱼扒、咖喱炒蟹、烧汁烩小牛肉、意式香煎鸡扒、洋葱汁培根猪排、中式炒海鲜、海鲜荷兰豆、美国黑椒牛仔骨、香炸鹌鹑、烤羊肉串、香菇菜心。

客前烹制类:

片皮烤鸭、铁板迷你牛扒、扒鲜大虾。

面食类:

法式什饼、奶油泡芙、苹果排、三鲜水饺、巧克力莫士饼、椰茸小包、藕粉圆子。

汤类:

八宝烩蛇羹、冬瓜甲鱼汤、蟹肉玉米羹、冰糖炖银耳。

水果类:

西瓜、香蕉、火龙果、蜜桃。

饮料类:

可乐、咖啡、雪碧、中国绿茶。

总之,熟悉自助餐的特色与类别,合理设计各式营销菜单,有利于彰显企业特色,满足不同类别的市场需求;有利于增强企业的餐饮经营效益,提升其市场竞争力。

任务三 外卖餐菜单设计

外卖餐是一种应用较广的特种餐。这种餐饮服务形式的主要特征是,专为顾客提供所需的各种菜点,并用盛器将其包装好,让客人带走食用或由餐厅工作人员送至客人指定地点。随着城乡居民收入水平的提高及生活节奏的加快,许多机关团体、厂矿企业、大型公司、高等院校等单位逐渐实行了后勤服务社会化,外卖餐和快餐一样,因为能提供廉价、快捷的特色菜品,可满足客人快节奏、低价位及个性化的饮食需求,所以,深受顾客青睐,并日渐兴盛起来,不少地区出现了专营外卖餐的餐厅及一些兼营外卖餐的餐馆。

设计外卖餐菜单,既要明确外卖餐的特色,遵守其菜单设计要求,还须注意使用合理的编制方法,使其规格档次、特色风味等符合就餐者的餐饮需求。

一、外卖菜品的特点

外卖菜品主要由外卖餐厅经营。由于地区特点和经营环境不同,外卖餐厅的经营内容差异较大,有的专门经营饭菜,有的专门经营面食,还有的专门经营冷菜或地方风味食品等。这些餐厅的经营内容虽然不同,但其基本特色一致。

(一)特色风味鲜明

外卖餐厅所经营的菜品品种不多,但特色风味鲜明。外卖菜品通常都是本地区、本餐厅的特色菜品,这类菜品无论是外在感官品质、口味质感、营养配伍还是成品包装等方面,都各具个性。它们取用当地的特色食材,结合餐厅的经营风格,展示主厨的烹制技艺,形成了鲜明的地方风味,能为众多顾客所接受。

(二)适于外卖销售

与其他类型的菜品相比较,外卖菜品的最大特色是适合于外卖销售。由于外卖菜品通常是让客人带走食用或由餐厅工作人员送至客人指定地点,因此,外卖菜品汤汁较少,制作快捷,包装美观,便于携带。即使有些冷菜、面食及其他菜品加热时间较长、卤汁略多、块形较大,但可预先制作,批量生产,分割包装,并作必要的技术处理,使产品具备适合外卖销售的特点。

(三)便捷而又实惠

外卖菜品与快餐菜品相类似,既方便快捷,又经济实惠。第一,外卖菜品的制作大多是较大批量或小批量生产,工序规范,操作迅捷。第二,外卖菜品的菜单简洁明了,有时可以提前预订,减少了顾客选菜的时间。第三,外卖餐厅生产出的菜品多由顾客直接带走,不过分注重就餐环境和服务仪程,这种简易的售卖方式节省了服务成本。第四,外卖菜品常以薄利多销为经营原则,菜品售价不高,适应面广。

(四)顺应市场需求

外卖餐厅对顾客的饮食需求把握较准,其菜品设计针对性强。一些设在大中型企事业单位周边的外卖餐厅,为解决员工的就餐问题,经常为其提供盒饭。盒饭菜品既价廉物美、利于携带,又方便食用、节省时间。一些设在街道及社区的外卖餐厅,通常设计一些适于佐饭的特色菜品,打包后送至顾客家中,或者由其带回家中食用。设在车站、码头及旅游景区的外卖餐厅,则是推出当地的名菜、名点与风味小吃,让旅客将本地的风味食品带回家中,馈赠亲友。

二、外卖菜品菜单设计要求

(一)售卖方式要应客所需

外卖菜品可按盒饭、盖饭、零点菜品、普通套餐及称量包装等多种形式进行售卖。无论设计哪类外卖菜单,事前必须进行深入调查,只有准确把握客人的饮食需求,精心设计各类菜品,才能争取到更多的市场份额。一般来说,盒饭、盖饭、单份套餐通常选用方便食用、物美价廉、节令鲜明、适于佐餐的各式菜品;零点菜品或称量外卖的菜品适合安排风味小炒、汤羹类菜肴、烧烤卤蒸类熟食品及特色风味小吃。实际操作时,可结合餐厅实际,选择最佳售卖方式;在分析菜品销售情况和顾客选菜率的基础上,淘汰部分不合顾客要求的菜品,适时补充一些新的品种,以适应市场需求。

(二)选择菜品要注重特色

人们进入餐厅就餐,既强调菜品质量,又注重就餐环境、服务规程和接待礼仪,但选购外卖菜品,最为看重的是菜品质量。如感官品质、特色风味、菜品分量、原料构成、销售价格、外在包装、卫生状况等。外卖餐厅只有精心打造自己的特色品牌,推出特色风味鲜明、品质优异、分量充足的各色菜品,才有可能赢来广泛的社会声誉,借以充分占领饮食市场。一些知名的外卖餐厅,无不以推出特色品牌菜品取胜,如北京烤鸭、道口烧鸡、油焖土龙虾、狗不理包子、香辣蟹、土鸡汤等,之所以能引来顾客争相选购,正是依托其品牌效应。

(三)外卖菜品要适于外卖

外卖菜品在烹制和盛装方面有其特殊要求。一些新鲜蔬菜,如油麦菜、莴苣叶等,烹制时若放入食醋,很容易使绿色变成褐黄色;一些原料形块太大或整形的菜品,如珊瑚鳜鱼,不方便分割、包装和食用;有些菜品使用酱油过多,成菜后颜色过深,甚至变黑,影响菜肴美观;有些菜肴糊浆过重,在外卖过程中易变得干硬结块,影响食用效果;有的菜品烹制时间过长,若火候掌控失当,易造成菜肴质地老韧;有的菜品形块较大,半汤半菜,不方便运送或携带;有些菜品烹制工艺特殊,如铁板海鲜,需要现场烹制,不适合外卖;有些菜品特别注重工艺造型,如大型工艺冷拼,适于烘托筵席气氛,但不能充当外卖菜品。设计外卖菜单时,一定要充分考虑菜品适于外卖、方便客人携带等各种因素。

(四)价格定位要薄利多销

外卖餐厅的各种菜品,销售价格不宜定得太高。由于外卖菜品的制作成本低于零售菜品,可以大批量生产,有利于降低成本,在销售过程中,多数的消费者都是打包带出餐厅食用,餐厅不必提供进餐场地和其他服务,因此经营成本较低。许多消费者,尤其是一些旅游景点的游客、社区居民、工薪阶层,很难接受高价位的菜肴,如果定价过高,无法被消费者接受,最终影响销售量。所以,外卖菜品要以物美价廉、薄利多销为售卖原则。

(五)菜单设计要规范合理

外卖菜单的设计应结合餐厅自身的特色,根据售卖形式而确定,千万不能照搬零点菜单。第一,菜单的设计要有针对性,具体的菜单形式要根据菜品内容和售卖形式而确定。第二,外卖菜单的内容必须全面。例如,外卖食品的品种、价格、每份定量以及餐厅宣传促销信息等,都应尽可能设计在菜单上。第三,设计外卖菜单,还要注意菜单整体结构的艺术性、广告文字的优美性、食品照片的效果等。

三、外卖餐菜单设计方法

(一)外卖餐菜单的内容

外卖菜品的售卖形式较多,有以盒饭、盖饭的形式进行售卖,有以零点菜品的形式进行售卖,有以普通套餐的形式进行售卖,有以称量包装的形式进行售卖。无论采用哪种售卖形式,外卖餐厅所经营的各式菜品都要使用盛器包装,让客人带走食用或由餐厅工作人员送至客人指定地点。如按菜品类别细分,这些外卖菜品又可分为饭菜类、面食类、冷菜类、混合类。

(1)饭菜类:一般以米饭、爆炒类和焖烧类菜肴为主,多以盒饭、盖饭、单份套餐等形式出售。

(2)面食类:一般以炒面、水饺、煎饺、包子等面食品种居多。

(3)冷菜类:一般以各种卤菜类、烧烤类、炸制类、凉拌类品种为主,如烧鸡、烤鸭、红油肚丝、蒜泥白肉、香菇腐竹、凉拌三丝等。

(4)混合类:一般包括米饭、热菜、冷菜、面食等品种,以热菜为主。

(二)外卖菜品菜单设计的注意事项

(1)外卖菜品要错位经营。在设计外卖菜品时,要认真分析周边商业圈内各外卖餐厅供应的菜式品种及销售情况,尽量与周边同类外卖餐厅所经营的菜品错位经营,依靠产品自身的特色,吸引各类客源。

(2)菜品数量不宜过多。外卖菜品应以特色风味和菜品品质取胜,数量过多,则质量不精。因此,外卖餐厅的菜品数量不宜过多,一般控制在 8~20 种为宜,只有将自己的产品做精、做细、做出特色、做出名气,才有利于餐饮经营。

(3)菜品制作要快捷便利。外卖餐厅大多采取的是"前店后厂"的经营形式,前面的店面销售外卖菜品,后面的工厂要保证及时供应。设计菜单时,一定要考虑到原料的供应情况、菜品的出品速度,只有前后协调,才有利于生产经营。

(4)菜肴盛装要注意规范。首先是盛装的容器必须符合卫生标准;装盘时不可太满,否则菜汤容易外溢;用食品袋盛装菜肴时,菜肴不宜太烫或者油分过多,否则容易造成食品袋变形、损坏;为了防止菜肴串味,最好选择分格餐盒;为了不对环境造成影响,可以选择有益环境的餐盒。

四、外卖菜单实例

例1,某外卖餐厅盖饭菜单

泡菜肉丝饭	套	10.00元	麻辣鱼块饭	套	10.00元
青椒口条饭	套	12.00元	芸豆肚片饭	套	12.00元
香菇焖鸡饭	套	12.00元	梅菜扣肉饭	套	12.00元
牛腩芋头饭	套	15.00元	萝卜排骨饭	套	15.00元

例2,某外卖餐厅盒饭菜单

红烧鱼块～香干回锅肉～蒜蓉黄瓜～米饭　　　盒　12.00元

煎糍粑鱼～千张炒肉丝～炒白菜秧～米饭　　　盒　12.00元

干烹带鱼～韭黄炒鸡丝～蚝油菜心～米饭　　　盒　12.00元

番茄鸡蛋～干烹剥皮鱼～蒜蓉豆角～米饭　　　盒　12.00元

芸豆炒牛肚～红烧排骨～酸辣包菜～米饭　　　盒　15.00元

蒜苗炒肉丝～回锅牛肉～鱼香茄子～米饭　　　盒　15.00元

萝卜烧牛腩～鱼香肉丝～炒白菜秧～米饭　　　盒　15.00元

香菇蒸鸡翅～菜梗肉丝～蒜蓉菠菜～米饭　　　盒　15.00元

例3,某外卖餐厅面食类菜单

炸面窝　　　1.00元/只　　　　　糯米鸡　　　1.00元/只

鸡冠饺	1.00 元/只	米发糕	0.50 元/块
鲜肉包	1.00 元/只	豆沙包	0.50 元/只
韭菜蛋饼	2.00 元/只	葱油煎饼	2.00 元/只
空心麻丸	2.00 元/只	三鲜豆皮	3.00 元/份
小笼汤包	3.00 元/份	鲜肉煎饺	3.00 元/份

例4,某外卖餐厅冷菜类菜单

水晶凤爪	6 元/100 克	酱卤猪手	5 元/100 克
精武鸭脖	7 元/100 克	苏式熏鱼	4 元/100 克
卤金钱肚	8 元/100 克	五香顺风	6 元/100 克
潮式卤鹅掌	7 元/100 克	仔姜泡藕带	5 元/100 克
川味卤牛肉	10 元/100 克	南京酱板鸭	7 元/100 克
五香萝卜干	1 元/100 克	花雕醉河虾	6 元/100 克

例5,某外卖餐厅一周外卖菜单

星期一:冬瓜排骨汤

皮蛋豆腐、剁椒排骨、宫保鸡丁、香干回锅肉、家常牛蛙、鱼香肉丝、水煮鱼片、家常豆腐、四季豆炒肉丝

星期二:泡菜鲫鱼汤

四川泡菜、蒜泥芸豆、川味红烧排骨、青瓜炒蛋、酸菜鱼、鱼香茄子、小笼粉蒸牛肉

星期三:萝卜老鸭汤

泡椒鸡杂、椒麻腰片、红烧鱼、剁椒鱼头、水煮肉片、家常牛蛙、油焖大虾、手撕包菜

星期四:蘑菇鸡汁汤

凉拌黄瓜、回锅肚片、韭黄炒鸡蛋、家常豆腐、椒盐排骨、干煸豆角、虾米蒸蛋、怪味鸡丝

星期五:萝卜牛尾汤

仔姜泡藕、回锅牛肉、青笋肉丝、干煸鳝丝、红焖猪蹄、鱼香茄子、红烧鲫鱼、棒棒鸡丝

星期六:芸豆肚片汤

姜汁木耳、豉椒蒸排骨、酸菜鱼片、泡椒凤爪、酱牛肉、鱼香肉丝、油辣嫩鸡、干煸四季豆

星期日:葫芦原骨汤

凉拌苦瓜、泡椒鸡杂、怪味鸡块、水煮牛肉、蒜香排骨、南瓜饼、樟茶鸭子、夫妻肺片。

说明：本餐厅菜肴价格以当天标示为准，米饭免费。

实训演练题

一、填空题

1. 快餐按主要食材分，有_____的快餐和以菜肴为主的快餐；按经营方式分，有_____、流动快餐和一些送餐快餐等。

2. 现代快餐的经营具有_____、_____、供餐方式快捷化、就餐环境舒适化、消费价位大众化、经营模式连锁化等特点。

3. 快餐菜单按其菜品组成形式，有_____和_____之分。

4. 自选式快餐菜单内容可分为冷菜类、_____、_____、粥品类及饮料类等。

5. 自助餐菜品的数量通常根据就餐人数、接待规格及自助餐风味等因素来决定，少者_____，多者_____。

6. 外卖菜品的特点主要表现为：特色风味鲜明、_____、_____、顺应市场需求。

7. 外卖菜品汤汁较少，制作快捷，_____，_____。

8. 售卖外卖菜品，有以_____的形式进行售卖，有以_____的形式进行售卖，有以_____的形式进行售卖，有以_____的形式进行售卖。

二、多项选择题

1. 关于快餐菜品的特色，观点正确的选项是（　　）。

A. 产品专一，特色鲜明

B. 方便快捷，节省时间

C. 工艺规范，规格统一

D. 经济实惠，价格低廉

2. 设计快餐菜单，观点正确的选项是（　　）。

A. 菜品定位要准确

B. 快捷特色要鲜明

C. 菜品价格要实惠

D. 产品组配要合理

3. 设计快餐菜单时有关菜品的合理选用，观点正确的选项是（　　）。

A. 优先考虑风味独特、成菜迅捷，适于批量生产的各式菜点

B. 择优选用成本较低、利润合理、市场畅销的各式菜品

C. 选用菜品品质确有保障,为本店厨师所擅长的各类菜点

D. 可以忽略食用原料、设施条件、季节变换等因素的影响

4. 有关指定式快餐菜单设计,下列选项观点正确的是( )。

A. 要注意菜品间的合理组配

B. 要严格规范菜品的质量标准

C. 要确保餐厅获取合理利润

D. 要统一菜式结构,形成固定模式

5. 有关自选式快餐菜单设计,下列选项观点正确的是( )。

A. 菜品的种类要适量

B. 菜品的特色要鲜明

C. 菜品的规格要超高

D. 菜品的品牌要打造

6. 与零餐、套餐及筵席相比较,自助餐的特点主要表现为( )。

A. 就餐形式轻松随意

B. 菜式品种多种多样

C. 接待标准应客所需

D. 餐饮接待便捷自如

7. 关于自助餐菜单的设计,观点正确的选项是( )。

A. 菜品的选用要科学合理

B. 菜品的规格要体现接待标准

C. 菜品的种类要多种多样

D. 菜品的风味要特色鲜明

8. 自助餐菜单设计应注意如下事项( )。

A. 要明确自助餐主题、明确客源组成情况

B. 要认真做好成本核算,确保合理利润

C. 要注意花色品种的变化,符合节令变化要求

D. 要充分考虑企业的生产能力

9. 关于外卖菜品菜单设计,下列选项观点正确的是( )。

A. 售卖方式要应客所需

B. 选择菜品要注重特色

C. 适于外卖、方便携带

D. 价格定位要薄利多销

10. 外卖菜品菜单设计应注意的相关事项有( )。

A. 外卖菜品要错位经营

  B. 菜单中菜品数量不宜过多

  C. 菜品制作要注重工艺造型

  D. 菜肴盛装要注意规范

三、综合应用题

  1. 近年来,公款吃喝之风得到了有效遏制。一些高端餐饮企业历经大幅亏损、关门歇业之后,纷纷转向快餐市场。

  请根据快餐菜单的设计要求,结合高端餐饮企业设施优良、技术顶尖等特色,为设在某大型办公区域的某连锁快餐店设计 2 套快餐菜单(冬春 1 套,夏秋 1 套)。

  2. 西北地区某高校学生食堂,其午餐和晚餐的供应采取了自选称量的售卖方式:所有菜品陈列于餐台上(餐台配有保温设施),供学生自取餐盒任意选菜,菜品连同餐盒称量计价(电子秤称量,1.2 元/50 克,校园卡支付),米饭、米粥、豆浆、鲜汤全部自选,一律免费。这种供餐方式既迎合了学生的饮食需求,又方便众多学生集体就餐,深受各方好评。可经营一段时间之后,新的矛盾产生了,主要表现为:菜式品种单一,选菜空间较小;菜品重复使用,学生久食生厌;食材规格过低,廉价素食居多;花色品种搭配欠佳,部分菜品佐餐效果不佳;菜品制作过于粗劣,口味质感没能得到突现;特色风味不太鲜明,没能体现节令变化。

  请参考外卖餐及自助餐菜单设计要求,结合当地的食物资源、餐饮特色、季节变化、学生餐饮需求状况、高校食堂设备设施及厨务人员的技术水平,设计 20 周自选称量菜品菜单(每周 5 天,每天安排中餐和晚餐,每餐设计 20 款菜品)。

模块三

筵席菜单设
计实务

项目七　筵席菜单设计

　　筵席设计的指导思想和筵席制作的具体要求,需要用文字记录下来,以便编制筵席菜单时加以遵循。设计筵席菜单,应持严谨态度,只有掌握筵席的结构和要求,遵循筵席菜单的编制原则,采用正确的方法,合理选配每道菜点,才能使编制出的筵席菜单完善合理,更具使用价值。

任务一　筵席菜单的作用及种类

　　筵席菜单,即筵席菜谱,是指按照筵席的结构和要求,将酒水冷碟、热炒大菜、饭点蜜果等食品按一定比例和程序编成的菜点清单。

　　编制筵席菜单,餐饮行业里称作"开单子",这一工作通常由宴会设计师、餐厅主厨独立或者合作完成。筵席菜单既是设计者心血和智慧的结晶,技术水平和管理水平的标志,又是采购原料、制作菜点、接待服务的依据,是反映筵席规格和特色的文本。

一、筵席菜单的作用

(一)筵席菜单是沟通消费者与经营者的桥梁

　　餐饮企业通过筵席菜单向顾客介绍筵席菜品及菜品特色,进而推销筵席及餐饮服务。客人则通过筵席菜单了解整桌筵席的概况,如筵席的规格、菜点的数量、原料的构成、菜品的特色和上菜的程序等,并凭借筵席菜单决定是否订购筵席。因此,筵席菜单是连接餐厅与顾客的桥梁,起着促成筵席订购的媒介作用。

(二)筵席菜单是制作筵席的"示意图"和"施工图"

　　筵席菜单在整个筵席经营活动中起着计划和控制作用。烹饪原料的采购、厨务人员的配备、筵席菜品的制作、餐饮成本的控制、接待服务工作的安排等全都根据筵席菜单来确定。

(三)筵席菜单体现了餐厅的经营水平及管理水平

筵席菜单是整桌筵席菜品的文字记录,举凡选料、组配、烹制、排菜、营销、服务等,都可由筵席菜单体现出来。通过筵席菜品的排列组合,通过筵席菜单的设计与装帧,顾客很容易判断出该酒店的风味特色、经营能力及管理水平。

(四)筵席菜单是一则别开生面的广告

一份设计精美的筵席菜单,可以烘托宴饮气氛,可以反映餐厅的风格,可以使顾客对所列的美味佳肴留下深刻印象,并可以作为一种艺术品来欣赏,甚至留作纪念,借以唤起美好的回忆。

(五)筵席菜单是探寻饮食规律、创制新席的依凭

通过数量不等、规格各异、特色鲜明的各色菜单,可以察知整个席面所包含的文化素质和风俗民情,大致看出那个时代、那个地区的烹调工艺体系和饮馔文明发展程度。许多师傅传授技艺,许多企业改善经营,许多地方创制新席,也都是以传承的席单作为依凭,对其加以改造,吐故纳新。现在不少名店建立席单档案,目的也在于此。

二、筵席菜单的种类

筵席菜单按其设计性质与应用特点分类,有固定式筵席菜单、专供性筵席菜单和点菜式筵席菜单三类。按菜品的排列形式分类,主要有提纲式筵席菜单、表格式筵席菜单和其他形式的筵席菜单。除此之外,还可按餐饮风格分类,如中式筵席菜单、西式筵席菜单、中西结合式筵席菜单;按宴饮形式分类,如正式筵席菜单、冷餐酒会菜单、便宴菜单等。

(一)按设计性质与应用特点分类

1.固定式筵席菜单

固定式筵席菜单是餐饮企业设计人员预先设计的列有不同价格档次和固定组合菜式的系列筵席菜单。这类菜单的特点,一是价格档次分明,由低到高,基本上囊括了整个餐饮企业经营筵席的范围;二是各个类别的筵席菜品已按既定的格式排好,其菜品排列和销售价格基本固定;三是同一档次同一类别的筵席同时列有几份不同菜品组合的菜单,如套装婚宴菜单、套装寿宴菜单、套装商务宴菜单、套装欢庆宴菜单等,以供顾客挑选。例如,1680 元/桌的庆功宴菜单,可同时提供 A 单与 B 单,A 单与 B 单上的菜品,其基本结构是相同的,只是在少数菜品上作出了调整。

例:北京某会议中心 1680 元套宴菜单

套宴菜单 A	套宴菜单 B
鸿运八品碟	鸿运八品碟
蚝皇鲜鲍片	红烧鸡丝翅
白焯基围虾	虾仁蟹黄斗
清蒸大闸蟹	椰汁焗肉蟹
佛珠烧活鳗	清蒸活鳜鱼
冬瓜煲肉排	桂林纸包鸡
蜜瓜海鲜船	一口酥鸭丝
蟹柳扒瓜脯	玉兰花枝球
鲍汁百灵菇	德式咸猪手
玉树麒麟鸡	竹荪扒菜胆
浓汤大白菜	上汤浸时蔬
发财牛肉羹	发财鱼肚羹
美点双拼	美点双拼
精美小吃	精美小吃
奉送果拼	奉送果拼

固定式筵席菜单主要是以筵席档次和宴饮主题作为划分依据,它根据市场行情,结合本企业的经营特色,提前将筵席菜单设计装帧出来,供顾客选用。由于固定式筵席菜单在设计时针对的是目标顾客的一般性需要,因而对有特殊需要的顾客而言,其最大的不足是针对性不强。

2. 专供性筵席菜单

专供性筵席菜单是餐饮企业设计人员根据顾客的要求和消费标准,结合本企业资源情况专门设计的菜单。这种类型的菜单设计,由于顾客的需求十分清楚,有明确的目标,有充裕的设计时间,因而针对性很强,特色展示很充分。目前,餐饮企业所经营的筵席,其菜单以专供性菜单较为常见。例如:2009 年 5 月,宴会主办人于宴会前 3 天来武昌某大酒店预订 4 桌规格为 6880 元/桌的迎宾宴,要求尽量展示酒店的特色风味,在雅厅包间开席。经协商现场确定了金汤海虎翅、富贵烤乳猪、椒盐大王蛇、木瓜炖雪蛤等 4 款特色名贵菜肴,其席单如下。

武昌某星级酒店迎宾筵席单

一彩碟	白云黄鹤喜迎宾	
六围碟	手撕腊鳜鱼	美极酱牛肉
	老醋泡蜇头	姜汁黑木耳
	红油拌白肉	青瓜蘸酱汁
二热炒	XO 酱爆油螺	滑炒水晶虾
八大菜	金汤海虎翅（位）	富贵烤乳猪
	香芒龙虾仔	焖原汁鳄鱼
	清蒸左口鱼	鸡汁烩菜心
	椒盐大王蛇	琥珀银杏果
二汤羹	木瓜炖雪蛤（位）	松茸土鸡汤
四细点	菊花酥	雪媚娘
	腊肠卷	粉果饺
一果拼	什锦水果拼（位）	

3.点菜式筵席菜单

点菜式筵席菜单是指顾客根据自己的饮食喜好,在饭店提供的点菜单或原料中自主选择菜品,组成一套筵席菜品的菜单。许多餐饮企业把筵席菜单的设计权力交给顾客,酒店提供通用的点菜菜单,任顾客自由选择菜品,或在酒店提供的原料中由顾客自己确定烹调方法、菜肴味型,组合成筵席套菜,酒店设计人员或接待人员只在一旁做情况说明,提供建议,协助其制定筵席菜单。还有一种做法是,酒店将同一档次的两套或三套菜单中的菜品按大类合并在一起,让顾客从其中的菜品里任选,组合成筵席套菜。让顾客在一个更大的范围内自主点菜、自主设计成筵席菜单,从某种意义上说,使顾客有了更大自主性,形成的筵席菜单更适合顾客品味和需求。

例:小型宴请点菜式筵席菜单

精致三冷拼

茶树菇鹿柳

避风塘鲜虾

外婆红烧肉

孜然爆羊肉

一品娃娃菜

云腿鸡茸羹

家乡干蒸鸡

清蒸加州鲈

仔排山药汤

美点映双辉

合时水果拼

(二)按菜单格式分类

1.提纲式筵席菜单

提纲式筵席菜单,又称简式席单。这种筵席菜单须根据筵席规格和客人要求,按照上菜顺序依次列出各种菜肴的类别和名称,清晰醒目地分行整齐排列;至于所要购进的原料以及其他说明,则往往有一附表(有经验的厨师通常将此表省略)作为补充。这种筵席菜单好似生产任务通知书,常常要开多份,以便各部门按指令执行。讲究的筵席菜单,主人往往索取多份,连同请柬送给赴宴者,显示规格和礼仪;在摆台时也可搁放几张,既可让顾客熟悉筵席概况,又能充当一种装饰品和纪念品。餐饮企业平常所用的筵席菜单多属于这种简式菜单。

例1,羊城风味筵席菜单

菊花烩五蛇

脆皮炸仔鸡

津菜扒大鸭

香煎明虾碌

杏圆炖水鱼

冬笋炒田鸡

荔脯芋扣肉

清蒸活鲈鱼

四式生菜胆

虾仁蛋炒饭

例2,楚乡全菱席席单

彩碟:红菱青萍。

围碟:盐水菱片、椒麻菱丁、蜜汁菱丝、酸辣菱条。

热炒:虾仁菱米、糖醋菱块、里脊菱茸、财鱼菱片。

大菜:鱼肚菱粥、酥炸菱夹、鸡脯菱块、粉蒸菱角、拔丝菱段、莲子菱羹、红烧菱鸭、菱膀炖盆。

点心:菱丝酥饼、菱蓉小包。

果茶:出水鲜菱、菱花香茗。

2.表格式筵席菜单

表格式筵席菜单,又称繁式席单。这种筵席菜单既按上菜顺序分门别类地列出所有菜名,同时又在每一菜名的后面列出主要原料、主要烹法、成菜特色、配套餐具,还有成本或售价等。这种筵席菜单的设计程序虽然特别烦琐,但其筵席结构剖析得明明白白,如同一张详备的施工图纸。厨师一看,清楚如何下料,如何烹制,如何排菜;服务人员一看,知晓酒宴的具体进程,能在许多环节上提前做好准备。

例:四川冬令高档鱼翅席设计表

格式	类别	菜品名称	配食	主料	烹法	口味	色泽	造型
冷菜	彩盘	熊猫嬉竹		鸡鱼	拼摆	咸甜	彩色	工艺造型
	单碟	灯影牛肉		牛肉	腌烘	麻辣	红亮	片形
		红油鸡片		鸡肉	煮拌	微辣	白红	片形
		葱油鱼条		鱼肉	炸烤	鲜香	棕红	条状
		椒麻肚丝		猪肚	煮拌	麻香	白青	丝状
		糖醋菜卷		莲白	腌拌	甜酸	白绿	卷状
		鱼香凤尾		笋尖	焯拌	清鲜	绿色	条状
正菜	头菜	红烧鱼翅		鱼翅	红烧	醇鲜	琥珀	翅状
	热荤	叉烧酥方	双麻酥	猪肉	烤	香酥	金黄	方形
	二汤	推纱望月	龙珠饺、火腿油花	竹荪、鸽蛋	汆	清鲜	棕白相间	工艺造型
	热荤	干烧岩鲤		岩鲤	干烧	醇鲜	红亮	整形
	热荤	鲜熘鸡丝		鸡肉	熘	鲜嫩	玉白	丝状
	素菜	奶汤菜头		白菜头	煮烩	清鲜	白绿	条状
	甜菜	冰汁银耳	凤尾酥、燕窝粑	银耳	蒸	纯甜	玉白	朵状
	座汤	虫草蒸鸭	银丝卷、金丝面	虫草、鸭子	蒸	醇鲜	橘黄	整形
饭菜	饭菜	素炒豆尖		豌豆尖	炝	清香	青绿	丝状
		鱼香紫菜		油菜头	炒	微辣	紫红	条状
		跳水豆芽		绿豆芽	泡	脆嫩	玉白	针状
		胭脂萝卜		红萝卜	泡	脆嫩	白红	块状
水果	两种	江津广柑、茂汶苹果						

任务二　筵席菜单设计原则

筵席菜单设计决非随意编排,随机组合,它应贯彻一定的指导思想,遵循相应的设计原则。

一、筵席菜单设计的指导思想

设计筵席菜单,其总的指导思想是:科学合理,整体协调,丰俭适度,确保盈利。

(一)科学合理

科学合理是指在设计筵席菜单时,既要充分考虑顾客饮食习惯和品味习惯的合理性,又要考虑到筵席膳食组合的科学性。调配筵席膳食,不能将山珍海味、珍禽异兽、大鱼大肉等进行简单堆叠,更不能为了炫富摆阔而暴珍天物,而应注重筵席菜品间的相互组合,使之真正成为平衡膳食。

(二)整体协调

整体协调是指在设计筵席菜单时,既要考虑到菜品本身色、质、味、形的相互联系与相互作用,又要考虑到整桌筵席中菜品之间的相互联系与相互作用,更要考虑到菜品应与顾客不同层次的需求相适应。强调整体协调的指导思想,意在防止顾此失彼或只见树木、不见森林等设计失误的发生。

(三)丰俭适度

丰俭适度是指在设计筵席菜单时,要正确引导筵席消费。遵循"按质论价,优质优价"的配膳原则,力争做到质价平衡。菜品数量丰足时,不能造成浪费;菜品数量偏少时,要保证客人吃饱吃好。丰俭适度,有利倡导文明健康的筵席消费观念和消费行为。

(四)确保盈利

确保盈利是指餐饮企业要把自己的盈利目标自始至终贯穿到筵席菜单设计中去。即既让顾客的需要从菜单中得到满足,权益得到保护,又要通过合理有效的手段使菜单为本企业带来应有的盈利。

二、筵席菜单设计的原则

筵席菜单设计应遵循以下基本原则。

(一)按需配菜,考虑制约因素

这里的"需"指宾主的要求,"制约因素"指客观条件。两者有时统一,有时会有矛盾,应当互相兼顾,忽视任何一个方面,都会影响宴饮效果。

编制筵席菜单,一要考虑宾主的愿望。对于订席人提出的要求,如想上哪些菜,不愿上哪些菜,上多少菜,调什么味,何时开席,在哪个餐厅就餐,只要是在条件允许的范围内,都应当尽量满足。二要考虑筵席的类别和规模。类别不同,配置菜点也需变化。例如寿宴可用"蟠桃献寿",如果移之于丧宴,就极不妥当;一般筵席可上梨子,倘若用之于婚宴,就大煞风景。再如操办桌次较多的大型筵席,忌讳菜式的冗繁,更不可多配工艺造型菜,只有选择易于成形的原料,安排便于烹制的菜肴,才能保证按时开席。三要考虑货源的供应情况,因料施艺。原料不齐的菜点尽量不配,积存的原料则优先选用。四要考虑设备条件。如餐室的大小要能承担接待的任务,设备设施要能胜任菜点的制作,炊饮器具要能满足开席的要求。五要考虑自身的技术力量。水平有限时,不要冒险承制高级酒宴;厨师不足时,不可一次操办过多的筵席;特别是对待奇异而又陌生的菜肴,更不可抱侥幸心理。设计者纸上谈兵,值厨者必定临场误事。

(二)随价配菜,讲究品种调配

这里的"价",指筵席的售价。随价配菜即是按照"质价相称"、"优质优价"的原则,合理选配筵席菜点。一般来说,高档筵席,料贵质精;普通酒宴,料贱质粗。如果聚餐宾客较少,出价又高,则应多选精料好料,巧变花样,推出工艺复杂的高档菜;如果聚餐宾客较多,出价又低,则应安排普通原料,上大众化菜品,保证每人吃饱吃好。总之,售价是排菜的依据,既要保证餐馆的合理收入,又不使顾客吃亏。编制筵席菜单时,调配品种有许多方法:(1)选用多种原料,适当增加素料的比例;(2)名特菜品为主,乡土菜品为辅;(3)多用造价低廉又能烘托席面的高利润菜品;(4)适当安排技法奇特或造型艳美的菜点;(5)巧用粗料,精细烹调;(6)合理安排边角余料,物尽其用。这样既节省成本,美化席面,又能给人丰盛之感。

(三)因人配菜,迎合宾主嗜好

这里的"人"指就餐者。"因人配菜"就是根据宾主(特别是主宾)的国籍、民族、宗教、职业、年龄、体质以及个人嗜好和忌讳,灵活安排菜式。

我国幅员辽阔,民族众多,不同地区有着不同的口味要求。随着改革开放的逐步深入,四方交往频繁,食俗不同的就餐者越来越多。筵席设计者只有区别情况,"投其所好",才能充分满足宾客的不同要求。

编制筵席菜单时,一旦涉及外宾,首先应了解的便是国籍。国籍不同,口味嗜好会有差异。譬如日本人喜清淡、嗜生鲜、忌油腻、爱鲜甜;意大利人要求醇浓、香鲜、原汁、微辣、断生并且硬韧。无论是接待外宾还是内宾,都要十分注意就餐者的民族和宗教信仰。例如,信奉伊斯兰教者禁血生,禁外荤;信奉喇嘛教者禁鱼虾,不吃糖醋菜。凡此种种,都要了如指掌,区别对待。而在我国,自古就有"南甜北咸、东淡西浓"的口味偏好;即使生活在同一地方,假若职业、体质不同,其饮食习惯也有差异。如体力劳动者爱肥浓,脑力劳动者喜清淡,老年人喜欢软糯,年轻人喜欢酥脆,孕妇想吃酸菜,病人爱喝清粥等,这些需求能照顾时都要照顾。还有当地传统风味以及宾主指定的菜肴,更应注意编排,排菜的目标就是要让客人皆大欢喜。

(四)应时配菜,突出名特物产

这里的"时"指季节、时令。"应时配菜"指设计筵席菜单要符合节令的要求。像原料的选用、口味的调配、质地的确定、色泽的变化、冷热干稀的安排之类,都须视气候不同而有所差异。

首先,要注意选择应时当令的原料。原料都有生长期、成熟期和衰老期,只有成熟期上市的原料,才滋汁鲜美,质地适口,带有自然的鲜香,最宜烹调。譬如鱼类的食用佳期,鲫、鲤、鲢、鳜是2~4月,鲥鱼是端午前后,鳝鱼是小暑节气前后,甲鱼是6~7月,草鱼、鲶鱼和大马哈鱼是9~10月,乌鱼则为冬季。其次,要按照节令变化调配口味。"春多酸、夏多苦、秋多辣、冬多咸,调以滑甘";夏秋偏重清淡,冬春趋向醇浓。与此相关联,冬春筵席习饮白酒,应多用烧菜、扒菜和火锅,突出咸、酸,调味浓厚;夏秋筵席习饮啤酒,应多用炒菜、烩菜和凉菜,偏重鲜香,调味清淡。最后,注意菜肴滋汁、色泽和质地的变化。夏秋气温高,应是汁稀、色淡、质脆的菜肴居多;春冬气温低,要以汁浓、色深、质烂的菜肴为主。

(五)酒为中心,席面贵在变化

我国是产酒和饮酒最早的国家,素有"酒食合欢"之说。设宴用酒始于夏代,现今更是"无酒不成席"。人们称办宴为"办酒席",请客为"请酒",赴宴为"吃酒",至于宾主间相互祝酒,更是中华民族的一种传统礼节。由于酒可刺激食欲、助兴添欢,因此,人们历来都注重"酒为席魂"、"菜为酒设"的办宴法则。

从筵席编排的程序来看,先上冷碟是劝酒,跟上热菜是佐酒,辅以甜食和蔬菜是解酒,配备汤菜与茶果是醒酒。考虑到饮酒吃菜较多,故筵席菜品调味一般偏淡,而且利于佐酒的松脆香酥菜肴和汤羹类菜肴占有较大比例;至于饭点,常是少而精,仅仅起到"压酒"的作用而已。

在注重酒与菜的关系时,不可忽视菜品之间的相互协调。筵席既然是菜品的组合艺术,理所当然要讲究席面的多变性。要使席面丰富多彩,赏心悦目,在菜与菜的配合上,务必注意冷热、荤素、咸甜、浓淡、酥软、干稀的调和。具体地说,要重视原料的调配、刀口的错落、色泽的变换、技法的区别、味型的层次、质地的差异、餐具的组合和品种的衔接。其中,口味和质地最为重要,应在确保口味和质地的前提下,再考虑其他因素。

(六)营养平衡,强调经济实惠

饮食是人类赖以生存的重要物质。人们赴宴,除了获得口感上、精神上的享受之外,主要还是借助筵席补充营养,调节人体机能。筵席是一系列菜品的组合,完全有条件构成一组平衡的膳食。所谓膳食平衡,即人们从膳食中获得的营养物质与维持正常生理活动所需要的物质,在量和质上基本一致。配置筵席菜肴,要多从宏观上考虑整桌菜点的营养是否合理,而不能单纯累计所用原料营养素的含量;还应考虑这组食品是否利于消化,是否便于吸收,以及原料之间的互补效应和抑制作用如何。在理想的膳食中,脂肪含量应占 17% ~ 25%,碳水化合物的含量应占 60% ~ 70%,蛋白质的含量应占 12% ~ 14%;成人每日摄取的总热量应在 2200 ~ 2800 千卡之间。与此同时,筵席中的膳食还要提供相应的矿物质、丰富的维生素和适量的植物纤维。当今世界时兴"彩色营养学",要求食品种类齐全,营养比例适当,提倡"两高三低"(高蛋白、高维生素、低热量、低脂肪、低盐)。而我国传统的筵席往往片面追求重油大荤,忽视素料的使用;过分讲究造型,忽视营养素的保护利用。所以,现今选择菜点,应适当增加植物性原料,使之保持在 1/3 左右;此外,在保证筵席风味特色的前提下,还须控制用盐量,清鲜为主,突出原料本味,以维护人体健康。

为了降低办宴成本、增强宴饮效果,设计筵席菜单时,不能崇尚虚华、唯名是崇,也不能贪多求大,造成浪费。所以,原料的进购、菜肴的搭配、筵席的制作、接待服务、营销管理等都应从节约的角度出发,力争以最小的成本,获取最佳的效果。

任务三 筵席菜单设计方法

筵席菜单设计的过程,分为菜单设计前的调查研究、筵席菜单的菜品设计和菜单设计后的检查三个阶段。

一、菜单设计前的调查研究

根据菜单设计的相关原则,在着手进行筵席菜单设计之前,首先必须做好与筵席相关的各方面的调查研究工作,以保证菜单设计的可行性、针对性和高质量。调查研究主要是了解和掌握与宴请活动有关的情况。调查越具体,了解的情况越详尽,设计者就越心中有底,越能与顾客的要求相吻合。

(一)调查的主要内容

(1)宴会的目的性质、筵席主题或正式名称、主办人或主办单位。

(2)筵席的用餐标准。

(3)出席宴会的人数,或筵席的桌数。

(4)宴会的日期及筵席开餐时间。

(5)筵席的类型,即中式筵席、西式筵席或中西结合式筵席等。如是中式筵席,是哪一种,如婚庆宴、寿庆宴、节日宴、团聚宴、迎送宴、祝捷宴、商务宴等。

(6)筵席的就餐形式。是设座式还是站立式;是分食制、共食制还是自助式。

(7)出席筵席宾客尤其是主宾对筵席菜品的要求,他们的职业、年龄、生活地域、风俗习惯、生活特点、饮食喜好与忌讳等。

(8)对于高规格的筵席,或者是大型宴会,除了解以上几个方面的情况外,还要掌握更详尽的筵席信息,特别是订席人的特殊要求。

(二)分析研究

在充分调查的基础上,要对获得的信息材料加以分析研究。首先,对有条件或通过努力能办到的,要给予明确的答复,让顾客满意;对实在无法办到的要向顾客做解释,结合酒店的现实条件尽可能与顾客进行协调,满足他们的愿望令其满意。

其次,要将与筵席菜单设计直接相关的材料和其他方面的材料分开来处理。

最后,要分辨筵席菜单设计有关信息的主次、轻重关系,把握好缓办与急办宴席任务的关系。例如有的筵席预订的时间早,菜单设计有充裕的时间,可以做好多种准备,而有的筵席预订留下的时间只有几小时,甚至是现场设计,菜单设计的时间仓促,必须根据当时的条件和可能,以相对满足为前提设计筵席菜单。

总之,分析研究的过程是协调酒店与顾客关系的过程,是为下一步有效地进行筵席菜单设计,明确设计目标、设计思想、设计原则和掌握设计依据的过程。

二、筵席菜单的菜品设计

筵席菜单的菜品设计,通常有确定菜单设计的核心目标、确定筵席菜品的构成模式、选择筵席菜品、合理排列筵席菜品及编排菜单样式五个步骤,少数筵席菜单还要另列"附加说明"。

(一)确定菜单设计的核心目标

目标是筵席菜单设计所期望实现的状态。筵席菜单的目标状态,是由一系列的指标来描述的,它们反映了筵席的整体状态。筵席的核心目标是由筵席的价格、宴会的主题及筵席的风味特色共同构成的。例如,扬州某酒店承接了每席定价为 880 元的婚庆喜宴 30 桌的预订。这里的婚庆喜宴即宴会主题,它对筵席菜单设计乃至整个宴饮活动都很重要。这里的每席 880 元的定价即筵席价格,它是设计筵席菜单的关键性影响因素,它直接关系到筵席菜品成本和利润,关系到每一道菜品的安排,也关系到顾客对这一价格水平的筵席菜品的期望。筵席的风味特征是筵席菜单设计所要体现的总的倾向性特征,因而也关系到每道菜及其相互联系。本例中所选的菜品要能突出淮扬风味,筵席风味特征是筵席菜单设计特别看重的因素之一,顾客对此最为关注。

我们设计筵席菜单,首先必须明确筵席的核心目标,待核心目标确定后,再逐一实现其他目标。

(二)确定筵席菜品的构成模式

筵席菜品的构成模式即筵席菜品的格局。现代中式筵席的结构主要由冷菜、热菜和饭点蜜果三大部分所构成。虽然各地的排菜格局不尽相同,但同一场次的筵席绝大多数是根据当地的习俗选用一种排菜格局。

确定筵席的排菜格局,必须根据筵席类型、就餐形式、筵席成本及规划菜品的数目,细分出每类菜品的成本及其具体数目。在此基础上,根据筵席的主题及风味特色定出一些关键性菜品,如彩碟、头菜、座汤、首点等,再按主次、从属关系确定其他菜品,形成筵席菜单的基本架构。

为了防止筵席成本分配不合理,出现"头重脚轻"、"喧宾夺主"、"满员超编"、"尾大不掉"等比例失调的情况,在选配筵席菜点前,可先按照筵席的规格,合理分配整桌筵席的成本,使之分别用于冷菜、热菜和饭点蜜果。通常情况下,这三组食品的成本比例大致为:10% ~ 20%、60% ~ 80%、10% ~ 20%。例如一桌成本为800元的中档酒席,这三组食品的成本分别为:冷碟120元,热菜560元,饭点茶果120元。在每组食品中,又须根据筵席的要求,确定所用菜点的数量,然后,将该组食品的成本再分配到每个具体品种中去;每个品种有了大致的成本后,就便于决定使用什么质量的菜品及其用料了。尽管每组食品中各道菜点的成本不可能平均分配,有些甚至悬殊较大,但大多数菜点能够以此作为参照的依据。又如上述筵席,如果按要求安排四双拼,则每道双拼冷盘的成本应在30元左右,不可能使用档次过高或过低的原材料。

(三)选择筵席菜品

明确了整桌筵席所用菜品的种类、每类菜品的数量、各类菜品的大致规格后,接下来就要确定整桌筵席所要选用的菜点了。筵席菜品的选择,应以筵席菜单的编制原则为前提,还要分清主次详略、讲究轻重缓急。一般来说,第一步要考虑宾主的要求,凡答应安排的菜点,都要安排进去,使之醒目。第二步要考虑最能显现筵席主题的菜点,以展示筵席特色。第三步要考虑饮食民俗,当地同类酒席的习用菜点,要尽量排上,以显示地方风情。第四步要考虑筵席中的核心菜点,如头菜、座汤等,它们是整桌筵席的主角,与筵席的规格、主题及风味特色等联系紧密,没有它们,筵席就不能纲举目张,枝干分明。这些菜点一经确立,其他配套菜点便可相应安排。第五步要发挥主厨所长,推出拿手菜点,或亮出本店的名菜、名点、名小吃。与此同时,特异餐具也可作为选择对象,借以提高知名度。第六步要考虑时令原料,排进刚上市的土特原料,更能突出筵席的季节特征。第七步要考虑货源供应情况,安排一些价廉物美而又便于调配花色品种的原料,以便于平衡筵席成本。第八步要考虑荤素菜肴的比例,无论是调配营养、调节口感还是控制筵席成本,都不可忽视素菜的安排,一定要让素菜保持合理的比例。第九步要考虑汤羹菜的配置,注重整桌菜品的干稀搭配。第十步要考虑菜点的协调关系,以菜肴为主,点心为辅,互为依存,相互辉映。

(四)合理排列筵席菜品

筵席菜品选出之后,还须根据筵席的结构,参照所订筵席的售价,进行合理筛选或补充,使整桌菜点在数量和质量上与预期的目标趋近一致。待所选的菜品确定后,再按照筵席的上菜顺序将其逐一排列,便可形成一套完整的筵席菜单。

菜品的筛选或补充,主要看所用菜点是否符合办宴的目的与要求,所用原料是否搭配合理,整个席面是否富于变化,质价是否相称,等等。对于不太理想的菜点,要及时掉换,重复多余的部分,应坚决删去。

现今餐饮业的部分管理人员、服务人员及少数主厨编制筵席菜单,喜欢借用本店或同类酒店的套宴菜单,从中替换部分菜品,使得整桌筵席的销售价格与定价基本一致。这种借鉴的方式虽然简便省事,但一定要注意菜品的排列与组合。整桌菜点在数量、质量及特色风味上一定要与预期的目标趋近一致。

（五）编排菜单样式

设计筵席菜单不仅强调菜品选配排列的内在美,也很注重菜目编排样式的形式美。

编排菜单的样式,其总体原则是醒目分明,字体规范,易于识读,匀称美观。

中餐筵席菜单中的菜目有横排和竖排两种。竖排有古朴典雅的韵味,横排更适应现代人的识读习惯。菜单字体与大小要合适,让人在一定的视读距离内,一览无余,看起来疏朗开放,整齐美观。要特别注意字体风格、菜单风格、宴会风格三者之间的统一。例如,扬州迎宾馆宴会菜单封面、封底是扬州出土的汉瓦当图案的底纹,这和汉代宫殿风格的建筑相匹配,更契合扬州自汉代开始便兴盛发达、名扬天下的悠久历史。菜单内面上的菜名字体选用的是隶书,因为隶体书法比电脑打印的隶体更显典雅珍贵,三种风格以一种完美的审美形式统一起来了。

附外文对照的筵席菜单,要注意外文字体及大小、字母大小写、斜体的应用、浓淡粗细的不同变化。其一般视读规律是:小写字母比大写字母易于辨认,斜体适合于强调部分,阅读正体和小写字母眼睛不易疲劳。

此外,在筵席菜单上可以注明饭店（餐馆）名称、地址、预订电话等信息,以便进一步推销筵席,提醒客人再度光临。

（六）菜单附加说明

有的筵席菜单,除了正式的菜单外,还有"附加说明"。"附加说明"并非多余冗赘,而是对筵席菜单的补充和完善。它可以增强席单的实用性,充分发挥其指导作用。筵席菜单的"附加说明",包含如下内容:①介绍筵席的风味特色、适用季节和适用场合。②介绍筵席的规格、宴会主题和办宴目的。③分类列出所用的烹饪原料和餐具,为操办筵席做好准备。④介绍席单出处及有关的掌故传闻。⑤介绍特殊菜点的制作要领以及整桌筵席的具体要求。

三、菜单设计后的检查

筵席菜单设计完成后,需要进行全面检查。检查分两个方面:一是对设计内容的检查,二是对设计形式的检查。

(一)筵席菜单设计内容的检查

(1)是否与宴会主题相符合。

(2)是否与价格标准或档次相一致。

(3)是否满足了顾客的具体要求。

(4)菜点数量的安排是否合理。

(5)风味特色和季节性是否鲜明。

(6)菜品间的搭配是否体现了多样化的要求。

(7)整桌菜点是否体现了合理膳食的营养要求。

(8)是否突现了设计者的技术专长。

(9)烹饪原料是否能保障供应,是否便于烹调操作和接待服务。

(10)是否符合当地的饮食民俗,是否显示地方风情。

(二)筵席菜单设计形式的检查

(1)菜目编排顺序是否合理。

(2)编排样式是否布局合理、醒目分明、整齐美观。

(3)是否和宴会菜单的装帧、艺术风格相一致,是否和宴会厅风格相一致。

在检查过程中,如果发现有问题要及时改正过来,发现遗漏的要及时补充,以保证筵席菜单设计质量的完美。如果是固定式筵席菜单,设计完成后即直接用于宴会经营;如果是为某个社交聚会设计的专供性筵席菜单,设计后,一定要让顾客过目,征求意见,得到顾客认可;如果是政府指令性筵席菜单设计,要得到有关领导的同意。

任务四　筵席菜单设计的注意事项

一、一般情况下的注意事项

(1)筵席菜品的原材料应选用市场上易于采购的原料。

(2)选用易于储存、易于烹调加工且质量能够保持的原料。

(3)筵席菜单所涉及的原料要能保持和提高菜品质量水准。

(4)选用物美价廉且有多种利用价值的原料。

(5)所选的原料对人体健康无毒无害,不存在安全卫生问题。

(6)不选用质量不易控制或不便于操作的菜品。

(7)不选用顾客忌食的食物,不选用绝大多数人不喜欢的菜品。

(8)不选用利润率过低的菜品,不选用重复性的菜品。

(9)慎用色彩晦暗、形状恐怖的菜品,慎用含油量太大的菜品。

(10)不选用有损饭店利益与形象的菜品。

二、其他情况下的注意事项

(一)不同规格的筵席菜单设计应注意的事项

(1)在筵席菜品设计前要清楚地知道所要设计的筵席标准。

(2)准确地掌握不同部分菜品在整个筵席菜品成本中所占的比例。

(3)准确掌握每一道菜品的成本与售价,清楚地知道它们适用于何种规格档次、何种类型的筵席。

(4)合理地把握筵席规格与菜肴质量的关系。

(5)高规格的筵席中可适当穿插做工考究、品位高、形制好的工艺造型菜。

(二)不同季节的筵席菜单设计应注意的事项

(1)熟悉不同季节的应时原料,知道这些原料上市下市的时间以及价格的涨跌规律。

(2)了解应时原料适合制作的菜品,掌握应时应季菜品的制作方法。

(3)根据时令菜的价格及特性,将其组合到不同规格、不同类型的筵席菜单中。

(4)准确把握不同季节里人们的味觉变化规律,味的调配要顺应季节变化。了解人们在不同季节由于味觉变化带来的对菜品色彩选择的倾向性。

(5)了解人们在不同季节对菜品温度感觉的适应性。一般而言,夏季应增加有凉爽感的菜品;冬季应增加砂锅、煲类、火锅之类有温暖感的菜品。

(三)受风俗习惯影响时,筵席菜单设计应注意的事项

(1)了解并掌握本地区人们的饮食风俗、饮食习惯、饮食喜好。

(2)掌握不同性质筵席菜品应用的特定需要与忌讳。

（3）了解不同地区、不同民族、不同国家人们的饮食风俗习惯和饮食禁忌，有针对性地设计筵席菜品。

（四）接待不同饮宴对象时，筵席菜单设计应注意的事项

（1）接受筵席任务前，要了解宴饮对象的年龄、性别、职业、地域等，选择与之相适应的菜品组合方式和策略。

（2）了解宴饮对象的饮食风俗习惯、生活特点、饮食喜好与饮食禁忌，选择与之相适应的特色菜品。

（3）正确处理好饮宴对象共同喜好与特殊喜好之间的关系。

（4）了解筵席举办者的目的要求和价值取向，并把它落实到筵席菜品设计中。

实训演练题

一、多项选择题

1. 筵席菜单设计首先应确立的核心目标是（　　）。

A. 筵席接待标准　　　　　　　　B. 筵席主题

C. 筵席特色风味　　　　　　　　D. 筵席适宜的节令

2. 筵席菜单可按多种方式分类。下列分类体系正确的是（　　）。

A. 固定式筵席菜单、专供性筵席菜单、点菜式筵席菜单

B. 提纲式菜单、表格式菜单、点菜式菜单

C. 中式宴席菜单、西式宴席菜单、中西结合式宴席菜单

D. 分餐制宴席菜单、餐桌服务式宴席菜单

3. 设计筵席菜单，总的指导思想是（　　）。

A. 科学合理　　　　　　　　　　B. 整体协调

C. 丰俭适度　　　　　　　　　　D. 确保盈利

4. 关于筵席菜单设计的基本原则，下列选项观点正确的是（　　）。

A. 按需配菜，考虑制约因素　　　B. 随价配菜，讲究品种调配

C. 因人配菜，迎合宾主嗜好　　　D. 应时配菜，突出名特物产

5. 菜单设计之前调查的内容主要包括（　　）。

A. 宴会性质、筵席主题　　　　　B. 筵席接待标准及规模

C. 筵席特色风味及就餐形式　　　D. 宾客尤其是主宾的相关要求

6. 筵席菜单"附加说明"所包含的内容主要有（　　）。

A. 筵席的风味特色、适用季节和适用场合

B. 筵席的规格、宴会主题和办宴目的

C. 筵席所需的烹饪原料和主要餐具

D. 筵席制作的相关安排及具体要求

7. 关于筵席菜单样式的编排,下列选项观点正确的是( )。

A. 菜单样式的编排原则是醒目分明,字体规范,易于识读,匀称美观

B. 筵席菜单的字体与大小要疏朗开放,整齐美观

C. 筵席菜单要特别注意字体风格、菜单风格、宴会风格的协调统一

D. 筵席菜单上不能注明饭店(餐馆)名称、地址、预订电话等信息

8. 关于筵席菜单设计内容的检查,下列选项观点正确的是( )。

A. 是否与宴会主题相符合,是否体现接待标准

B. 是否满足了顾客的具体要求,是否突现了制作者的技术专长

C. 菜品的搭配是否体现多样化要求,是否体现合理膳食的要求

D. 是否符合当地的饮食民俗,是否显示特色风情

9. 原料选用是菜单设计的重要依据。下列选项观点正确的是( )。

A. 筵席菜品的原材料应选用市场上易于采购的原料

B. 适量选用利润率过低的菜品,适量选用禁食的原料

C. 选用物美价廉且有多种利用价值的原料

D. 所选的原料对人体健康无毒无害

10. 接待不同饮宴对象,筵席菜单设计应该注意的事项为( )。

A. 了解宴饮对象,选择与之相适应的菜品组合方式和策略

B. 了解宴饮对象的风俗习惯、饮食喜好与禁忌,选择相关特色菜品

C. 正确处理好饮宴对象共同喜好与特殊喜好之间的关系

D. 了解筵席举办者的目的要求和价值取向,使之落实到菜单设计中

二、综合应用题

请根据顾客要求,设计一份专供性的标准化筵席菜单:

(1)筵席主题:谢师宴或迎送宴;

(2)接待标准:1180 元/桌(共 8 桌);

(3)地方风味:齐鲁风味或苏扬风味;

(4)设宴时间:8 月下旬;

(5)特别要求:筵席菜品数量 18 道,冷菜选用什锦拼盘,体现当时民风食俗,菜式要求清淡素雅,忌用畜肉内脏、回避奇珍异馔;

(6)菜单形式:标准化筵席菜单。

项目八　中式宴会席菜单设计

中式筵席品目众多，体系纷繁，主要由宴会席和便餐席所构成。宴会席是我国民族形式的正宗筵席，根据其性质和主题的不同，可细分为公务宴（包含国宴）、商务宴和亲情宴等类型。掌握此类筵席的菜单设计要求，吸收相关菜单设计精髓，有助于提高经营者的菜单设计水平，有助于提升餐饮企业的经营管理层次。

任务一　公务宴菜单设计

一、公务宴菜单设计要求

公务宴，是指政府部门、事业单位、社会团体以及其他非营利性机构或组织因交流合作、庆功庆典、祝贺纪念等有关重大公务事项接待国内外宾客而举行的餐桌服务式筵席。这类筵席的主题与公务活动有关，一般都有明确的接待方案、既定的接待标准。筵席的主持人与参与者多以公务人员的身份出现，筵席的环境布置、菜单设计、接待仪程、服务礼节要求与筵席的主题相协调，宴饮的接待规格一定要与宾主双方的身份相一致。它注重宴饮环境，强调接待规程，重视筵宴风味，讲究菜品质量，公务特色鲜明，气氛热烈庄重，多由指定的接待部门来完成，深受社会各界关注。

根据筵席主题、宴会性质及接待标准的不同，公务宴又有国宴、专宴、外事宴及其他主题宴会之分。这类筵席的菜单设计一般都很周全，筵席的公务性质要求筵席的接待规格一定要与宾主双方的身份一致，一定要符合宴会主办方所规定的接待标准。菜品的选用应遵循筵席菜单设计的一般原则，特别要注意宾主双方的饮食习俗。针对主题公务宴会，还需结合不同的宴会主题进行菜单设计。

二、公务宴菜单设计实例

(一)国宴菜单设计

国宴,是国家元首或政府首脑为国家重大庆典,或为外国元首、政府首脑到访以国家名义举行的最高规格的公务宴会。国宴的政治性较强,礼节仪程庄重,筵席环境典雅,宴饮气氛热烈。根据宴会主题的不同,国宴有欢迎宴会、送别宴会、国庆招待会、新年招待会、主题公务宴会等类型,以中式宴会席居多。国宴的设宴地点往往是根据接待对象、接待场所及宴饮规模而定。在我国,北京人民大会堂经常承办大中型国宴,钓鱼台国宾馆一般承办小型国宴。此外,各省省会和著名风景区内亦有设备一流的迎宾馆,如上海的西郊宾馆、西安的丈八沟宾馆、武汉的东湖宾馆、长沙的蓉园宾馆,也可接待国内外首脑政要和社会名流。

国宴成功与否在很大程度上取决于菜单设计与菜点制作。国宴菜单须依据宴会标准与规模,主宾的宗教信仰和饮食嗜好,以及时令季节、营养要求及进餐习俗等因素综合设计与科学调配。国宴所用菜品的规格档次不一定很高,但其菜单设计、菜品制作和接待服务都要符合最高规格的礼仪要求。我国目前的国宴菜单通常是以中餐为主,西餐为辅;菜品的数量精练,主要突出热菜,另加适量的冷菜、水果和点心,常配置茅台酒、绍兴加饭酒、青岛啤酒或优质矿泉水等;中西餐具并用,实行分餐制,进餐时间一般控制在 1 小时以内。

例 1,宴请美国总统尼克松的国宴菜单

1972 年 2 月,美国总统尼克松和国务卿基辛格访华,中美正式建立外交关系。周恩来总理在人民大会堂举办国宴隆重招待,其筵席菜单如下:

冷盘:黄瓜拌西红柿、盐焗鸡、素火腿、酥鲫鱼、菠萝鸭片、广东腊肉、腊鸡腊肠、三色蛋。

热菜:芙蓉竹荪汤、三丝鱼翅、两吃大虾、草菇芥菜、椰子蒸鸡、杏仁酪。

点心:豌豆黄、炸春卷、梅花饺、炸年糕、面包、黄油、什锦炒饭。

水果:哈密瓜、橘子。

例 2,宴请英国首相梅杰的国宴菜单

1991 年 9 月,英国新任首相梅杰应邀访华,国务院总理李鹏在钓鱼台国宾馆设宴招待。筵席按照国宴最高规格编排,以中菜为主,西菜为辅,并注意照顾梅杰首相的饮食嗜好,共上主菜 5 道、小菜 5 道、点心和水果 5 道,清新悦目、高雅大方。

主菜:鸡吞群翅、烤酿螃蟹、鲜菇烩湘莲、纸包鳟鱼、推纱望月汤。

小菜：炮绿菜薹、紫菜生沙拉、凉拌苦瓜、炸薄荷叶、樱桃萝卜。

点心、水果：豆面团、炸馓子、汤圆核桃露、新疆哈密瓜

(二)专宴菜单设计

专宴，亦称公宴、专席，是驻外使馆、地方政府、事业单位、社会团体、科研院所或一些知名人士牵头举办的正式宴会，多用于接待国内外贵宾、签订协议、酬谢专家、联络友情、庆功颁赏或重大活动。专宴的规格低于国宴，但仍注重礼仪，讲究格局；同时由于它形式较为灵活，场所没有太多限制，规模一般不大，更便于开展公关活动，因而在社会上很受欢迎。

专宴的形式多种多样，可用于使团的外事活动、政界的交往酬酢、社会名流的公益活动、国际会议的接待安排。承办场地可以是星级宾馆、酒楼饭店，还可以是军营、寺庙乃至家庭，桌次可多可少，规格可高可低。

设计专宴菜单，最为注重的是明确办宴目的，突出宴会主题。既要体现宴会席菜单设计的一般规则，又要符合"专人、专事、专办"的具体设计要求；既要按需配菜，迎合主宾嗜好，又要符合接待要求，体现接待规格。

例1，接待日本"豪华中国料理研制品尝团"的专宴菜单

1987年5月，日本主妇之友社组织的"豪华中国料理研制品尝团"应邀抵达四川。川菜大师曾亚光领衔主理，调制了一桌高档川式筵席供客人鉴尝，其筵席菜单如下：

彩盘：一衣带水。

单碟：椒麻鸭舌、米熏仔鸡、盐水鲜虾、豉汁兔片、鱼香青圆、怪味桃仁、麻辣豆鱼、糟醉螺片。

热菜：家常甲鱼、叉烧乳猪(带银丝奶卷、双麻酥饼)、清汤蜇蟹(带豆芽煎饼)、干烧岩鲤、樟茶仔鹅(带荷叶软饼)、太白嫩鸭、蚕豆酥泥、川贝雪梨(带酥脆麻花)、瓜中藏珍、虫草全鸭。

饭菜：满山红翠、醋熘黄瓜、香油银芽、麻婆豆腐。

小吃：红糖凉糕、冲冲米糕、鸡汁锅贴、虾茸玉兔。

时果：江津广柑。

本筵席的主要特色如下：一是巧妙使用禽畜鱼鲜蔬果等常见物料，调制出30余款巴蜀风味名菜；二是集中展现了川菜小煎、小炒、干烧、干煸的独特技法，给日本客人呈现出20多种复合味型；三是席点工巧精细，小吃别具一格，有着浓郁的平民饮膳风情。

例2，汪道涵宴请辜振甫的专宴菜单

1993年4月27日，大陆海协会会长汪道涵和台湾海基会董事长辜振甫分别率团在新加坡海皇大厦举行历史性的"汪辜会谈"。当晚，参加会谈的20名

代表出席了汪道涵夫妇宴请辜振甫夫妇的盛宴。

该筵席在新加坡商业中心区的董宫酒楼举行,佳肴共计 9 道,菜名前后串联起来,恰如一幅团结友爱、吉庆祥瑞的亲情画面:

情同手足(乳猪鳝片)

琵琶琴瑟(琵琶雪蛤膏)

喜庆团圆(董园鲍翅)

万寿无疆(木瓜素菜)

三元齐集(三色海鲜)

兄弟之谊(荷叶香稻饭)

夜语华堂(官燕炖双皮奶)

龙族一脉(乳酪龙虾)

与宴者对这次历史性会谈之余的晚宴感触颇深,感到宴席满含海峡两岸血浓于水的手足深情,纷纷在菜单上签名留念。

(三)其他公务宴菜单设计

除国宴、专宴之外,还有其他多种形式的公务宴会。如外事活动类宴会、会务接待类宴会、节日庆典类宴会、总结表彰类宴会、巡视指导类宴会、监审统计类宴会、公务应酬类宴会、公益慈善活动类宴会等。

关于公务宴的设计,有资深业内人士总结道:要做好公务宴会设计,首先是要"准"。所谓准,就是要准确把握每次宴饮活动的办宴目的和接待标准,做到有的放矢。设计菜单时,要分析与会人员的群体特征,实施不同的设计策略。只有宴会设计的格调相宜,才会达到应有的效果。其次是要"博"。所谓"博",就是要多多积累与宴会设计相关的各种素材,提升设计者的审美能力和创新能力。只有清楚理解和完全把握各种设计元素,在实施创意设计时,才会胸有成竹、得心应手。最后是要"精"。所谓"精",就是要注意每一设计细节,精雕细琢,打造出宴会设计精品。特别是主题宴会的设计,如能做到"因情造景,借景生情",其宴饮接待一定能产生理想的效果。

例 1,上海 APEC 会议菜单鉴赏

2001 年 10 月 21 日,亚太经济合作组织(APEC)第九次领导人非正式会议在中国上海举行。宴会举办方精心设计了一份较为完美的公务宴菜单。本筵席所用的原料虽是常见的鸡、鸭、鱼、虾、蟹、蔬、果等,但烹制出的菜品道道都让客人赞不绝口;菜肴的命名更是文化意境深邃,菜品依次排列,竟巧妙地展现出宴会的主题——"相互依存,共同繁荣"。

1. 2001 年中国上海 APEC 会议宴会菜单

相辅天地蟠龙腾（迎宾龙虾冷盘）

互助互惠相得欢（翡翠鸡茸珍羹）

依山傍水鳌匡盈（炒虾仁蟹黄斗）

存抚伙伴年丰余（香煎鳕鱼松茸）

共襄盛举春江暖（锦江品牌烤鸭）

同气同怀庆联袂（上海风味细点）

繁荣经济万里红（天鹅鲜果冰盅）

2. 菜单设计思路

根据会议主办方的要求，结合本次宴会主题，本菜单设计要将工作午餐按照超国宴的标准来操办，既不用高档原料（鱼翅、海参、鲍鱼、燕窝等慎用），又不安排猪肉和牛肉等食材（避免触犯宗教禁忌），以绿色食品为主体。要利用精美的装盆艺术来显现其豪华高档，用精湛的烹饪技艺来展现中华饮食文化的精髓，来体现海派文化接纳四方的精神。

由于贵宾来自不同国家和地区，有各自不同的口味要求和嗜好，因此，筵席菜式的安排要求按照中菜西吃的方法进行设计，菜肴的制作采用纯中菜的制法，上菜方式、菜单结构等按西式宴会的要求（冷盘、汤、热头盘、家禽、主菜、甜品、水果）排列，以此体现中国传统文化与世界优秀文化的完美融合。

除安排上述菜品外，每位客人另配 4 味碟：各吃黑鱼子酱、糖醋三椒、琉璃橄仁肉、瑶柱辣椒酱。面包、黄油、鹅肝酱分放在小盅、味碟中，主要起开胃作用。各吃的安排是方便客人取用，方便服务人员宴前服务。

3. 筵席菜品鉴赏

迎宾龙虾冷盘：第一个高潮掀起在客人入席之初。宾客入座后映入眼帘的是经厨师精心雕刻的龙形南瓜罩，其底层是古钱币图案，中层是中国民间传统的双龙拱寿图案，上层是 20 多条形态各异的腾龙。栩栩如生的造型，寓意各国主要领导人为了经济的发展而聚在一起，为了社会的富裕而共商大计。打开瓜盖，是由 1000 克左右深海龙虾所制的，配有特制的含有芥末的调味酱，适合西方人的口味，边上配以上海特色豆瓣酥、茭白、糖醋萝卜圈的特色冷盘，令人食欲大振。

翡翠鸡蓉珍羹：高汤配以野生荠菜汁加上鸡茸，按传统淮扬菜鸡粥工艺的做法，经改良后而成，香滑可口。为了达到鲜美、滑溜、喷香、烫口的效果，在制作工艺上进行了改良，使用了 20 多种食材，用西菜的烧汤制成了中式的粥。这一款老菜新做的创新菜在餐桌上得到了各国领导人的特别青睐。

炒虾仁蟹黄斗：十月正是螃蟹当令时节，用阳澄湖大闸蟹的肉、蟹膏熬制成蟹油,与高邮湖的虾仁同炒,体现了上海菜的特色风味。蟹肉鲜美,虾仁滑嫩而有弹性;选用应时当令的菜品,是本次宴会的亮点之一。

香煎鳕鱼松茸:选用深海鳕鱼,用数种酱汁腌制后以文火扒烤成熟,配以菌皇松茸橄榄菜,能适应东西方客人的口味,此菜为本宴会的副菜。

锦江品牌烤鸭:锦江烤鸭经过50多年的精炼,已成为国家元首访问上海的传统品牌菜。此菜肥而不腻,入口酥嫩,配以特制的面酱和京葱、黄瓜条,经厨师现场片鸭,营造了热烈的气氛。主菜的现场操作与法式服务的方式不谋而合,掀起了宴会的第二高潮。

上海风味细点:造型美观的巧克力慕司与薄脆饼,体现出中西饮食文化的完美结合。

天鹅鲜果冰盅:果盅是用冰雕凿而成的小天鹅,冰天鹅盅内放着哈密瓜、葡萄等新鲜水果,底座还亮起用纽扣电源发电的蓝色灯光,如此精致的手工艺品,又一次聚焦了所有人的目光,为午餐平添了新的情调,将宴会推向最后一个"高潮",同时,与头道闪亮登场的南瓜雕首尾呼应,为此宴会添上了精彩的句号。

4. 宴会文化意境分析

本次宴会的最大特色是菜名的文化底蕴深邃,菜品的排列突出了宴会主题,体现了 APEC 会议的宗旨和目标。

相辅天地蟠龙腾:《周易·泰》"辅相天地之宜",指相互辅佐以办天下大事。"蟠龙腾"指龙腾升,尤指中华龙腾升,气势万千,龙虾喻蟠龙。

互助互惠相得欢:《尚书·说命》"若作和羹,尔惟盐梅",喻举办地区经济合作大事如作和羹,必须依从互助互惠的合作原则。

依山傍水螯匡盈:喻亚太地区,大好山河,地利人和,特产充沛。螯匡,蟹斗别称,盈即丰盈肥满。

存抚伙伴年丰余:《汉书》"存抚其孤弱","存抚"指关心爱抚,引申为参与世界经济发展的良好贸易伙伴关系。鱼喻年年丰收有余。

共襄盛举春江暖:苏轼《惠崇春江晚景》诗云:"竹外桃花三两枝,春水暖鸭先知",即用鸭子喻春江水暖。

同气同怀庆联袂:《周易·乾》"同声相应,同气相求",同气指气质相同。贾至《闲居秋怀》"我有同怀友,各在天一方",同怀指同心。

繁荣经济万里红:江泽民《登黄山偶感》诗云:"且持梦笔书奇景,日破云涛万里红",喻示亚太人民繁荣、健康和幸福生活的美好前景。

例2,校园接待宴菜单

校园接待宴,即校园接待筵席,主要是指教学单位、科研院所因教学科研、学术研讨、合作交流、欢庆纪念等有关事务在校园里举办的公务筵席。

校园接待筵席的成功举办,受多种因素的影响和制约。其中,筵席的餐前沟通与策划非常重要。餐前沟通主要是了解和掌握与宴请活动有关的具体情况,它是筵席策划、菜单设计、筵宴制作和接待服务的基础。在充分调查的基础上,要对获得的信息材料加以分析研究。分析研究的过程是明确设计目标、掌握设计依据的过程,它能为筵席的策划定下基调。筵席策划者必须高度重视所有的信息资源,真正把握所有的接待细节;在掌握了充分信息的基础上,再进行筵席筹划工作。

筵席的策划必须服务于宴会的主题,必须突出接待的重点。校园接待筵席的主题必须与来宾团体的气质相协调,必须与主办院校的特色相一致。良好的策划必须展现筵席的特色、体现筵席的个性。这就需要在环境布置、餐室美化、菜单设计、烹饪风格、服务礼节和接待仪程上下足功夫;需要充分利用策划者敏锐的思考力和丰富的想象力。有时,别出心裁的策划工作可以起到超乎寻常的设计效果。

在校园接待筵席的策划过程中,无论是贵宾接待还是一般接待,首先要明确的是宴会主题和接待重点;其次是环境布局、礼节仪程、筹办经费、筵席菜单、人力资源、工作程序的策划;最后才是细化的接待方案。接待方案一经确定,全体工作人员必须认真执行。

筵席菜单设计是接待策划工作必不可少的组成部分。设计校园接待筵席菜单,既要遵守筵席菜单设计的基本原则,还需注意遵循具体设计程序和方法。通常可按照确定菜单设计的核心目标、确定筵席菜品的构成模式、选择筵席菜品、合理排列筵席菜品及编排菜单样式等 5 个步骤分步进行。

下面是华中地区某高校后勤部门 2012 年元月设计的一份接待宴菜单,可供赏鉴。

华中地区某高校校园接待宴菜单

透味凉菜

  手撕爽口鳜鱼   笋瓜醋拌蜇皮

  五香糖醋熏鱼   金钩翡翠菠菜

特色大菜

  奶汤野生甲鱼   云腿芙蓉鸡片

  砂煲黄陂三合   蟹味双黄鱼片

  软炸芝麻藕元   原烧石首鲴鱼

  芦笋蚝油香菇   腊肉红山菜薹

精美靓汤

  孝感太极米酒   瓦罐萝卜牛尾

美点双辉

  老谦记炒豆丝   五芳斋煮汤圆

时令茶果

  时果大拼盘   恩施富硒茶

任务二　商务宴菜单设计

一、商务宴菜单设计要求

商务宴,主要是指各类企业和营利性机构或组织为了一定的商务目的而举行的餐桌服务式筵席,如商务策划类筵席、开张志庆类筵席、招商引资类筵席、商务酬酢类筵席、行帮协会类筵席、酬谢客户类筵席,以及其他各类主题商务筵席等。商务宴请的目的十分广泛,可以是各企业或组织之间为了建立业务关系、增进了解或达成某种协议而举办;可以是企业或组织与个人之间为了交流商业信息、加强沟通与合作或达成某种共识而进行;也可以是企业、组织或个人之间通过宴会来加强感情交流,获取商务信息,消除某些误会,酬劳答谢相关人员,相互达成某种共识。随着我国对外开放程度的加强、市场经济的确立,商务宴会在社会经济交往中日益频繁,商务筵席亦成为餐饮企业的主营业务之一。

设计商务筵席,涉及主题策划、环境布置、接待仪程、服务礼仪、菜单设计、菜品制作等多个方面,必须体现一定的主题思想、民族特色、文化要素和艺术效果。首先,商务宴经常和商务谈判同时进行,宴会的参加者大多是一些文化层次较高、餐饮经验丰富、烹饪审美能力较强的人士。作为东道主来说,为了商务活动的成功,在预定筵席时往往愿意多花一些钱财,以便扩大本企业的影响。这样,宾馆、酒店必须提供一流的设施、一流的饭菜和一流的服务,否则就很难满足这种高消费的需求。其次,从商者都有一种趋吉避凶的心态,追求好的口彩,期盼"生意兴隆通四海,财源茂盛达三江"。所以承接此类筵席,要更为注意商业心理学、市场营销学和公共关系学的运用,着意营造一种"和气生财"、"大发大旺"的环境气氛,在菜单的编排和菜名的修饰上多下一些功夫。具体说来,应从如下几个方面多作考虑:

(1)策划商务宴会时,应根据时代风尚、消费导向、地方风格、客源需求、时令季节、人文风貌、菜品特色等因素,选定某一主题作为宴会活动的中心内容,然后依照主题特色去设计菜单。

（2）设计商务宴菜单，要尽量了解宴饮双方的生活情趣和饮食嗜好，在环境布置、菜品选择、菜肴命名、宴饮接待上投其所好，避其所忌，使商务洽谈在良好的气氛与环境中进行。

（3）商务宴请的目的和性质决定了筵席的礼节仪程、上菜节奏与其他普通筵席有所不同。宾主之间往往是在较为和谐的气氛里边吃边洽谈，客观上要求菜单设计者掌握好菜品数量、安排好排菜格局，控制好上菜节奏。

（4）商务宴会的接待规格相对较高，筵席格局较为讲究，菜品调排注重程式，菜肴命名含蓄雅致。因此，设计商务宴菜单，应在注重菜品内容设计的同时，突出菜单的外形设计，特别是菜品命名的文化性，可促使整个宴会气氛和谐而又热烈。

（5）设计主题商务宴时，要求宴会主题鲜明，宴饮风格独特，借以提升市场人气。其菜单设计、菜品命名都应围绕筵席主题这个中心展开，切不可凭空捏造，设计一些名不符实的应景之作，给人牵强附会之感。

二、商务宴菜单设计实例

（一）传统商务宴菜单

例1，华北地区商业开业宴菜单

一看盘：彩灯高悬（瓜雕造型）

四凉菜：囊藏锦绣（什锦肚丝） 　　　　抬金进银（胡萝卜拌绿豆芽）

　　　　童叟无欺（猴头菇拼香椿） 　　　　一帆风顺（西红柿酿卤猪耳）

八热菜：开市大吉（炸瓢加吉鱼） 　　　　万宝献主（双色鸽蛋酿全鸡）

　　　　地利人和（虾仁炒南荠） 　　　　顺应天意（天花菌烩薏仁米）

　　　　高邻扶持（菱角烧鸭心） 　　　　勤能生财（芹菜财鱼片）

　　　　贵在至诚（鳜鱼丁橙杯） 　　　　足食丰衣（干贝烧石衣）

一座汤：众星捧月（川菜推纱望月）

二饭点：货通八路（南味八宝甜饭） 　　　　千云祥集（北味千层酥）

例2，西南地区盐场商务宴菜单

冷菜：糟醉鸡片、葱烧鲫鱼、龙须牛肉、菊花脆肚、姜汁鸭掌、桂花鸭卷、陈皮仔鸡、糖醋蜇丝、卤汁桃仁、盐水笋尖、松花皮蛋、金勾玉牌、三丝发卷。

热菜：鸽蛋燕菜、烤奶猪、莲花鲜鲍、红烧熊掌、虫草鸭舌、干贝竹荪、家常甲鱼、干煸鸽脯、蟹黄八南丝瓜、宫保田鸡腿、子荪什锦银耳羹、枸杞鸡鸭丝汤。

小吃：虾仁烧麦、缠丝牛肉焦饼、豆沙米头、萝卜丝饼、鸡丝银丝面、珍珠蟹黄包、鸡丝抄手。

饭菜:素烧葵菜、虾米芹黄、炝炒银芽、四镶泡菜。

水果:云南菠萝、泸州桂圆、内江金钱橘、内江蜜樱桃。

例3,华中地区商务酬酢筵席菜单

一彩碟:运筹帷幄(亭台楼阁造型)

四围碟:集思广益(凉拌三丝)

　　　　打火求财(火腿丝、发菜等制作)

　　　　冰心玉洁(海蜇、鸡茸、蛋清制)

　　　　天合之作(太极图形)

六热菜:喜逢机遇(鸭掌与鸡片制)

　　　　庐山寻珍(石鸡、石鱼、石耳合制)

　　　　心花怒放(鸭心、笋片、菱角制)

　　　　豪气干云(油爆鲜蛎)

　　　　囊括宇内(海鲜口袋豆腐)

　　　　各显神通(海八珍炖盆)

二面点:酬酢面卷(网油花卷)

　　　　三白米饭(清蒸香稻)

二水果:什锦果拼(名贵水果拼盘)

例4,华南地区商务宴请传统风味筵席菜单

　　　　南海晨航景

　　　　八珍烩海参

　　　　上汤焗花雀

　　　　四式片皮鸭

　　　　碧绿三拼鲈

　　　　蒜子珧柱脯

　　　　凤果田鸡腿

　　　　五彩山瑞丝

　　　　脆炸酿蟹钳

　　　　冰糖哈士蟆

　　　　广式四美点

　　　　应时鲜果拼

例5,华东地区生意兴隆商务宴

　　　　全珠满华堂(鸿运乳猪大拼盘)

　　　　发财大好市(发菜大蚝豉)

　　　　富贵金银盏(烧云腿拼三花象拔蚌)

凤凰大展翅（红烧鸡丝大生翅）

生财抱有余（福禄蚝皇鲜鲍片）

捷足占鳌头（清蒸海青斑）

彩雁报佳音（原盅枸杞炖蚬鸭）

红袍罩丹凤（梅子香蜜烧鸡）

生意庆兴隆（五色糯米饭）

随心可所欲（上汤煎粉果）

鸿运连翩至（汤团红豆沙）

双喜又临门（甜咸双美点）

说明：此类商务筵席，特别注重吉祥雅语。先用吉语命名，后加注解，既能欢悦情绪，又能说明筵宴概况。

（二）现代商务宴菜单设计

例1,赤壁怀古人文商务宴菜单

风云满天下（鸿运乳猪拼）

赤壁群英会（八色冷味拼）

跃马过檀溪（山珍海马盅）

三雄逐中原（珍珠帝王蟹）

凤雏锁连环（金陵脆皮鸽）

赋诗铜雀台（萝卜竹蛏王）

煮酒论英雄（酒香坛子肉）

豪饮白河水（清蒸江鲥鱼）

迎亲甘露寺（罗汉时素斋）

卧龙戏群儒（海参炖元鱼）

千里走单骑（韭黄炸春卷）

貂蝉拜明月（水晶荠菜饺）

桃花春满园（时令鲜果盘）

说明：本商务宴菜单系由华东地区某星级酒店设计的一份主题风味筵席菜单，筵席结构简练，文化背景深厚。菜单设计者能从文化的角度加深主题宴会的内涵，设计出的宴会菜单紧扣赤壁怀古人文商务这一主题。菜单的核心内容，即菜式品种的特色、品质能反映文化主题的饮食内涵和特征；菜及菜名围绕赤壁怀古这个中心而展开；菜品的选用考虑到宾主双方的饮食习俗，能迎合与宴人员的嗜好和情趣。随着我国市场经济的不断发展，这类主题商务宴会越来越受高级客商和文化名人的青睐。

例2,深圳豪门商务宴菜单

宫廷荤素八小碟(4荤碟、4素碟)

龙虾三文鱼刺身(仿日菜式)

弄堂响螺盏(取鲜活海螺肉制成)

官燕酿野山竹笋(全系野生精品)

顶汤窝天九翅(翅长30英寸,每份用料150克)

御前瓦罐鲍甫(用干身双头鲍制成)

海皇龙吐珠(大苏眉、金华火腿、蟹膏等制成)

古法龟鹿二仙(野山参、金钱龟、鹿筋、冬虫夏草、油椰壳制成)

一品玉扇金蔬(仿唐菜式)

晶莹金鱼饺(调制虾茸馅,制成金鱼状)

时果海鲜饭(进口牛油果、鱼、虾、蟹肉等炒米饭)

珍珠末哈士蟆龟苓膏(用珍珠粉、雪蛤膏、金钱龟等制成)

环球生果盘(精选世界各地珍异水果)

说明:本筵席属于超级豪华商务宴会。所用原料多为世界级的特产精品,品质精纯,价格名贵;菜品多系仿古名菜或工艺造型大菜,制作精细;菜肴命名典雅,盛器古朴名贵;环境优雅,服务一流;接待的对象多是港澳富商和内地巨贾。1992年深圳市龙都娱乐城推出此款高级商务筵席,每桌售价188888港元,六福(中国投资)集团在此举办商务宴会,包席5桌,连同酒水,耗资超过百万。

任务三　人生仪礼宴菜单设计

中式筵席由宴会席和便餐席所构成,宴会席可细分为公务宴、商务宴和亲情宴。亲情宴,主要是指以体现个体与个体之间情感交流为主题的餐桌服务式筵席。这类筵席的主办者和宴请对象均以私人身份出现,它以体现私人情感交流为目的,与公务和商务活动无关。由于人与人之间的情感交流十分复杂,涉及人们日常生活的各个方面,如亲朋相聚、接风洗尘、红白喜事、乔迁之喜、周年志庆、添丁祝寿、逢年过节等,人们常常借用筵席来表达各自的思想感情和精神寄托,因此,亲情筵席的主题十分丰富,常见的有婚庆宴、寿庆宴、丧葬宴、迎送宴、节日宴、纪念宴、乔迁宴、欢庆宴,等等。为突出重点,本章将对其中的人生仪礼宴和岁时节日宴作专门介绍。

一、人生仪礼宴菜单设计要求

人生仪礼宴,又称红白喜宴,是指城乡居民为其家庭成员举办诞生礼、成年礼、婚嫁礼、寿庆礼或丧葬礼时置办的民间亲情筵席。这是古代人生仪礼的继续和发展,一般都有告知亲朋、接受赠礼、举行仪式、酬谢宾客等程序,以前习惯在家中操办,现今多在酒店举行,其接待标准、礼节仪程和菜单设计要求各不相同。

1. 诞生宴

多在婴儿出世、满月或周岁时举行,赴宴者为至亲好友。它的主角是"小寿星",要求突出"长命百岁、富贵康宁"的主题。贺礼常是衣服、首饰、食品和玩具;筵席菜品重十,须配大蛋糕、长寿面、豆沙包和状元酒,忌讳"腰(其谐音夭)子",菜名要求吉祥和乐,充满喜庆气氛。

2. 成年宴

多在小孩上学、10 岁时举行,赴宴者除至亲好友外,还有孩子的伙伴。它的主角也是"小寿星",要求突出"光宗耀祖、后继有人"的主题。贺礼常是玩具、文具、衣物或现金;筵席菜品也须重十,须配什锦菜点、裱花蛋糕之类。这类礼宴忌讳"腰子",勿用"腰盘",多给小主人一些自由,让其尽情玩乐。

3. 婚庆宴

多在相亲、订婚、结婚时举行,赴宴者是亲友、街邻、同事、同学和介绍人。它的主角是新郎、新娘,要求突出"白头偕老、和乐美满"的主题。筵席排菜习用双数,最好是扣八、扣十,菜名要风光火爆,寄寓祝愿;餐具宜为红色、金色,用红桌布,配红色果酒。此类礼宴忌讳摔破餐具和饮具,不可上"梨"、"桔"(谐音离或寓意分)等果品,不可用"霸王别姬"、"三姑守节"等不祥菜名。

4. 寿庆宴

多在 60、70、80、90 大寿时举行,赴宴者多系亲友、街邻及儿孙,它的主角是"寿星",要求突出"老当益壮、福寿绵绵"的主题。贺礼常为衣物、食品、补品或花束;筵席上菜重九,寓"九九长寿"之意,菜点应当温软、易消化、多营养,须配长寿面、寿桃包、大蛋糕和银杏仁;不可上带"盅"(谐音终)字的菜和过多的"鱼"(谐音多余),避开民间忌讳。

5. 丧葬宴

包括长寿辞世、死时安祥的"吉丧"和短命夭亡、死得惨烈的"凶丧"。前者多称"白喜事",摆冥席,供清酒,宴宾客,收奠礼,比较热闹;后者一般不加张扬,匆匆安埋了结。丧葬宴的主角是"走进天国"的死者,要求突出"驾鹤西去、泽被子孙"的主题。筵席上菜重七,有"七星耀空"之说,少荤腥,忌白酒,用素色餐具,无猜拳行令等余兴。至于酬谢办丧人员,则须大鱼大肉,好酒好菜,这叫"冲晦",有去邪之意。丧葬宴如在酒店操办,服务员应着素色服装,保持肃静,以示哀悼。

二、人生仪礼宴菜单设计实例

(一)诞生礼筵席

三朝洗礼宴,又名"三朝礼宴"、"洗三礼宴"、"请三朝酒",是指汉族地区新生儿出生的第三天为其举办的盛大仪典和庆贺酒宴。主要包括庆贺祝福、"洗三"祝福及开奶见荤祝福等仪程。庆贺祝福是指前来祝贺的亲友都要备上礼品,有的还需将喜钱掷入盆中,以示"添盆";"洗三"祝福是指用草药浸泡的温水为婴儿洗去身上的污垢,并检查脐带剪痕,换利市衣为新衣。祝福仪程完成之后,便是举办酒宴,为婴儿"介襁"。宴客当天,还要将染红的鸡蛋分送给来宾及亲邻,名曰"吃三朝红蛋"。

关于三朝洗礼,古代的记述甚多,《金瓶梅词话》、《醒世姻缘》、《说岳全传》、《东京梦华录》等书均有记载。据传,宋代梅尧臣58岁喜得幼子洗三,欧阳修、范仲淹等皆作《洗儿诗》志贺;大腹便便的安禄山过生日时,为讨杨贵妃的欢心,竟身裹褓褓,让宫女们为其"洗三"。

现今的三朝洗礼宴,应视各地的风俗习惯而定。有些地区不设"三朝宴",专设"九朝宴"、"满月宴"、"百日宴"或"周岁宴",宴客的时间各不相同,但表达的心愿一致。下面是一份三朝宴菜单和一份百日宴菜单,可供鉴赏。

例1,老北京三朝洗礼宴菜单

六冷盘:卤口条、盐水鸭、凤尾鱼、拌三丝、糖汁骨、素鹅卷。

六热菜:烧海参、爆肚尖、炸斑鸠、香酥鸭、烩口蘑、熘全鱼。

二汤羹:冰糖莲、长命羹。

二点心:开花包、石榴饼。

一主食:洗三面

说明:按照北京传统的习俗,婴儿诞生的第3天,家长为之举办洗礼酒宴。三朝洗礼宴的仪程较多,最为重要的一项仪式是给婴儿洗澡,边洗边念吉言:先洗头,做王侯;后洗腰,一辈更比一辈高;洗洗蛋,做知县,洗洗沟,做知州。完成全部大礼之后,方可饮宴。洗三宴的规模与档次由各家的家境而定,低的8~10道,高的12~18道,菜肴多是中低层次。

例2,香港豪华百日宴菜单

　　　　富贵黄金猪

　　　　特级鲍粒酿响螺

　　　　松露菌香槟忌廉龙虾球

　　　　燕带蟹皇扒时蔬

　　　　红烧大鲍翅

　　　　辽参鲜鲍甫

　　　　当红炸子鸡

　　　　紫菜龙虾长寿面

　　　　高汤瑶柱灌汤饺

说明:这是香港某文化名人为其双胞胎女儿举办的"百日宴"菜单,开席十多桌,由于食材珍贵,每席价格已逾两万港元。

(二)成年礼筵席

人生的十岁,最是天真可爱的年龄,交织着梦想与宠爱,充满了无限的童真。望子成龙的父母们看到心爱的孩子现已成长为一名乐观向上、灵巧机智、孝敬长辈、品学兼优的学生,所给予的希望,所付出的辛劳,所享受的幸福,所承担的责任,全都沉淀在喜悦之中。定好生日宴会,请来亲朋好友,摆上生日蛋糕,点燃十支蜡烛,许下美好心愿。祝生日快乐,盼岁岁平安。

下面是2份成年礼十岁宴菜单,可供鉴赏。

例1,成年礼贺儿宴菜单

一看盘:鹰击长空(象生大冷拼)

四凉菜:拌文武笋(竹笋配莴苣)

　　　　笔扫千军(虾子炝香芹)

　　　　鹏程万里(鸡翅、鸭掌合烹)

　　　　母子四喜(烤鹌鹑配卤鹌蛋)

八热菜:望子成龙(虾子烧海参)

　　　　前程无量(飞龙鸟配黄蘑)

　　　　人中蛟龙(炸芝麻虾茸丸)

　　　　喜宴相庆(燕窝与喜鹊肉脯制作)

　　　　诗礼银杏(蜜汁银杏)

　　　　后羿射日(海参、鱼翅、鹑蛋制)

　　　　精卫填海(火腿等制成)

　　　　长命百岁(羊肥肠、羊散丹炖制)

一甜品:冰糖莲子(点缀山楂糕)

二面点:一品烧饼(外焦内香)

小笼蒸包(皮薄馅足)

一水果:状元苹果(山东状元红苹果)

说明:本席单是一份寓意丰富的男孩十岁宴菜单,具有华北地方风味。它表达了年轻父母盼望儿子识文懂礼、文武双全,长大后具有后羿射日、精卫填海的气概;能够展翅飞翔、搏击长空,成为人中蛟龙;能孝敬父母、报效祖国,为家族争光。

例2,成年礼贺女宴菜单

一看盘:凤穿牡丹(象生大冷拼)

四凉菜:素衣仙子(冬菇拼素鸡)

凤立花蕊(西兰花饰白鸡)

出水莲花(冰糖莲子)

莲碧荷红(莲藕等制成)

八热菜:掌上明珠(鸭掌、鸽蛋、高汤制成)

锦上添花(银耳、蟹黄、香菜制成)

仙下红尘(鲜菇、蟹肉等制成)

珠落玉盘(青豆、樱桃酿虾丸)

孔雀开屏(炒凤尾虾)

金蟾碾玉(冰糖蛤士蟆)

娇莺戏蝶(油炸鹌鹑映菜叶)

百鸟朝凤(五圆母鸡汤)

一甜品:茉莉银耳(甜羹)

二面点:翡翠烧麦(皮薄如纸,馅心碧绿)

红白牡丹(双色桂花香糕)

一水果:胭脂石榴(广西胭脂红石榴)

说明:本席单是一份文采斐然的女孩十岁宴菜单,具有江南地方风味。它表达了年轻父母期盼女儿康健快乐、岁岁平安、成龙成凤、事业有成的诚挚期待与美好心愿。

(三)婚庆礼筵席

婚庆礼筵席是举办婚庆大礼的重要组成部分,主要为前来祝贺的亲朋好友而设置。设计此类筵席菜单,可通过吉祥菜名烘托夫妻恩爱、新婚快乐、吉庆甜蜜、幸福美满的主题;可借用重八排双等筵宴格局,寄寓良好祝愿,从心理上愉悦宾客;可沿用当地的饮食习俗,趋吉避凶,将美好的祝愿与美妙的饮食交织在一起,使宾客在品味与审美上获得最大满足。

例1,山盟海誓婚庆席菜单

一彩拼:游龙戏凤(象生冷盘)

四围碟:天女散花(水果花卉切雕)　　月老献果(干果蜜脯造型)

　　　　三星高照(荤料什锦拼制)　　四喜临门(素料什锦拼制)

十热菜:鸾凤和鸣(琵琶鸭掌)　　　　麒麟送子(麒麟鳜鱼)

　　　　前世姻缘(三丝蛋卷)　　　　珠联璧合(虾丸青豆)

　　　　西窗剪烛(火腿瓜盅)　　　　东床快婿(冬笋烧肉)

　　　　比翼双飞(香酥鹌鹑)　　　　枝结连理(串烤羊肉)

　　　　美人浣纱(开水白菜)　　　　玉郎耕耘(玉米甜羹)

一座汤:山盟海誓(山珍海味全家福)

二点心:五子献寿(豆沙糖包)　　　　四女奉亲(四色豆皮)

二果品:榴开百子(胭脂红石榴)　　　火爆金钱(良乡板栗)

说明:本婚庆酒宴系江南风味,全席菜式均以寓意的方法进行命名,围绕着"庆婚"的主题烘托渲染,将美好的祝愿与民风习俗联为一体。

例2,田亮、叶一茜百年佳偶宴

　　　喜庆满堂(迎宾八彩蝶)

　　　鸿运当头(大红乳猪拼盘)

　　　浓情蜜意(鱼香焗龙虾)

　　　金枝玉叶(彩椒炒花枝仁)

　　　大展宏图(雪蛤烩鱼翅)

　　　金玉满船(蚝皇扒鲍贝)

　　　年年有余(豉油胆蒸老虎斑)

　　　喜气洋洋(大漠风沙鸡)

　　　花好月圆(花菇扒时蔬)

　　　幸福美满(粤式香炒饭)

　　　永结连理(美点双辉)

　　　百年好合(莲子百合红豆沙)

　　　万紫千红(时令生果盘)

说明:本席单是中国著名跳水运动员、演员田亮和叶一茜的婚庆酒宴菜单。全席菜品都用美称寄寓良好祝愿,重视从心理上愉悦宾客,以烘托吉庆、欢乐、恩爱、甜蜜的宴会主题。本筵席排菜格局讲究,菜品规格符合中高阶层的消费水平。

（四）寿庆礼筵席

寿庆礼筵席是指为纪念和庆贺诞生日所设置的酒宴。一般都在逢十大寿时提前一年操办,讲究"做九不做十",避讳"十全为满,满则招损"。汉族贺寿食俗大多带有健康长寿寓意,期盼通过祝寿而增寿。少数民族的贺寿食俗则注重养老敬老,带有原始宗教遗痕。

寿庆礼筵席菜品的调配应尽可能使用低糖、低盐、低脂肪食品,汤羹菜应多,下酒菜宜少,力求软烂可口,易于消化吸收。须配寿桃、寿面、蛋糕、白果等象征吉祥的食品,烘托气氛。筵席席面最好是采用"九冷九热"的格局,体现"九九上寿"、"天长地久"之意;菜名也要选用"松鹤延年"、"五子献寿"等吉言。

下面是两例寿庆礼筵席菜单,可供鉴赏。

例1:华北地区"延年益寿席"菜单

彩拼:人参二龙戏珠

围碟:姜菜河蟹、五香酱鸭、干贝香酥、天麻发菜

热菜:"延"字茯苓银耳

　　　"年"字当归甲鱼

　　　"益"字首乌山鸡

　　　"寿"字虫草鹌鹑

　　　"席"字炉烤鹿腿

汤菜:百合芦笋汤、枸杞莲子汤

点心:栀子窝头、杏仁佛手、莲蓉喜字饼、茯苓豆沙寿桃

主食:栗子京米粥

水果:桃仁海棠果

说明:本筵席菜单是北京听鹂馆设计的以"延年益寿席"为主题的寿庆筵席单。筵席上菜顺序符合燕京风味筵席的排菜格局,菜品的配置符合"庆寿"的设计要求,5道主菜直接点明筵席主题。从营养食疗的角度看,本席多数食品兼具药食双重功效,符合老年人的膳食营养要求。菜单设计者期盼通过此款滋补养生筵席表达其爱老敬老、祝寿增寿的美好心愿。

例2:华中地区"松鹤延年席"菜单

一彩盘:松鹤延年(象生图案)

四围碟:五子寿桃(5种果仁酿拼)

　　　　四海同庆(4种海鲜拼盘)

　　　　玉侣仙班(芋艿鲜蘑)

　　　　三星猴头(凉拌猴头菇)

八热菜:儿孙满堂(鸽蛋扒鹿角菜)

天伦之乐(鸡腰烧鹌鹑)

长生不老(海参烹雪里蕻)

洪福齐天(蟹黄油烧豆腐)

罗汉大会(素全家福)

五世祺昌(清蒸鲳鱼)

彭祖献寿(茯苓野鸡羹)

返老还童(金龟烧童子鸡)

一座汤:甘泉玉液(人参乳鸽炖盆)

二寿点:佛手摩顶(佛手香酥)

福寿绵长(伊府龙须面)

二寿果:河南仙柿,湖南蟠桃

二寿茶:湖南老君眉茶,湖北仙人掌茶

说明:本筵席属华中地区高档寿庆席,全席菜式共计 18 款,取料较为名贵,烹制极为精细。通过吉言隽语命名,突现出敬老爱幼、家庭和睦、祝愿洪福齐天、共享天伦之乐的宴会主题。

(五)丧葬礼筵席

丧葬礼筵席指丧礼、葬礼和服孝期间祭奠死者和酬谢宾客、匠夫的各类筵宴。主要包括祭奠亡灵的筵席(主要是供奉斋饭。有荤有素,有酒有点)、酬劳匠夫的筵席(大多重酒重肉)、答谢亲友的筵席("劝丧席"多为 6 菜 1 汤,以素为主)及家属志哀的筵席(如"孝子饭",大多茹素,减食,不吃犯禁的菜点)。

下面是一份清末成都官府人家的丧葬礼席单,摘自李劼人编著的《旧帐》。本菜单是道光十八年(1838 年)成都官员杨海霞的子孙为杨办理丧事时留下的原始记录。在 50 多天的时间内,杨府共开出 15 种席面的各式筵席 420 桌,十分详尽地保留了从"成服"到"复山"阶段的饮食记录。限于篇幅,这里仅展示其主要菜单,从中既可了解清代四川的白喜事仪典,也可窥见中等官僚人家操办丧席的格局。

清末成都官员杨海霞丧葬礼筵席菜单(摘选)

成服席单

"洋菜鸽蛋、光参杂烩、八块鸭子、菱角鸡、海带、烧白、红肉。

围碟八个:花生米、梨儿、桃仁、嫩藕、蜇皮、排骨、皮渣、(漏掉 1 个)。

点心二道:佛手酥—芝麻酥、肉包—喇嘛糕。"

奠期席单

"光参杂烩、鱼肚、鱿鱼、地梨鸡、白菜鸭子、羊肉、烧白、笋子肉、红肉、虾白菜火锅。

围碟八个:花生米、甘蔗、桃仁、橘子、鸡杂、蜇皮、冻肉、皮渣。

黄白饼一匣。"

请、谢知客席单

(知客是帮助办喜事或丧事的人家招待宾客的人。有的地区叫知宾。)

"刺参蹄花、鱼肚、板栗鸡、珍珠圆子、洋菜鸽蛋、整鱼、樱桃肉、烧白、白菜鸭子。

四热吃:刺参蹄筋、鱼皮、乌鱼蛋、虾仁。

围碟十二个:瓜子、杏仁、花生米、桃仁、甘蔗、橘子、石榴、地梨、辣汁鸡什、蜇皮、火腿片、冻肉。

点心三道:马蹄酥——酥角、千层糕——肉包、大卷子。

中点大肉包。"

送帐席单

"光参杂烩、鱼肚、白菜鸭子、地梨鸡、笋子肉、海带肉、烧白、红肉、圆子大锅汤。

围碟八个:花生米、甘蔗、桃仁、橘子、蜇皮、排骨、皮蛋、羊尾。

点心:大卷子。"

祠堂待客席单

"大杂烩、酥肉、拆烩鸡、银鱼、羊肉、笋子肉、海带肉、烧白、红肉。

围碟八个:花生米、甘蔗、桃仁、橘子、排骨、盐蛋、鸡杂、羊尾巴。

猪羊杂碎一大品。"

复山席单

(棺木下葬三日祭于坟头,谓之复山)

"刺参烧蹄、酿鸭子、烧蹄肠、焖鱿鱼、清炖羊肉、白菜火腿、板栗鸡、樱桃肉、虾白菜汤。

围碟八个:金钩、蜇皮、皮蛋、皮渣、花生米、甘蔗、瓜子、橘子。

点心二道:烧麦、糖三角。"

任务四 岁时节日宴菜单设计

一、岁时节日宴菜单设计要求

岁时节日宴,即年节筵席。在我国,除汉民族外,55 个少数民族的农祀年节、纪庆节日、交游节庆加在一起多达270余种,大部分节庆都有风格特异的年节筵席,如回族、维吾尔族、哈萨克族人的开斋节筵席、古尔邦节筵席;藏民的新年筵席、雪顿节筵席;傣族人的泼水节筵席等。限于篇幅,这里仅介绍中国最有影响的几类传统节日筵席。

(一)新春宴

春节是我国历史最悠久、参与人群最广泛、活动内容最丰富、节庆食品最精致的一个节日,它以正月初一为中心,前后延续20多天。除藏族、白族和傣族,我国其他53个民族都有过春节的传统。

汉族过年,通常有掸扬尘、备年货、贴春联、放鞭炮、看冰灯、逛花市、闹社火、走亲戚、上祖坟等活动,制办新春筵席是其中心内容,宴饮聚餐是整个节庆活动的高潮。事前,人们忙于采购年货,举凡鸡鸭鱼肉、茶酒油酱、南北炒货、糖饵果品,都要采买充足。正式宴饮通常是东家操办酒宴,宾客主人共同畅饮,节庆的气氛相当浓烈。其筵席菜品通常有"年年高"(年糕)、"万万顺"(饺子)、"年年有余"(全鱼)、"红红火火"(肉圆)、金丝穿元宝(面条煮饺子)等,十分丰盛。

少数民族过年,又是一番景象。彝族过年吃"坨坨肉",喝"转转酒";蒙古族是围坐火塘吃"扁食(水饺)",酒肉剩得越多越好,象征来年富裕;达斡尔族是将馍馍、肉块扔进火堆,烧得烈焰腾空,象征人畜兴旺;壮族是吃大粽粑,显示富有;高山族是全家围炉吃"长年菜",敬祝老人福寿康宁。

(二)元宵宴

元宵节又名上元节或灯节,时在正月十五之夜。节俗主要是观灯赏月、合家欢宴,前后延展3～10天。

元宵宴,习称元宵灯宴,始于西汉汉文帝时期。明代规定正月初八上灯,十七落灯,连张10夜,官吏赐假,这是历史上最长的灯节。元宵宴的节庆食品较多,最为主要的菜品是元宵(又称汤圆,汤团)。

少数民族的元宵筵席,也各具情趣。贵州布依族人的元宵节以正月十五为界,之前为玩年期,之后为劳作期。节前上山给祖坟亮灯,向先人拜年,再放河灯,耍龙灯,跳狮子,舞花灯,放爆竹,接着是合家欢宴。其筵席食品有鸡肉稀饭、枕头二块粑、花糯米饭、腊肉、血豆腐、格当酒及转转酒。节后翌日下地劳作,出行谋生。

(三)清明宴

清明是二十四节气之一,时在公历4月5日前后,古代寒食节的次日,是为纪念春秋时代被晋文公无意烧死的晋国名臣介子推。清明节这一天,有"禁火"、"冷食"并祭扫祖宗和先烈陵墓之俗。到了后世,寒食节与清明节合一,节庆的主旋律是寒食(即冷食,不动烟火)与扫墓,相关活动有农夫备耕、文人踏青、仕女郊游、儿童戴柳等,以及斗鸡、拔河、打马球、荡秋千、放风筝等,亲近风和日丽的大自然。其中,野宴聚餐,是清明节节庆活动的一项重头戏。

古代清明宴的菜品大多突显冷菜,类似于现今的冷餐酒会,除食用凉菜之外,还有品尝奶酪、甜米酒、桃花粥、子推饼、馓子、"欢喜团"、清明粽、凉粥等,食毕还有互赠"画卵"、果品、酒水等活动。现今清明郊游,人们喜食烧鸡、烤鸭、盐茶蛋、卤菜、蛋糕、面包、啤酒和果汁等,多少带有一些古代节庆的遗风。

(四)端午宴

端午节又称龙子节、诗人节、龙船节,时在农历五月初五。有关端午节的传说,有20余种。除了纪念爱国诗人屈原、替父雪耻的吴国大臣伍子胥等之外,还包含原始宗教的植物崇拜和吴越先祖的图腾祭,以及先秦的香兰浴等习俗。

端午节的习俗较多,如:挂钟馗像,贴午时符;采集蟾酥与草药,悬挂艾草、菖蒲;灭除蝎子、毒蛇、壁虎、蛤蟆与蜈蚣;饮雄黄酒、朱砂酒;小儿涂雄黄、佩香袋、挂药包、系五彩丝带;出游避灾、露天饮宴;赛龙舟、比武;吃咸蛋、粽子、龟肉汤等。此外,回、藏、苗、白等20多个民族也过端午节,其习俗与汉族相似。

在历代的端午节庆活动中,端午宴素来为人所看重。此类筵席的显著特色是强调以食辟恶,注重疗疾健身功能。如酒中加配雄黄、菖蒲或朱砂,饮用龟肉大补汤,粽子中裹夹绿豆沙,食用有"长命菜"之称的马齿苋等。这些筵席习俗,在《后汉书·礼仪志》、《荆楚岁时记》等书中均见记载。

(五)中秋宴

中秋节又叫团圆节,时在农历八月十五夜,因其正值三秋之半,故名中秋。其传闻有嫦娥奔月、吴刚伐桂、唐明皇游月宫、刘伯温用月饼作为起事信号推翻元朝等。

中秋正式成节是在北宋,有烧斗香、点塔灯、舞火龙以及拜月、赏月、斋月等活动,十分热闹。节令食品有新藕、香芋、柚子、花生、螃蟹、西瓜种种。尤其是月饼,花色多,制作精,亲友们互相赠送,遍及全国以及海外华人居住区。

少数民族中秋节亦富情趣。壮族多在竹排上用米饼拜月,少女在水面放花灯,演唱《请月姑》,盼望一生幸福。朝鲜族则请老人登上高高的"望月架",敲长鼓,吹洞箫,跳"农家乐"舞,用酒食欢庆丰收。

(六)小年宴

灶王节又叫谢灶节,时在农历腊月二十三或二十四。祭灶,源于先民对火的崇拜。通过祭灶,清扫厨房,检点火烛,整修炉灶,含有饮食卫生、安全用火、住宅平安等深意。因此,灶王节应是一个"人宅安全节"。

小年宴的习俗主要是敬神祀祖、放鞭宴庆、祭灶、忙年。它最早见于汉代,《四民月令》有"腊明日更新,谓之小岁,进酒尊长,修贺君师"之记载,其礼俗基本同于大年。

现今的小年宴,南北各地节俗有异。例如鄂东黄冈地区,其节俗是腊月二十四当天,要清扫厨房及庭院,准备祭宴食品及祭器;傍晚,祭祖仪程正式开始:灯火齐明、陈列祭器、排列祭品(祭宴食品)、祈请列祖列宗、焚香烧纸炸鞭叩头、祭奠先祖列宗。祭祀完毕,要清理祭品及祭器,接着便是"小年宴"聚餐。

(七)除夕宴

除夕又叫大年夜或年三十,是53个民族共有的传统文化节日,时在农历腊月的最后一天,古人有"一夜连双岁,五更分二年"的说法。

除夕守岁,源远流长,从周至今,一脉相承。其节俗有贴春联、挂神像、请祖灵、烧松盆、给压岁钱等。重台戏是喝分岁酒,吃团年饭。

除夕宴,又称年夜饭、团年饭、合欢宴、守岁席,流行于大江南北,是中华民族亿万家庭每年必备之筵宴。除夕宴的食品丰盛精美,北方必有"更年饺子万万顺",南方必有"百事顺遂年年高",再加全鱼、肉圆、嫩鸡、肥鸭、烧卤、汤羹、金银米饭、枣栗诸果,洋洋洒洒10多盘碗,象征着"和和美美"、"团团圆圆"、"年年有余"、"岁岁平安"。

编制年节筵席菜单,一要考虑宾主的愿望,尽量满足其节庆要求。二要考虑当地的年节饮食风俗,菜品的设置必须符合节庆要求。三要考虑季节物产,突出节令特色。所用原料应视节令不同而有差异。四要注意菜肴滋汁、色泽和质地的变化。夏秋气温高,应是汁稀、色淡、质脆的菜肴居多;春冬气温低,要以汁浓、色深、质烂的菜肴为主。五要重点突出节庆食品,彰显节日气氛。六要考虑整套菜点的营养是否合理,在保证筵席风味特色的前提下,清鲜为主,突出原料本味,以维护人体健康。

二、岁时节日宴菜单设计实例

例1,潇湘风味新春宴菜单
冷菜:

油辣顺风	凉拌蜇头
蜜汁甜枣	糖醋排骨

热菜:

绣球海参	东安仔鸡
腊味合蒸	烟熏羊排
冰糖湘莲	吉庆菠菜
网油鳜鱼	湖区炖钵

点心:

地菜春卷	潇湘年糕

茶果:

迎春佳果	洞庭银针

例2,八闽风味元宵宴菜单

精美六围碟

鲜菌佛跳墙

红糟香螺片

鲍菇牛仔骨

龙身凤尾虾

清蒸多宝鱼

松茸炒鲜蔬

虫草蒸乳鸽

闽南鲜汤团

合时水果拼

例3,齐鲁风味清明宴菜单

冷菜:

油炝腰花	葱辣鱼条
芝麻香芹	卤味双拼
芥末鸡丝	椒油肚片

热菜:

德州扒鸡	油爆响螺
兰豆土鱿	九转大肠
红烧金鲤	百合芦笋

汤点:

奶汤什锦	子推鲜饼

例4,岭南风味端午宴菜单

冷菜:

糖醋渍河虾	白切肥鸡块

清酱乳黄瓜　　　　　鸿运卤双拼

热菜：

鸡茸烩鱼肚　　　　　蒜子响螺片

芦笋炒牛柳　　　　　兰豆炒土鱿

椰橙鲜奶露　　　　　菜胆焖香菇

五柳鲜鲩鱼　　　　　杏园炖水鱼

点心：

全料清水棕　　　　　七彩水果冻

例5，淮扬风味中秋宴菜单

冷菜：

水晶冻肴肉　　　　　姜葱百灵菇

蘸酱乳黄瓜　　　　　椰香红豆糕

热菜：

雪燕芙蓉蛋　　　　　明炉烧烤鸭

照烧银雪鱼　　　　　滑炒水晶虾

木瓜炖雪蛤　　　　　上汤煮苋菜

蚝皇蒸鳜鱼　　　　　清汤煨牛尾

点心：

金牌炸麻元　　　　　红豆沙月饼

茶果：

时果大拼盘　　　　　碧螺春香茗

例6，秦陕风味小年宴菜单

凉拌蜇丝

芝麻芹菜

辣子鸡丁

糖醋里脊

鸡米海参

锅烧牛肉

带把肘子

天麻乌凤

枸杞银耳

清蒸全鱼

栗子鸡汤

八宝豆腐

羊肉水饺

香菇泡馍

例7,巴蜀风味团年宴菜单

冷菜:

椒麻肚片	灯影牛肉
葱油青笋	陈皮兔丁

热菜:

五福海参	樟茶鸭子
百花江团	渝州童鸡
粉蒸牛肉	菜心肉圆
干烧岩鲤	什锦火锅

小吃:

吉庆年糕	三鲜水饺

饭菜:

跳水泡菜	蒜蓉菠菜

 实训演练题

一、多项选择题

1.关于公务宴菜单设计,下列选项观点正确的是( )。

A.公务宴的主题与公务活动有关,一般都有明确的接待方案

B.国宴有最高规格的礼仪要求,每道菜品都很名贵

C.我国目前的国宴通常是以中餐为主,西餐为辅

D.设计专宴菜单,最为注重的是明确办宴目的,突出宴会主题

2.关于商务宴菜单设计,下列选项观点正确的是( )。

A.策划商务宴会时,应依照筵席主题特色去设计菜单

B.商务宴请的目的和性质决定了商务宴会的接待规格相对较高

C.设计商务宴菜单,既注重菜品内容设计,又突出菜单外形设计

D.设计主题商务宴时,要求宴会主题鲜明,宴饮风格独特

3.有关人生仪礼宴菜单设计,下列选项观点正确的是( )。

A.诞生宴多在婴儿出世、满月或周岁时举行

B.成年宴排菜"重十",忌讳腰子,勿用腰盘

C.婚庆宴忌讳损毁餐具,不上"梨子"、"橘子"、"霸王别姬"等菜品

D.寿庆宴排菜重九,寓"九九长寿"之意

4.有关岁时节日宴菜单设计,下列选项观点正确的是( )。

A.除藏族、白族和傣族,中国其他 53 个民族都有过春节的传统

B.中秋节庆食品有月饼、螃蟹、仔鸡、新藕、柚子、花生、板栗等

C.端午宴的显著特色是强调以食辟恶,注重疗疾健身功能

D.团年宴习用全鱼、嫩鸡、肉圆、饺子、年糕等节庆食品

5.下列选项,适于充当高档寿庆宴彩碟的是( )。

A.龙凤呈祥   B.五子仙桃

C.孔雀开屏   D.南山青松

6.下列选项,适于充当商务宴大菜的是( )。

A.砂锅元鱼   B.红扒全鸭

C.回锅牛肚   D.清蒸毛蟹

二、填空题

1.根据筵席主题、宴会性质及接待标准的不同,公务宴又有_____、外事宴、_____及其他主题宴会之分。

2.根据宴会主题的不同,国宴有_____、送别宴会、_____、新年招待会、主题公务宴会等类型,以中式宴会席居多。

3.专宴的形式多种多样,可用于_____,_____,社会名流的公益活动,国际会议的接待安排。

4.商务宴有商务策划类筵席、_____、_____、商务酬酢类筵席、行帮协会类筵席、酬谢客户类筵席,以及其他各类主题商务筵席等。

5.亲情筵席的主题十分丰富,常见的有婚庆宴、_____、_____、迎送宴、节日宴、纪念宴、乔迁宴、欢庆宴,等等。

6.人生仪礼宴是指城乡居民为其家庭成员举办诞生礼、_____、婚嫁礼、寿庆礼或_____时置办的民间亲情筵席。

三、综合应用题

请按下列要求设计一份表格式筵席菜单。

(1)筵席类别:商务宴、公务宴或亲情宴任选其一,筵席主题自定;

(2)适用季节:夏季或冬季;

(3)地方风味:设计者所在省区的家乡风味;

(4)筵席成本:整桌筵席的成本控制在 500 ~ 600 元;

(5)菜单形式:命名规范、分门别类、体现顺序、注明成菜特色、列出同类菜品成本。

_____筵席菜单			
类别	菜品名称	成菜特色(菜品色、质、味、形)	成本(元)
冷菜			
热菜			
点心			
水果			

项目九　中式便餐席菜单设计

中式筵席主要由宴会席和便餐席所构成。便餐席是正式宴会席的简化形式,是一种应用更为广泛的简便筵席。它类似于家常聚餐,经济实惠,大方实用,主要有家宴和便席之分。

任务一　家宴菜单设计

家宴,是指在家中设置酒菜款待客人的各类筵席。与正式的宴会席相比,家宴主要强调宴饮活动在办宴者家中举行,其菜品往往由家人或聘请的厨师烹制,由家庭成员共同招待,没有复杂烦琐的礼仪与程序,没有固定的排菜格式和上菜顺序,甚至菜点的选用也可根据宾主的爱好随意确定。这类筵席特别注重营造亲切、友好、自然、大方、温馨、和谐的气氛,能使宾主双方轻松、自然、和乐而又随意,有利于彼此增进交流,加深了解,促进信任。

一、家宴菜单的设计要求

中国有亿万个家庭,每个家庭都得请客设宴。为全面而系统地阐述家宴制作技艺,本书作者曾以应用最为广泛的乡村家宴为例,撰文《乡村家宴的设计与制作》,对其菜单编写、原料选购及筵席制作进行了介绍。

婚丧寿庆、逢年过节,生活日渐富裕的乡亲们习惯于在家中设宴待客,联络亲情。酒席上觥筹交错、笑语盈盈,其意深深、其乐融融……

制办乡村家宴,虽是小事一桩,可筵席的涉及面广,影响较大。同样是花钱办宴,有人办得既经济实惠,又体面大方;有人却枉费财力,劳神不讨好。由此看来,其菜单设计和筵席制作成功与否受经验和技巧的影响。

设计与制作乡村家宴,既要注重家宴菜单的编制、烹饪原料的选购,还须合理安排办宴程序,灵活掌控宴饮节奏。

（一）家宴菜单的编写

家宴菜单，即家宴上所列菜品的清单。它是采购原料、制作菜点、排定上菜程序的依据。由于家宴菜单编制的好坏，会直接影响到宴饮的效果，关系着家宴的成败，因此，切不可对它马虎粗心。实践证明，设计一份能够施展自己厨技才艺的菜单，能为宴会的顺利进行做好铺垫。

1.菜品的选择

操办乡村家宴，必须选择好合适的菜品。确定家宴的菜品，首先要分清宴饮的类别，尊重宾主的需求。例如：寿宴可用"寿星全鸭"，如果移之于丧宴，就极不和谐；一般筵席可用分份的梨子，如果用之于婚宴，就大不吉祥。乡村的亲友特别注重传统的风俗习惯，强调"以人为本"。所以，当地酒宴上的习用菜点以及宾主们嗜好的菜肴，能够兼顾的应尽量考虑。因为办宴的目的是愉情悦志、同欢共乐，只有入乡随俗，才不至于让乡亲们扫兴。

照顾了宾主的要求后，接着应考虑办宴者的拿手菜点，尽量发挥自身的技术专长。对待别人好奇而自己较陌生的菜肴，必须审慎为之，切不可抱侥幸的心理。例如"脆炸鲜奶"，虽然菜名悦耳，可是制作的限制条件太多，如果办宴者对此把握不大，不如干脆回避。行家们常说：扬长避短是编拟菜单的要诀，此话一点不假。

为了稳妥保险，操办规模较大的乡村家宴时，应尽量选择操作简便且不易失手的菜肴。例如，烹制"酸辣鱿鱼"，选用干鱿鱼涨发，就不如直接购买水发鱿鱼；用土灶烹制菜肴，鱼丝容易散形，不如改用鱼片。对于工艺复杂的菜肴，更须量力而行，如果时间仓促，又不忍割爱，势必弄巧成拙，力不从心。例如婚庆宴上安排"飞燕全鱼"，其感官品质良好，寓意也深刻，但制作此菜时耗时费力，成本又高，且不易把握，倒不如改用"干烧全鱼"，既简便省事，又中看中吃。

务本求实，是操办乡村家宴的基本原则。确定家宴菜品时，应特别注重其食用价值，切不可哗众取宠、欺哄宾客。有些菜肴，例如"九龙戏珠"、"百鸟朝凤"之类，看上去龙飞凤舞，吃起来味道平平；这样中看不中吃的菜肴若安排在乡村家宴中让人品尝，则与宴饮习尚是格格不入的。

在乡村设宴，不同于宾馆酒楼，简陋的办宴条件，不能不加以考虑。人手不够时，在菜品的取舍上最好是删繁就简、周密安排；设备不全时，则要回避那些对炊具要求苛严的菜品。例如"铁板牛柳"，如果家中没有铁板，最好不要安排。特别是调料不齐时，千万不要逞强制作风味独特的名菜名点。譬如家宴上安排"豆瓣鲫鱼"，本来无可厚非，如果一时购不到郫县豆瓣，却硬要安排此菜肴，则结果可想而知。

2. 菜点的排列

家宴的菜点选定以后,还得按照一定顺序和比例加以排列,使之成为一席完整的佳肴。为了适应味型的变换、兼顾酒水的作用,长期以来,人们对于酒席的上菜顺序有条习惯性的规程,即:冷碟—热炒—头菜—大菜—汤菜—点心—水果。尽管乡村家宴属于便宴之列,其上菜规程可以灵活改变,不必完全照此硬套,但是,万变不离其宗,"冷者宜先,热者宜后;咸者宜先,甜者宜后;浓厚者宜先,清淡者宜后;无汤者宜先,有汤者宜后;菜肴宜先,点心宜后"的就餐习惯还是应当遵循的。

安排乡村家宴,既可参照当地的酒宴格局,也可借鉴正规筵席的模式。一般来说,冷碟通常为 4～6 道,多是以双数的形式出现。热炒通常为 2～4 道,大多安排旺火速成的菜肴。大菜的数量应因办宴的规格而定,一般为 6～10 道,其中,素菜、甜菜、汤菜是必不可少的。头菜作为整桌家宴的"帅菜",量要大、质要精,风味必须突出。点心、水果等属于家宴的"尾声",排菜的要诀是"少而精"。

要使乡村家宴的宴饮效果理想,排列家宴菜点时,还须注重工艺的丰富性。如果菜式单调、技法雷同、味型重复,宾客难免会产生厌食情绪。所以,确定菜点顺序时,还得注意原料的调配、色泽的变换、技法的区别、味型的层次、质地的差异和品种的衔接。只有合理排菜,灵活变通,才能显现出乡村家宴的生机和活力,给就餐者以新颖的观感。

3. 家宴成本的分配

编拟席单之难,主要还不在于菜品的选择和排列,而是如何合理分配办宴的成本,准确地进购各类原料。编制家宴菜单时,必须了解每桌酒席所要花费的总成本,先将总成本划分为三大部分,分别用于冷菜、热菜和点心水果等。一般情况下,这三组食品的大体比例分别是:普通家宴:12%、80%、8%;中高档家宴:16%、70%、14%。在每组食品中,再根据每道菜肴的原材料构成,结合市场行情,推算出大致成本,使各组菜品的成本总和与该组食品的预算成本基本一致。只有这样,整桌菜肴的质量才有保证,各类菜品的比重才趋于协调。

下面是一份乡村家宴菜单及其原材料进购清单,适宜于冬季使用,可供办宴者参考。

武汉北郊乡村家宴菜单			
类别	菜品名称	成本	比例
冷菜	红油肚丝　　五香牛肉 糖醋油虾　　广米香芹 麻辣肚档　　蜜汁甜枣	40 元	14%
热菜	腰果鲜贝　　茄汁鱼片 腊味藜蒿　　酸辣鱿鱼 全家福寿　　红烧全膀 八宝酥鸭　　桂圆甜羹 菜心奎圆　　植蔬四宝 脆熘龙鱼　　人参炖鸡	204 元	73%
点心茶果	喜沙甜包　　合欢水饺 母子脐柑　　茉莉花茶	36 元	13%

成本:280 元/桌;桌数:10 桌;时间:2004 年冬

（1）荤料进购单:

净猪肚	3000 克
河虾	3000 克
牛肉	4000 克
鱿鱼	6500 克
鲜贝	3000 克
土鸡	10 只（每只约 1200 克）
仔鸭	10 只（每只约 1400 克）
青鱼	8000 克
前蹄膀	10 只（每只约 800 克）
猪后腿肉	5000 克
鲜鲤鱼	10 条（每条约 900 克）
鸡蛋	1500 克
虾仁	600 克
腊香肠	450 克
海米	250 克

水发刺参	800 克
水发鱼肚	800 克

（2）素料进购单：

藜蒿	4500 克
芹菜	3000 克
养殖人参	200 克
腰果	1200 克
大蒜	1000 克
糯米	500 克
香菇	300 克
冬笋	500 克
玉米笋	3 听
草菇	3 听
菜心	2000 克
红萝卜	2000 克
桂圆罐头	4 瓶
银耳	200 克
莲米	250 克
蜜枣	2000 克
宜昌脐柑	110 个
小豆沙包	110 个
三鲜水饺	5500 克
茉莉花茶	250 克

（3）调味料进购单：

西红柿酱	3 瓶
五香卤料	1 小袋
干红尖椒	200 克
花椒	100 克
小葱	250 克
生姜	400 克
酱油	2 瓶
白糖	2000 克
食盐	1000 克
味精	400 克

色拉油	8000 克
小麻油	1 瓶(500 克)
红辣椒油	1 瓶
香醋	2 瓶
料酒	1 瓶
干淀粉	800 克
胡椒粉	100 克

(二)原料的选购

安排家宴的原料,首先应根据办宴的规格,合理地确定不同的品种。一般来说,中高档家宴,可适量安排名贵物产,而普通的乡村酒席,通常都是就地取材。在湖北农村,一桌家宴如果用上了"四喜四全"("四喜"即四种花色点心,"四全"指全鸡、全鸭、全鱼、全膀),就算上了档次了。在四川农村,乡间田席的主菜多为"九大碗",用料虽然普通,但它名扬中华大地。类似的乡村名宴还有河南洛阳水席、鲁西阳谷乡宴、辽东三套碗席、鄂西三蒸九扣席,用料皆以当地物产为主,原料档次不高,但酒席的适应面广。

为了显示酒宴的规格,有人觉得不用山珍海味不足以赢得宾客的好评。其实,价廉物美的土特产原料,只要做得奇妙,效果同样理想。清代美食家袁枚说:"豆腐得味远胜燕菜,海菜不佳不如蔬笋"。在乡村操办家宴,要尽可能地安排当地的名特产品。"山不在高,有仙则名;水不在深,有龙则灵",像山西的刀削面、山东的葱卷饼、宁波的小汤圆、湖北的糊米酒,谁不叫好呢?至于家中的祖传私房菜,更应优先考虑。如四川泡菜、湖北虾酢、桂林腐乳、北京香椿之类,虽然本地人常吃,但与宴者也许从未吃过,会有新奇、香鲜、大快朵颐之感。

确定了家宴原料的规格后,接着应考虑的是如何调配原料的品种。交替使用各类原料,既能提高整桌菜肴的营养价值,又能给人一种变化的美感。厨谚云:"席贵多变",农村的家宴自不例外。具体办宴时,最好是鱼、畜、禽、蛋、奶兼顾,蔬、果、粮、豆、菌并用。如果原料过于单调,不但菜式易于雷同,制作比较困难,而且会影响就餐者的食欲,减弱筵宴的情趣和魅力。

有了种类较多的原料,的确可以丰富菜肴的品种,但欲使办宴的效果更加理想,在同类原料之间,还应尽量选择优质的原料。《随园食单·先天须知》在强调选用优质原料时说:"人性下愚,虽孔孟教之,无益也;物性不良,虽易牙烹之,亦无味也。"操办乡村家宴时,如果适当地多用当地的名优特产,既有利于保证菜肴的质量,又能提高整桌筵席的档次。

强调选用优质原料,不能不考虑筵席的成本。只有灵活地掌握市场行情,真正懂得原料的属性,合理地调配菜肴,才能有效地降低办宴成本。制作同一菜肴,若有几种原料可供选择时,则要考虑使用哪种原料最为经济合算。例如:后腿肉和五花肉都可以用来制作"地菜春卷",显然前者不及后者划算;青鱼和鳜鱼都可以制作鱼丸,但选用高价的鳜鱼就不如使用廉价的青鱼。操办同一规格的家宴,可供选择的原料更是灵活多样。对待售价相近的同类原料,还须根据市场行情和人们的饮食习惯,择优选用。例如:羊肉和狗肉都可以用来制火锅,但"狗肉不上正席";五花肉与猪蹄花都可红烧,但用后者就更显气派。像这样根据实际情况合理地选择原料,花费的钱财虽然相同,宴饮的效果却大不一样。

乡村的家宴,历来讲究丰盛。要想降低办宴成本,确保菜肴的分量,还可采用如下方法:第一,就地取材,增大素料比例。乡村的物产大多是自产自销,总地来讲,素料低廉,荤料昂贵。操办乡村家宴时,如果适当地增加素料的比例,既可提高整桌酒席中维生素、无机盐的含量,改变传统筵席中重油大荤的弊病,又能增色添香,调节口味,有效地降低办宴成本。第二,多用成本低廉且能烘托席面的菜品。例如甜菜"银耳马蹄露",虽然用料普通,成本极低,但它甜润适口,美观大方,能使酒宴显得丰盛;而"干煸牛肉丝"之类的菜肴,对原料的要求特别严格,用掉那么多的精美牛肉,最后只能得到很小很小的一碟菜肴,即便此菜风味独特,席面也显得寒酸,耗费了钱财不说,不了解实情的客人还认为是"小气"。第三,合理运用边角余料,注意统筹兼顾、物尽其用。例如,买回一只猪后腿,分档取料以后,肥的可做"夹沙甜肉",瘦的可炒"鱼香肉丝",膘油可以炼油炒素菜,骨头可以加萝卜煨汤,猪皮晒干后可以油发,所剩的碎块、筋膜剁细后,还能制肉茸。私人请客,家中设宴,大多考虑一料多用,如果办宴时少取多弃,倒不如直接进酒楼饭店更为方便省钱。

至于原料的用量,当然要以人人吃饱为原则。通常情况下,每桌4~6千克净荤料,6~8千克净素料便足够了。值得注意的是,乡村家宴的购料,不同于宾馆酒楼,由于贮存条件有限,原料进多了,造成浪费,主人暗暗叫苦;原料进少了,宾主尴尬,办宴者更是无力回天。所以,安排乡村家宴的原料,应当掌握好宽打窄用的原则,既不能太紧,又不能过松,还得适当留有余地(乡村亲友在婚丧寿庆时有一连住上几天的习俗,便餐特别多)。备料稍宽,既便于排菜操作,又有利于应付临时增加的客人。

如果市场供应发生了变化,所进的原料不够合理,则应见料做菜,灵活变通。主料不足时,可以适当增加配料,配料不齐时,可以灵活选用替代品。在乡村办酒席,应当是不变中有变(用料),变中有不变(风味),如果墨守成规,一味死守菜谱,筵席的操办就难以进行。

在酒楼饭店很是讲究菜肴正宗,用料、刀工、火候、调味都得一丝不苟,菜肴的色、质、味、形都有明确的规定,而在乡村操办家宴,由于条件有限,恐怕不能一一遵循。因此,肆厨在乡村操办酒席,要多一点灵活性,只要保证基本风味不变就可以了。如果对原料过分挑剔,不仅难于购买,制作也陷于被动,还可能落下个不知变通的笑柄。

(三)家宴的制作

乡村家宴的工序复杂,时间紧凑,设备简陋,各项工作必须有条不紊地交错进行,宴饮才能成功地延续。如果东一榔头西一棒子,难免顾此失彼,贻误时机。所以,操办家宴之前,应着眼全局,统筹规划。宾主的各项要求、办宴的每一细节、操作的重点和难点都要通盘考虑,认真对待,先后主次,也应心中有数,做到忙而不乱。

一般来说,在乡村制办家宴,可分为清理检场、初步加工和正式烹制三大步骤。

1. 清理检场

制办乡村家宴,第一道工序是依照菜单检查原料的配备情况。清点原料时,应着重检查原料的质量和用量,对于必不可少的原料,应催促尽快备齐;如果购置的确困难,进购了与席单无关的其他原料,则应灵活变更菜单,见料做菜。对于容易变质的原料,要及时处理,以便确保家宴的质量。

原料清点后,还须检查炉灶的火力情况。性能良好的炊饮器具,能为烹制的顺利进行带来许多方便。值得提醒的是:农家土灶,大多灶体固定,火力虽可调制,但操作极不灵便;再者,用木柴作燃料,烟子特重,对制品的色泽影响较大。因此,乡村家宴的桌数较多时,建议临时添加大煤炉。如果条件确实有限,则应多备三五只小煤球炉,哪怕是用来烧烧开水,或是煨汤煮菜,也有利于缓解走菜时的紧张局面。特别是一些流水席,大多使用海碗装菜,汤羹菜、蒸焖菜的比重较大,如果用单一土灶慢慢烹制,则要等待很长时间,与其望着炒锅发呆,倒不如多备炉灶,以不变应万变。

至于锅、碗、盘、盆等必备之物,也应逐一清查,提前预备,以便急时使用。例如,多备几口炒锅,就有利于提前预制"黄焖鸡块"、"红烧牛腩"等耗时较长的大菜,先将原料烧至八九成熟,待上菜时,原锅上火,瞬间即成。多备几个脸盆或笸箩盛装原料,对于增强配菜的条理性,也大有帮助。

在乡村操办筵席,由于条件有限,炊制工具多不齐备,有时甚至不合要求,对此,不要求全责备。实际操作时,能代用的要代用,能凑合的要凑合,能改装的要改装。特别是在贫困山区,设施极为简陋,铁丝编的漏勺、葫芦制成的水瓢,凡是能够派上用场的,都应因陋就简。办宴者如果不能入乡随俗,乡村家宴的制作就寸步难行。

2. 初步加工

家宴的初步加工主要是为宴前烹制作准备的。具体操作时,首先要做好各种干货原料的涨发工作。在涨发的同时,可以着手进行冷菜原料的初步加工(例如:牛肉改为大块、猪肚翻洗干净),接着是开炉膛、烧沸水,把该焯水的原料(口条、鸡爪)全部焯水,然后根据原料的质地和新鲜程度,把该卤制的原料(牛肉、心头)分批卤制。在卤制的同时,可抽空对鱼类、畜类、禽类、蔬菜等热菜的原料进行初步处理,分档取料,并做好必要的切料、浆拌等准备工作。对于茸制品(鱼茸、肉茸)及工艺菜肴("兰花鱿鱼"、"寿桃樊鳊"),也应抓紧时间逐一完成。待至凉菜卤好以后,接着就开油锅,把该炸制的原料(肉丸、鸡翅)处理为半成品。如果炉灶还闲着,可以把猪骨、鸡架、肉皮等下脚料熬成毛汤。最后,按照菜单合理地进行配菜(桌数较多时,最好用碗一份份地量好),并将所有的菜品原料按上菜顺序分门别类地摆放整齐。至此,乡村家宴的准备工作才算完成。

值得注意的是:有些经验不足的办宴者,由于技艺不够娴熟,或是没有经历过大的宴饮场面,对于走菜时的繁忙场面感到紧张慌乱,要么将本该"现烹现吃"的菜肴(例如"家常石鸡"、"腰果鲜贝")处理至熟,要么备上大的蒸笼,统统蒸熟备用。其实,这种急躁的心理是多余的,只要宴前操作的程序合理,及时上菜是不成问题的。

3. 正式烹制

宴饮的当天,首先要切好葱、姜、蒜,备齐各种调味料(花椒盐、麻辣汁),并将这些调料依次摆放在顺手的案上,以便及时取用。冷碟的拼摆要根据宴饮的规模和办宴的时间灵活掌握,如果家宴的桌次较少,规格较高,可以适当地进行造型,但决不可喧宾夺主,冲淡了"以味取胜"这一办宴主旨;如果家宴的桌次较多,时间有限,则应删繁就简,免去装饰等环节。冷碟的调味汁要在临近走菜时浇入,以免水分过早渗出,影响菜肴质地。热菜是筵宴的"主题歌",拼好冷碟后,应把热菜中该焯水的原料(如鱿鱼)焯水,该过油的原料(如鸭块)过油,对于耗时较长的煨、炖、蒸、焖等大菜,也应根据原料的质地提前进行预制,为上菜的顺利进行扫清障碍。

走菜前40分钟,应检查一次炉灶的火力情况,添足燃料;清点一下整桌酒菜原料,以便心中有数。开席时间一到,首先端出冷菜,紧接着迅速自如地烹制好全部热炒菜,然后精心调理好头菜。这便为后面的菜品制作赢得了主动,此时,就有足够的精力去制作其他大菜了。由于乡下亲友宴饮的节奏普遍较快,建议在烹制其他热菜的同时,及时地推出事先预制好的大菜;如果遇上宴饮节奏较慢的亲友,则应根据宴饮的进程灵活调排,从容不迫。这中间既要防止菜点通盘齐上、叠碗垒盘、变相逐客的情况出现,又要避免盘碗朝天、宾主等菜的尴尬局面。至于点心、水果之类,必须提前备妥,以便随要随用。

办理大型的乡村家宴,有时需要聘请专职厨师,各位厨师之间还须处理好分工和协作关系。主厨不要事必躬亲,而应分清主次,抓住重点。对于摘洗、刨皮、切削、排剁等工作,可以让帮厨人员去干;对于切料、浆拌、拼摆、过油等工作,只要不影响菜肴的质量,也应交由助手承担;而备料、配菜、烹制、调理等关键性的工序,则应慎重其事,亲自动手,重点把关。善于使用助手的主厨,应当是立足炉案,眼观餐室,运筹帷幄,游刃有余的,这样既可减轻自己的劳动强度,腾出时间和精力确保重点,又能锻炼助手,沟通主人,收集反映,确保宴饮的顺利进行。如果事事包办,不但延误了办宴时间,而且累得精疲力竭,最后落个吃力不讨好。

总之,乡村家宴的设计与制作应该灵活随意,只要能达到宾主同欢的目的,怎样办得好就怎样办,千万不要把星级酒店的那一套硬性地拿来照搬照抄。

至于城镇家庭设置筵席,由于设宴的场地所限,大型筵席多在酒店举行,一些小型的宴饮聚餐,则在家中操办。

这里为城镇家庭设计了一桌小型家宴,6菜1汤1主食,另加啤酒,适用于4~5月份家人团聚或接待亲友,可供6~8人享用。下面是其家宴菜单、操作程序和烹制要领,可供参考。

(1)家宴菜单:

> 凉拌鲜毛豆
> 蒜子烧鱼乔
> 酸辣鱿鱼筒
> 虾皮蒸鸡蛋
> 江城酱板鸭
> 糖醋滑藕带
> 鱼头豆腐汤
> 京山贡米饭
> 行吟阁啤酒

(2)操作程序:

制作这类小型家宴,只需一至二人操办,耗时大约80分钟。

①清理准备。这一环节的主要任务是:清点所购的各种原材料,及时进行妥善处理;清洗锅、碗、盘、盆等炊具和餐具,备好烟、酒、茶和各式饮具;备齐各种调料和配料,作好毛豆、藕带等原料的初加工;洗米、洗菜,准备蒸饭。

②切配加工。这一环节的主要任务是:酱板鸭改刀装盘,准备用微波炉烤

制;鱿鱼剞花刀,改刀焯水并投凉;鳝鱼清洗后,改切成段;鱼头劈成两半,洗净备用;备好鱼香味汁及酸辣鱿鱼的综合卤汁,拌好凉拌毛豆。

③正式烹制。这一环节的主要任务是:取电饭煲蒸饭,6分钟后,调制虾皮鸡蛋液,与米饭同蒸;用蒸锅(或微波炉)给酱板鸭加热。与此同时,取炒锅先煎煮鱼头豆腐汤,再烧制蒜子鳝鱼乔;待两主菜完成后,宾主可入席饮酒,爆鱿鱼及炒藕带随即迅速上桌。6菜1汤及米饭可在半小时内依次上席,所有饭菜一热三鲜。

(3)制作要领:

凉拌鲜毛豆①刚上市的鲜毛豆,色泽亮绿、毛茸完整、豆荚饱满,豆米脆嫩,品质最佳;②毛豆焯水之前应使用滚油冲制姜末和蒜泥,兑好鱼香味的调味汁;③毛豆焯水的时间不宜过长,否则豆米疲软,影响质感。④本菜属凉菜,可提前备好。

蒜子烧鱼乔①夏初的鳝鱼质嫩味鲜,素有"小暑黄鳝赛人参"之说;②本菜宜选中粗黄鳝,配以蒜瓣及五花肉同烧,风味更佳;③烧制鳝鱼应于原料七成熟时放盐,于菜肴起锅时重用胡椒粉;④本品益气补血,有祛除风湿之效,食时应趁热品鲜。

虾皮蒸鸡蛋①虾皮宜用葱姜汁泡透、洗净,除去腥味;②蒸饭时,可将调好的虾皮鸡蛋液置入电饭煲内一同蒸制,节省正式烹制时间;③调制虾皮鸡蛋液的窍门是:取新鲜的土鸡蛋(3只)拌匀,加入食盐、白糖和虾皮,一边搅动一边慢慢注入白开水,置于满气的电饭煲内蒸至断生即可。

酸辣鱿鱼筒①水发鱿鱼剞麦穗花刀时应注意下刀的角度、深度和刀距;②鱿鱼正式烹制前应调好兑汁芡;③爆炒鱿鱼筒以收包芡为佳,锅内底油不宜过重;④鱿鱼过油、爆炒、上菜应连贯进行,以确保其质感。

江城酱板鸭①江城特产酱板鸭质地酥嫩、滋味鲜香、售价适中,佐酒下饭两宜,为不少居民青睐;②酱板鸭每份仅用半只,可烤可蒸可炸,食时冷热皆宜,简便大方。

鱼头豆腐汤①选择壮实的鲜活鳙鱼头,配以精炼的豆油或猪油煎制,使用旺火加热,可使汤汁浓酽如奶汁;②待汤汁浓白后加入豆腐和食盐,用盐量不宜过多,以咸鲜略带微甜为准;③本菜色白味醇,一尘不染,汤一煮成,即应趁热品鲜,"及锋而试"。

糖醋滑藕带①藕带以白嫩、壮实、脆爽者为上品,烹前宜用清水浸泡;②烹制时应热锅冷油、旺火快炒,临近起锅时调味;③用米汤或水淀粉勾薄芡,可增加菜肴的光泽,便于藕带入味;④为了迎合家人及亲友嗜辣的口味,本菜可调香辣味或酸辣味。

我国著名的饮食文化专家陈光新教授说：筵席的发展趋势是"小、精、全、特、雅"。设计并制作这样一桌小巧而精美的家常筵席，别有一番情趣。

二、家宴菜单设计实例

（一）东北民间家宴

东北民间家宴以满、汉、蒙、朝等民族的传统菜式为主，敦厚朴实。近年来吸收了部分南方肴馔，创新菜式较多，注重吉庆的寓意，讲究口感醇和，席面较为丰盛，动物性食馔的比重较大。菜单一般设有冷菜、热菜、汤点等类别，仅按上菜顺序加以排列，饭点通常不排入菜单之中。

例1，肉丝拌腐皮、糖醋萝卜、炝虾籽芹菜、凉拌三鲜、鸡腿扒海参、炸八大块、油泼鸡、瓢京糕白肉、海米烧菜梗、清蒸鲜鱼、焖羊肉、酸菜白肉火锅。

例2，炝鱿鱼、炝腰花、海米瓜条、里脊丝青豆、葱烧海参、白酥鱼球、炸虾茸蛋卷、熏大虾、香酥鸭块、蜜汁香蕉、烹带鱼、氽鸡茸丸子。

例3，朝鲜泡菜、松花蛋、酱口条、蒜泥白肉、扒三白、家常黄鱼、水晶鸡、烤羊排、干菜肘子、香酥全鸭、海米烧茄子、氽白肉渍菜粉。

（二）北京民间家宴

北京是我国的经济、政治、文化中心，四海人士云集，五方口味融合，其家宴在鲁菜、京菜的基础上，吸收了许多外地的肴馔，显得万象包容，丰富多彩。

例1，什锦大拼、酱爆鸡丁、炸板虾、核桃腰、元宝肉、松鼠鱼、番茄虾仁锅巴、冬菜鸭、植物四宝、汽锅元鱼。

例2，五福拼盘、油爆双脆、面包虾仁、冬菜扣肉、软炸大虾、椒盐排骨、香酥鸡、吉利丸子、油焖双冬、砂锅鱼头汤。

例3，拼四样、宫保肉丁、三鲜锅巴、酥炸虾仁、京葱扒鸭、酥炸羊排、葱头煎鹌鹑、家常熬黄鱼、广米炒香芹、雪菜肉丝汤。

（三）山东民间家宴

山东家宴注重禽畜和海味，淡水鱼鲜较少，擅长烤、涮、扒、熘、爆、炒，喜爱咸鲜香浓口味，菜品大多酥烂、重质重量，定名朴实，装盘大方。菜品菜量8～14道不等，以济南、烟台、青岛、泰安等地的城镇家庭调制较精。

例1，炝腰花、冻粉拌鸡丝、糖醋荸荠、葱辣鱼条、德州扒鸡、海米烧豆腐、芫爆大蛤、炸熘小黄鱼、荤素大白菜、椒盐排骨、芦笋蘑菇汤。

例2，双拼冷盘、烧蛎黄、葱扒全鸡、黄酒焖鸭、油爆腰花、九转大肠、椒盐羊排、红烧鲤鱼、萝卜牛蹄筋、香菇白菜墩、海米烧豆腐、奶汤什锦。

例3,冻粉拌鸡丝、炝海米芸豆、烹对虾、炸八块、山东蒸丸、白扒蹄筋、炸熘小黄鱼、水晶山药桃、德州扒鸡、油焖双冬、八宝甜饭、清汤牛尾。

(四)陕西民间家宴

陕西以关中和陕南等地的家宴质量最优。其席面大方朴实,菜式多为9~12道,以家畜家禽为主体,口味偏重,软烂香浓,下酒菜后多辅以水饺或汤面,讲求丰满实惠。

例1,煎蒸带鱼、虎皮豆腐、栗子烧白菜、金枣圆子、土豆牛肉丝、红烧鱼、辣子兔丁、糖醋里脊、人参炖鸡汤、陕南汤面。

例2,拌什锦粉丝、冻鸡、酱口条、腊汁肉、糖醋莲菜、香菇笋子、方块肉、黄酥鸡、酱焖羊肘、奶汤锅子鱼、三鲜水饺。

例3,腊羊肉、拌黄瓜、酥鲫鱼、酱口条、鸡茸豆腐、关中焖牛肉、带把肘子、木樨肉、清蒸鱼、油焖双冬、金边白菜、牛羊肉泡馍。

(五)江苏民间家宴

江苏民间家宴调理精细,清鲜醇美,款式众多,习俗与菜式各别,历来受到食界好评。其家宴多为中低档次,数量在8~16道之间,多由精通厨艺的主妇或聘请的厨师料理,以质精味纯、调配科学、餐具济楚取胜。

例1,金陵风味家宴菜单
冷盘:透油鸡糯、白切嫩鸡、葱油蜇萝、镇江肴肉。
热菜:高丽虾仁、瓜姜鱼丝、芙蓉鸡片、黄焖鱼方、干贝菜心、大煮干丝、鸡茸蒸蛋。
甜品:珊瑚莲子。
座汤:馄饨鸭汤。

例2,扬州风味家宴菜单
冷菜:糖醋排骨、海米芹黄、酒醉鸡翼、五香熏鱼。
热菜:虫草焖甲鱼、五味仔鸡、香梗炒鳝丝、香酥牛肉、蜜汁莲藕、茉莉花炒鸡片、桂花虾饼、两吃豆腐、珍珠圆子。
汤菜:鸡丝莼菜汤。

例3,姑苏风味家宴菜单
凉菜:五香栗子、水晶肴肉、无锡脆骨、麻油仔鸡。
热菜:大煮干丝、松鼠鳜鱼、常熟叫花鸡、碧螺虾仁、蜜汁芋艿、五香扒鸭、口蘑菜心、梁溪脆鳝。
汤菜:银鱼冬瓜汤。

（六）上海民间家宴

上海民间家宴属于海派筵席风格,具有适口、趋时、开拓和清新秀美、温文尔雅、风味多样及时代气息鲜明的特征。档次大多居中,调配和谐、制作精细。

例1,冷菜(香椿拌鸡丝、盐水鲜仔虾、香油拌双笋、蜜汁小塘鱼);热菜(蹄筋烩鲜贝、春笋凤尾虾、豆瓣滑牛柳、鸡火煮干丝、炸熘糖醋鱼、蚝油焖草菇、鲜菌乳鸽汤);点心(夹沙油汤团)。

例2,冷菜(时令鲜色拉、冰凉糟鸡丝、泡辣黄瓜条、腌醉鲜虾条);热菜(三鲜烩海参、莴苣焖肘花、碧绿珍珠丸、菠萝滑鱼片、香酥嫩鹌鹑、锅烧鲜河鳗、蒜蓉炒时蔬、火腿三圆汤);点心(白元糯香糕)。

例3,冷菜(珊瑚渍塘藕、京葱红炉鸭、金酱酥凤爪、香油金瓜丝);热菜(奶汤烩鱼肚、柠檬羊肉串、香酥炸凤翅、糖醋葡萄鱼、鸡油素四宝、什锦鲜果羹、汾酒焖牛腩、砂锅老鸭汤);点心(桂花糖芋艿)。

（七）浙江民间家宴

浙江民间家宴流行于杭州、宁波、温州、金华、嘉兴、湖州等地,菜式多在9～15道之间,醇正、鲜嫩、细腻、典雅,口味偏淡多变,讲究时鲜,常寓神奇于平凡,有着江南殷实人家小康生活气质。

例1,糟鱼、盐水鸭、白切鸡、苔菜小黄鱼、韭菜蛏仁、烧河鳗、荷叶粉蒸肉、香菇菜心、鸡茸鲜菌汤、什锦花饭、时果拼盘。

例2,糟午越鸡条、杭州酱鸡、浙式酥鱼、葱爆腰花、油焖大虾、软拖黄鱼条、红烧鲳鱼、东坡肉、炒鲜笋尖、西湖莼菜羹、三鲜水饺、南洋果拼。

例3,盐水虾、白斩鸡、熏茶笋、桂圆肉、上汤烩鱼肚、油爆鲜鱿、荷叶粉蒸肉、咖喱鹅块、炸熘带鱼、蒜蓉时蔬、火腿老鸭汤、虾茸小包、冰镇西瓜。

（八）福建民间家宴

福建民间家宴重视海鲜,善用红糟、虾油、沙茶、橘汁调味,刀法细腻,多用炒、炖、蒸、炸、熘等方法制作,讲究汤的质量,菜式淡雅、鲜嫩、隽永,席面小巧,菜式结构简单,有东南沿海的特异气质,深受侨胞的喜爱。

例1,福州风味家宴菜单

冷盘:闽生果、芝麻腰片、沙茶鱼丝、醉蚶。

热菜:肉米鱼唇、闽煎豆腐、太极芋泥、糟汁氽海鲜、炸糟黄鱼、红糟鸡、樱桃银耳、茸汤广肚。

小吃:蚝煎、蛋糕。

例2,闽西客家风味家宴菜单

冷盘:白斩河田鸡、拌猪肚片、闽西熏肉、芝麻藕。

热菜:米酒炖牛肉、姜汁鸡、橘汁加力鱼、淡糟香螺片、香油石鳞腿、菜干扣肉、莲米枣羹、鸡汤氽海蚌。

小吃:芋包、鲜饺。

例3,闽南风味家宴菜单

冷菜:五福临门大拼盘。

热菜:生炒土笋、通心河鳗、葱烧全鸭、四果甜羹、淡糟香螺片、当归牛腩、清炖鲜蛏。

小吃:光饼、虾茸包。

（九）安徽民间家宴

安徽民间家宴以城乡居民家庭自食或招待宾客为办宴目的,取材方便,制作简易,花费不多,味型多样,有浓郁的地方食俗风情。菜式多在10道左右,菜品档次偏低。

例1,什锦拼盘、爆炒腰花、红椒牛肉丝、翡翠蟹肉、软炸石鸡、腌鲜鳜鱼、麻辣豆腐泡、油焖茭白、小鸡炖蘑菇、笼糊。

例2,无为熏鸡、酥鲫鱼、盐水虾、五福烩什锦、咖喱鱼片、炒肚片、葱爆牛柳、符离集烧鸡、红烧鱼方、清炒时蔬、淡菜炖鸭、乌饭团。

例3,五香牛肉、盐水虾、凉拌藕、麻辣耳丝、李公什锦、家常烧鱼、椿芽煎蛋、符离集烧鸡、油烹石蛙、蒜泥茄子、笋片炖老鸭、鸳鸯饺。

（十）湖北民间家宴

湖北民间家宴选料突出淡水鱼鲜和山野资源,调制擅用蒸、煨、烧、炸、炒等技法,菜品汁浓芡亮、口鲜味醇、富有鱼米之乡的饮馔特色。湖北人重情重礼,每桌菜点多在12道以上,档次居中;不同的地区有不同的当家菜品,款式变化纷繁。

例1,武汉风味家宴菜单

什锦拼盘、全家康福、清蒸螃蟹、酸辣鱿鱼、梅菜扣肉、板栗烧仔鸡、四喜圆子、莲枣甜羹、蒜蓉白菜秧、排骨煨藕汤、三鲜蒸饺、时果拼盘。

例2,荆州风味家宴菜单

松花皮蛋、红油牛肉、鸡粥烩鱼肚、油爆肚尖、网油鸭卷、香菇鸡翅、桔瓣炖银耳、长湖鱼糕、钟祥蟠龙、珍珠菜心、冬瓜鳖裙羹、豆沙甜包。

例3,襄阳风味家宴菜单

五香扎蹄、凉拌莲藕、麻辣顺风、椒麻鸭掌、葱烤牛排、隆中烧鸭、夹沙甜肉、酥炸斑鸡、蜜枣羊肉、长命菜蒸肉、油焖鳊鱼、野菌鸡汁汤、鲜肉小包。

(十一) 湖南民间家宴

湖南民间家宴以水产和熏腊原料为主体,习用烧、炖、腊、蒸等烹制技法,口味偏重酸、辣、咸、香,熏香风味浓郁,习用火锅;湖区、山乡、川原的食馔风格融为一体,"湘"味甚浓。每席菜品数量不多,但装盘丰满,菜量充足。

例1,水晶肚头、凉拌三丝、酱卤牛肉、油焖蹄花、腊味合蒸、东安仔鸡、酸辣红烧羊肉、网油蒸鳜鱼、家常火锅。

例2,五福拼盘、腊味合蒸、麻仁香酥鸭、酸辣爆鱿鱼、冰糖湘莲、韭黄炒肉丝、香芋焖牛腩、柴把鳜鱼、冬菇烧菜心、五圆全鸡汤。

例3,三拼冷盘、冬笋炒腊肉、炒生鱼片、发丝牛百叶、酸辣墨斗鱼、红扒全鸭、麻辣仔鸡、红焖鲫鱼、蚝油菜心、潇湘五元龟。

(十二) 广东民间家宴

广东经济昌盛,饮食文化发达,民间消费水平较高,家宴历来讲究。广东家宴用料广博,菜品鲜淡、清美,调理精细,档次偏高。筵席充满吉庆祥和色彩,菜名注重愉悦心情和寄托感情。

例1,五福冷拼盘、蚝油网鲍脯、笋尖田鸡腿、菜胆上汤鸡、果露焗乳鸽、蟹汁时海鲜、四喜片皮鸭、香菇扒菜心、桂花时果露、双丝窝伊面。

例2,白切嫩鸡、白云猪手、红皮烤鸭、五彩炒鱿鱼、香煎大明虾、清蒸鲜鲈鱼、金华玉树鸡、菜胆扒猪肘、豉汁黄鳝球、韭黄瑶柱羹、广式叉烧包、时果大拼盘。

例3,三色冷拼盘、鸡丝烩鱼肚、菜花炒鱿鱼、珠元扒大鸭、广式手撕鸡、菜胆扒北菇、茄汁煎明虾、清蒸时海鲜、梅子烤肥鹅、八宝冬瓜盅、鲜虾窝伊面。

(十三) 四川民间家宴

四川深得巴山蜀水之利,物华天宝,看馔丰美而具平民生活气息。自古以来,四川菜素以味型丰富而著称,菜品清鲜浓醇并重,有"味在四川"之说。四川家宴风味独特,造诣精深,款式繁多,影响深远,深受西南地区及周边省区的居民青睐。

例1,大杂烩、姜汁鸡、咸烧白、粉蒸肉、蒸肘子、烩明笋、泡菜鱼、猪肉丸、凤翅汤。(农家九大碗菜单)

例2,冷盘(盐水鸭条、椒麻肚片、棒棒鸡丝、怪味桃仁、陈皮兔丁、葱油青笋);热菜(家常海参、锅粑鱿鱼、宫保鸡丁、鱼香肉丝、泡菜鲜鱼、水煮牛肉);小吃(醪糟汤圆、红油小面);饭菜(跳水泡菜、川香榨菜)。

例3,冷菜(烟熏鸡块、软酥鲫鱼、芥末肚丝、盐水鸭条、怪味桃仁、蒜泥黄瓜);热菜(三鲜烩鱼肚、樟茶肥鸭、干烧岩鲤、稀卤蹄筋、荷叶蒸肉、鱼香腰花、黄焖鲜笋、竹荪肝膏汤);小吃(红油水饺、过桥抄手);饭菜(泡青菜头、麻婆豆腐)。

(十四)香港民间家宴

香港人习惯在餐馆点菜包席,很少在家做菜宴客,偶尔在家设宴,一般都很简捷,菜品多在10道以下。香港人的家宴与广东家宴相似,但较小巧,融汇了部分欧美菜和日本菜,海鲜比重较大,热带风情浓郁,以清鲜、生猛、焦炸菜式为美。

例1,蟹肉烩鱼肚、京都炙排骨、南乳扒猪手、红皮片烤鸭、香炸鲜虾夹、云腿滑鲜奶、瑶柱扒豆苗、老鸡三蛇汤。

例2,什锦烩海鲜、沙茶涮牛肉、香煎明虾仁、荷包玉菜鸭、竹荪扒鸡腰、奶油扒菜胆、清蒸大鲈鱼、枸杞炖乳鸽。

任务二　便宴菜单设计

便宴,又名"便席"、"便筵",是指企事业单位、社会团体或民众个体在餐馆、酒店或宾馆里所举办的一种普通的宴饮活动。这是一种非正式宴请的简易酒席,规模一般不大,菜品数目不多,宴客时间比较紧凑,招待仪程较为简便,菜式可丰可俭,菜品也可自由选择。因其不如宴会席那么正规、隆重,故其菜单设计通常是由顾客根据自己的饮食喜好,在酒店提供的零点菜单或原料中自主选择菜品,组成一套筵席菜品的菜单。也可由酒店将同一档次的两套或三套菜单中的菜品按大类合并在一起,让顾客从其中的菜品里任选,组合成便宴菜单。

一、便宴菜单设计要求

便宴的菜单设计特别适合于点菜式筵席菜单(筵席菜单按其设计性质与应用特点分类,有固定式筵席菜单、专供性筵席菜单和点菜式筵席菜单三类)。设计点菜式便宴菜单,一要明确就餐目的,考虑自身的经济条件,量入为出,确定好接待规格;二要迎合主人及亲友的特殊要求,协调好饭菜的口味和质感;三要了解餐厅的经营特色,尽可能地发挥餐饮企业的技术专长;四要符合节令要求,应时定菜,突出名特物产;五要注重所选菜品的品种调配,使其色质味形及冷热干稀应时而化;六要丰富烹饪原料的品种,兼顾使用各类原料,力求构成一整套平衡膳食。具体说来,应综合考虑如下设计要求。

（一）明确就餐目的，确定接待规格

设计便席菜单，首先应明确就餐目的，掌握接待规格。如果是亲朋好友临时聚餐，可选择普通实用的菜品，佐酒下饭两宜；如果请客意义重大，宴请的规模较小，则应确立档次较高的菜品，以示庄重；接待尊显的贵宾，菜品的规格应相应提高，若主人经济能力有限，则应偏重实惠型的菜品，以保证在座的所有客人吃饱吃好为前提。

（二）迎合宾主嗜好，因人选用菜品

请客的目的就是要让就餐者吃得畅快，玩得尽兴。因此，就餐者的生活地域、宗教信仰、职业年龄、身体状况、个人的嗜好及忌讳都应列入考虑的范畴。设计便席菜单时只有区别情况，"投其所好"，才能充分满足不同的餐饮需求。

（三）了解餐厅经营特色，发挥酒店技术专长

设计便席菜单，通常是参照酒店的零点菜单灵活进行。明确了接待规格，照顾了客人的特殊需求后，接着应考虑的是酒店的经营特色。菜单设计者所选取的菜品应与餐厅所供应的菜品保持一致，特别是酒店的一些特色菜（招牌菜、每日时菜），既可保证质量，又可满足就餐者求新求异的心理，安排菜点时，不妨重点考虑。

（四）应时定菜，突出名特物产

确立便席所需的菜点，还应符合节令要求。原料的选用、口味的调配、质地的确定、冷热干稀的变化，等等，都应视气候的不同而有所差异。首先，节令不同，原料的品质不同。如中秋时节上市的板栗，既香又糯；小暑时节的黄鳝肉嫩味鲜。其次，节令不同，菜单的内容应有所不同。如夏秋两季气温较高，汁稀、色淡、质脆的菜品居多；春冬两季，气温较低，汁浓、色深、质烂的菜品居多。所有这些，设计菜单时不能不加以考虑。

（五）注重品种调配，讲求营养平衡

顾客指定的特选菜品、酒店的招牌菜品、不同时节的节令菜品等等选定之后，接着该考虑的是便席菜点品种的调配了。调配菜点品种，是便席菜单合理与否的关键之一。譬如，鱼鲜菜品确定了，可适当配用禽畜蛋奶菜；荤菜确定了，应考虑素菜；热菜确定了，应考虑冷菜、点心及水果等；无汁或少汁的菜肴确定了，应考虑汤羹菜；咸味菜肴确定了，可适当安排甜菜及其他风味菜品。此外，便席的菜品往往以一整套菜点的形式出现，完全可使之成为一组平衡膳食。"鱼、畜、禽、蛋、奶兼顾，蔬、果、粮、豆、菌并用"的配膳原则不能不加以考虑。

（六）增强节约意识,以较小的成本换取最好的收效

设计便席菜单,要有节约意识。在接待规格既定的前提下,要以较小的成本选配最为丰盛的菜点,以获得最佳的宴饮效果。具体操作时,除了熟悉菜品（含菜价）、熟悉酒店、熟悉市场行情之外,还得注意菜品及原材料品种的合理安排。通常情况下,可灵活选用本地的特色菜品;可尽量选配物美价廉的特色菜肴;可丰富菜式品种,适当增加素菜比例;可适时参考酒店的促销菜品及酒水等。这样,花费的成本较小,给人的感觉则相对丰盛。

二、便宴菜单设计实例

（一）山东风味便席

例1,德州扒鸡、葱辣鱼条、油爆双脆、蟹黄豆腐、滑熘肉片、蜜汁山药、海米菜心、糖醋鲤鱼、奶汤什锦。

例2,双拼冷盘、海参扒肘子、油烹对虾、盐爆肚条、山东烧鸡、醋椒鱼条、白扒蹄筋、虾子焖芸豆、八宝甜饭。

说明:山东便席以海鲜菜、水产菜与禽畜菜为主,装盘丰满,造型古朴,菜名稳实,敦厚庄重。菜品的主要特色是鲜咸、纯正,善用面酱,葱香突出。

（二）四川风味便席

例1,陈皮兔丁、红油百叶、椒麻腰花、蒜泥黄瓜、宫保鸡丁、樟茶鸭子、芙蓉鱼片、水煮牛肉、荷叶蒸肉、蒜蓉时蔬、毛肚火锅、四喜汤圆。

例2,椒麻凤爪、芥末肫肝、糖醋蜇丝、回锅牛肉、宫保兔花、干烧岩鲤、三菌凤翅、清蒸填鸭、攒丝杂烩、火腿鸡丝卷、冰镇西瓜。

说明:四川便席的特色风味鲜明,菜式品种丰富多彩,原料多系地方特产,烹制调理较为精细,菜品口味宽广多变,居家饮膳气息浓烈。

（三）江苏风味便席

例1,水晶肴肉、葱油蜇萝、碧螺虾仁、海米芹黄、全料烧鸭、梁溪脆鳝、大煮干丝、干贝菜心、奶汤才鱼片。

例2,糖醋排骨、盐水鸭块、苏式鳝糊、蟹黄狮子头、麻油仔鸡、清蒸鲥鱼、口蘑菜心、虫枣炖甲鱼。

说明:江苏便席菜品的主要风味特色是:清鲜平和,咸甜适中,组配谨严,菜形清丽,特别适合从事轻体力劳动者食用。

（四）广东风味便席

例1,五彩鳕鱼粒、豉汁蟠龙鳝、香浓粟米羹、西芹炒百合、椒蒜田鸡腿、虾子扒鲜菇、大地扒圆蹄、冬瓜煲老鸭、鲜虾窝伊面。

例2,蚝油扒珧柱、蒜子响螺片、姜芽炒鸭掌、凤果田鸡腿、江南百花鸡、豉汁蒸鳗鱼、虾子鲜菇羹、上汤泡水饺。

说明:设计广式便席,除应遵守便席通行的菜单设计要求外,更须注重其特色风味:用料奇特、广博、精致,菜品生猛、鲜淡、清美。

（五）安徽民间便席

例1,冷菜(盐水鸭、五香茶叶蛋、熏鱼、麻辣粉丝);热菜(炒腰花、辣子鸡、糖醋面筋、蟹糊、红烧黄鱼);汤菜(老蚌育珠汤)。

例2,冷菜(香肠、凤鸡、卤豆腐干、凉拌菠菜);热菜(炒鱼片、荤烩素、香辣豆腐、红烧蹄膀、酸辣鱿鱼);汤菜(白果炖鸡汤)。

说明:这两份菜单是淮北、滁州、芜湖、安庆等地常见的大众聚餐菜式,多在10道左右,经济实惠,朴实大方,佐酒用饭两宜,应用相当广泛。

（六）湖南官场便席

例1,香腊鸡肫、姜醋白鸡、糖醋蜇皮、油辣冬笋、组庵鱼翅、红白肚尖、红煨水鱼、东安仔鸡、腊味合蒸、油淋鹌鹑、冰糖山药、鸡汁菜心、蒸五元龟、三鲜春卷、酥炸麻丸。

例2,冬菇玉翅、油辣菜卷、叉烧乳猪、奶汤海三味、鲜贝竹筒鱼、酸辣肚尖花、网油香酥方、葱油凤尾虾、枇杷杏仁珠、竹荪乳鸽汤、鸡茸煎软饼、应时水果拼。

说明:湖南官场便席饮食水准较高,筵宴铺陈华美,菜式酸辣、软嫩、香鲜、清淡、浓香,做工精细,受湖南官府菜影响较深。

（七）上海炒菜便席

例1,笋炒虾仁、三丝鱼卷、油爆肚尖、京葱竹鸡、枸杞肉丝、糖醋排骨、蟹粉蹄筋、雪菜香菇、清蒸鲫鱼、菜鸽鲜汤。

例2,樱桃虾仁、鱼茄鱼丁、炸烹菊肫、云腿口蘑、松子嫩鸡、桂花香肉、蜜汁莲子、芙蓉青蟹、奶油菜心、软熘鳜鱼、应时鲜汤。

说明:上海人口密集,寸土寸金,居民红白喜庆招待宾客多在餐馆中举行,特别是阴历初八、十八、二十八这些吉日,面积本来不大的各式餐馆时常爆满。为提高接待能力,许多餐厅限制进餐时间,排菜时增加快捷便利的热炒的比例,于是便诞生了以炒菜为主的各式便席。

（八）湖北乡土便席

例1，双黄鱼片、黄陂三合、芝麻藕元、煎糍粑鱼、腊肉炒菜薹、清蒸武昌鱼、瓦罐萝卜牛肉汤、五芳斋汤圆。

例2，沔阳三蒸、江陵千张肉、田鸡烧鳝鱼、洪湖焖野鸭、孝感糯米酒、黄焖肉丸、酥炸茄夹、排骨煨藕汤、清水粽子。

说明：湖北乡土便席多取用当地居民钟爱的乡土名菜，菜品咸鲜香辣，醇厚肥美；水产鱼鲜较多，蒸煨烧炸而成，装盘丰满大方，价格经济实惠。

 实训演练题

一、多项选择题

1.关于便餐席的设计与制作，观点正确的选项是（　　）。

A.兼顾使用各类原料，力求构成平衡膳食

B.迎合宾客的特殊要求，协调饭菜的口味和质感

C.菜品的色质味形及冷热干稀应时而变，符合节令的要求

D.合理安排操作程序，尽可能地发挥办宴人员的技术专长

2.关于便餐席的叙述，下列选项观点正确的是（　　）。

A.便餐席是自助餐的简化形式

B.中式筵席主要由宴会席和便餐席所构成

C.便餐席是一种应用更为广泛的简便筵席

D.便餐席经济实惠，大方实用，主要有家宴和便席之分。

3.关于家宴的叙述，下列选项观点正确的是（　　）。

A.家宴是指在家中设置酒菜款待客人的筵席

B.家宴没有固定的排菜格式和上菜顺序

C.家宴注重营造亲切、友好、自然、大方、温馨、和谐的气氛

D.家宴的设计要迎合家人及亲友的特殊要求，协调饭菜的口味和质感

4.选用家宴菜品，下列选项观点正确的是（　　）。

A.要分清宴饮的类别，尊重宾主的需求

B.应考虑办宴者的拿手菜点，尽量发挥技术专长

C.操办规模较大的乡村家宴时应尽量选择工艺造型菜品

D.务本求实是操办乡村家宴的基本原则

5.设计便席菜单，下列选项观点正确的是（　　）。

A.明确就餐目的，考虑自身经济条件，量入为出

B. 了解餐厅的经营特色,尽可能地发挥技术专长

C. 迎合宾主嗜好,因人选用菜品

D. 注重品种调配,讲求营养平衡

6. 关于便宴菜品品种的调配,下列选项观点正确的是( )。

A. 优先考虑顾客喜爱的特选菜品、招牌菜品及节令菜品

B. 鱼鲜菜品确定后,考虑禽畜蛋奶菜;荤菜确定后,应考虑素菜

C. 热菜确定之后,应考虑冷菜、点心及水果等

D. 便宴菜品要求搭配合理,营养均衡,体现接待标准

二、综合应用题

1. 请按下列要求设计一份家宴菜单,并列出原材料清单及餐具清单。

(1)筵席主题:乡镇家宴(定亲宴、十岁宴、乔迁宴或酬谢宴)

(2)适用季节:春季或秋季;

(3)地方风味:符合当地食俗,体现地方饮食特色

(4)筵席成本:整桌筵席的成本控制在 400~500 元;

(5)筵席规模:5 桌;

(6)菜品数量:16~20 道;

(7)其他要求:原材料清单精准齐全,总成本误差不超过 5%。

2. 李艳是某大型公司的新任办公室主任,负责接待南来北往的各类客商,由于工作经验不足,每次设计便宴招待客人时颇感为难。请就以下问题作答,为李艳主任介绍相关知识,当好餐饮设计顾问。

(1)点菜应具备哪些知识和技能?

(2)设计便席菜单有哪些具体方法与程序?

(3)便宴菜单的设计应注意哪些问题?

(4)模拟设计一份接待标准约 500 元、供 8 人就餐的便宴菜单。

项目十 中式特色风味筵席鉴赏

中式特色风味筵席,包括中国古典名席、中国现代名席、中国民族宗教筵席、中式创新特色筵席等。之所以介绍这些筵席,一是为了传承中国饮食文化,充实中国筵宴文化知识;二是为读者提供较多的饮馔资料,以提高其鉴赏能力;三是加深对筵席设计理论的领悟,为提升筵席菜单设计能力作好铺垫;四是展示筵宴特色,突出设计创新,为创制新型筵席打下较为扎实的基础。

任务一 中国古典名席鉴赏

中国古典名席系指从虞舜到清末的 4000 多年间的各朝各代有代表性的著名筵席,本书从宫廷、官府、民间的不同角度遴选出 8 例,以供参阅。由于历史久远,其中有些名席的菜单不详,有些席单则过于繁杂,为了节省篇幅,这里主要着重于时代背景和筵席特色的介绍,其他方面则尽量省略。

一、楚国招魂宴

"招魂"是人刚死时,亲属召唤亡灵复归肉体、企盼起死回生的一种古老仪式。楚怀王被骗到秦国后,久久不归,爱国诗人屈原思念故主,特写下《招魂》诗,盼望他能早早回到故国,励志图强。这首诗中,借用巫神的口气,极力描写上下四方的险恶,以及故乡的宫室、饮膳、音乐之美,召唤怀王归来。其中的饮膳部分便是一桌精美的楚宫大宴,其菜单是:

主食:大米饭、小米饭、新麦饭、高粱饭。

菜肴:烧甲鱼、炖牛筋、烤羊羔、烹天鹅、扒肥雁、卤油鸡、烩野鸭、焖大龟。

点心:酥麻花、炸馓子、油煎饼、蜜糖糕。

饮料:冰甜酒、甘蔗汁、酸辣汤。

全席菜式共 19 种,由主食、菜肴、点心和饮料 4 大部分构成。所用原料以水鲜和野味为主,技法有烧、烤、煨、卤、炸、煎、烹多种,调味偏重于酸甜,带有鲜明的江汉平原鱼米之乡气息。它不仅席面编排规整,注意到谷、果、蔬、畜的养助益充作用,配膳比较合理,而且烂熟的牛蹄筋、鲜香的羊羔肉、油亮的焖大龟、醇美的天鹅脯,都达到了较高的工艺水平。这一菜单反映了楚人的饮食审美风尚,是现代筵席的鼻祖,其基本格式至今仍在南北各地沿用。

二、唐代烧尾宴

烧尾宴,指唐代士子初登金榜或大臣升官为皇帝或朋僚举办的宴会,名曰"烧尾",主要取鱼跃龙门、官运亨通之意。唐朝初期,"献食"之风盛行,打了胜仗、封了大官、金榜题名,均有宴请之举,皇帝也乐于接受臣下的孝敬。唐中宗时,弄臣韦巨源官拜尚书令左仆射,向皇帝敬献了一桌极为丰盛的筵席,其中主要的 58 道菜点被记载于《烧尾宴食单》中:

点心 24 道:单笼金乳酥(蒸制的含乳酥点)、曼陀样夹饼(烤制的曼陀罗果形夹饼)、巨胜奴(蜜制黑芝麻馓子)、婆罗门轻高面(用印度方法制的蒸饼)、贵妃红(红艳的酥饼)、御黄玉母饭(浇盖多种肴馔的黄米饭)、七返膏(七圈花饰的蒸糕)、金铃炙(金铃状的印模烤饼)、生进二十四气馄饨(24 种花形、馅料各异的馄饨)、生进鸭花汤饼(带面码的鸭花状面条)、见风消(炸制的糍粑片)、唐安馂(四川唐安特制的拼花糕饼)、金银夹花平截(蟹肉、蟹黄分层包入蒸制的面卷)、火焰盏口馅(上似火焰、下似灯盏的蒸糕)、水晶龙凤糕(红枣点缀的琼脂糕)、双拌方破饼(双色花角饼)、玉露团(雕花酥点)、汉宫棋(双钱形印花的棋子面)、长生粥(药膳,用进补药材熬制)、天花饆饠(配加平菇的抓饭或汤饼)、赐绯含香粽子(蜜汁的红色香粽)、甜雪(蜜浆淋烤的甜脆点心)、八方寒食饼(八角形冷面饼)、素蒸音声部(面蒸的歌人舞女)。

菜肴 34 道:光明虾炙(火烤活虾)、通花软牛肠(带羊骨髓拌料的牛肉香肠)、同心生结脯(生肉打着同心结风干)、白龙臛(鳜鱼片羹)、金栗平馅(鱼子糕)、凤皇胎(烧鱼白)、羊皮花丝(拌羊肚丝)、逡巡酱(鱼羊混合肉酱)、乳酿鱼(奶酪酿制的全鱼)、丁子香淋脍(浇淋丁香油和香醋的鱼脍)、葱醋鸡(葱醋调制的蒸鸡)、吴兴连带酢(吴兴腌制的原缸鱼酢)、西江料(猪前夹剁茸蒸制)、红羊枝杖(烤羊腿)、升平炙(羊舌鹿舌合烤)、八仙盘(剔骨鹅造型)、雪婴儿(青蛙裹粉糊煎制,形似婴儿)、仙人脔(乳汁炖鸡块)、小天酥(鸡、鹿肉拌米粉油煎)、分装蒸腊熊(清蒸腊熊肉)、卯羹(兔肉羹)、清凉臛碎(果子狸夹脂油制成冷羹)、箸头春(烤鹌鹑肉丁)、暖寒花酿驴蒸(烂蒸糟驴肉)、水炼犊炙(烤水牛犊)、五生盘(羊、猪、牛、熊、鹿合拼的花碟)、格食(羊肉、羊肠分别拌豆粉煎烤）、过门香（各种肉片相配炸熟）、红罗钉（网油包裹血块煎制）、缠花云梦肉（缠成卷状的缠蹄，切片凉食）、遍地锦装鳖（羊油、鸭蛋清、鸭油炖甲鱼）、蓊体间缕宝相肝（装成宝相花形的七层冷肝彩碟）、汤浴绣丸（氽汤圆子）、冷蟾儿羹（蛤蜊羹）。

从所用原料看，飞潜动植，一一入馔，水陆八珍，应有尽有，仅肉禽水鲜便达20余种。从品种花色看，荤素兼备，咸甜并陈，菜点配套，冷热相辅，尤以饭粥面点和糕团饼酥最具特色。从调制方法看，有乳煮、生烹、活炙、油炸、笼蒸、冷拼种种，而且镂切雕饰和看馔造型都颇见新意。从看馔命名看，文采缤纷，典雅隽永。1300年前能出现如此齐整的筵席，说明盛唐饮馔水平之高超。

三、宋皇寿筵

即北宋时期为皇帝寿诞在集英殿内举办的盛大庆贺筵席。根据孟元老《东京梦华录·宰执亲王宗室百官入内上寿》的记载，这种大宴的程序如下：

十月十二日，宰执、亲王、宗室、百官入内上寿。集英殿山楼上教坊司的乐人鸣奏百鸟的和声，内外肃然。宰执、禁从、亲王、宗室和观察使以上的官员，以及大辽、高丽、西夏的使臣在集英殿内入席；其他官员分坐两廊；军校以下，排在山楼之后。红木桌上围着青色桌幔，配黑漆坐凳。每人面前放置环饼、油饼、枣塔作"看盘"，四周陈放果品。大辽使臣的桌上加猪羊鸡鹅兔连骨熟肉为"看盘"，皆用彩绳捆扎，配置葱韭蒜醋各1碟。三五人共一桶美酒，由身着紫袍金带的教坊负责把盏。餐具全系漆、瓷制品，皇帝用弯把的玉杯、大臣和使节用金杯，其他人等用银杯。

开宴时钟鼓齐鸣，高奏雅乐，然后以饮9杯寿酒为序，把菜点羹汤、文艺节目和祝寿礼仪有机穿插起来。

第一杯御酒，"唱中腔"，笙管与箫笛伴和，跳"雷中庆"，群舞献寿。

第二杯御酒，仪礼同前，只是节奏稍慢。

第三杯御酒，左右军百戏入场，表演上竿、跳索、倒立、折腰、弄盏注、踢瓶、筋斗、擎戴等杂技，男女艺人皆红巾彩服，跳跃欢腾。同上下酒肉、咸豉、爆肉、双下驼峰角子4道菜，边看节目边品尝。

第四杯御酒，表演杂剧和小品，续上炙子骨头、索粉、白肉胡饼佐饮。

第五杯御酒，表演琵琶独奏，200多小儿跳祝寿舞，扮演杂剧，群舞"应天长"。上菜为群仙炙、天花饼、太平馉饳、干饭、镂肉羹和莲花肉饼。

第六杯御酒，表演足球比赛，胜者赐以银碗锦彩，拜舞谢恩，不胜者球头（队长）吃鞭。接着上假鼋鱼和蜜浮酥捺花。

第七杯御酒,奏舒缓悠扬的乐曲,400多女童各着新妆,跳采莲舞,随后演杂剧,合唱。上酒菜:排炊羊胡饼、炙金肠。

第八杯御酒,"唱踏歌",群舞;接上假沙鱼、独下馒头、肚羹。

第九杯御酒,表演摔跤,上水饭、簇钉下饭,奏乐拜舞,叩谢圣恩。

然后,入宴者头上簪花,喜气洋洋归家,并沿路撒铜钱。女童队出右掖门,少年豪俊争以宝具供送,饮食酒果迎接,各乘骏骑而归。她们在御街驰骤,竞逞华丽,观者如堵。

这一盛宴,场面热闹,气氛欢悦,赴宴者数百,演出者上千,厨师、服务人员和警卫过万,表现出宫廷大宴的红火与风光。从筵席设计的角度看,它有5点很可取。一是以9杯御赐寿酒为序。"九"在中国文化中既是最高数,又是吉数,九与久、酒谐音,寄托着美好的祝愿。后世的"九九长寿席"亦由此脱衍而来。二是庆寿与游艺相结合。筵宴节奏舒缓,娱乐性强。并且节目内容丰富,能满足多方面的欣赏趣味,有吸引力。后世的寿筵上多有"唱堂会"之举,与此不无联系。三是上菜程序的编排。2~5道一组,干湿、冷热、菜点、甜咸调配,采用分层推进的形式,分量适中,丰而不繁,简而不吝,便于细细品尝。四是安排了较多的"胡食",既能满足大辽、西夏等使臣的嗜好,又使筵宴的风味多彩多姿,还暗寓"四海升平、八方来朝"的吉祥含义,用心良苦。五是宽松自如的气氛,寿筵上虽重礼仪,但不是那样苛烦,与宴者在行礼之后有较大的自由,不像明清宫廷大宴那般沉闷、死板。

四、元朝诈马宴

即元朝皇帝或亲王在重大政事活动时举办的国宴或专宴。它又名"质孙宴"、"马奶宴"、"衣宴",主要因为赴宴的王公大臣和侍宴的卫士乐工都必须穿皇帝赏赐的同一颜色的"质孙服"而得名。其中,"诈马"是波斯语jaman——外衣的直译,"质孙"是蒙古语jisun——颜色的直译;称作"马奶宴"是此宴多以马奶、烤全羊和"迤北八珍"为主菜的缘故。至于"质孙服",是用回、维吾尔等族工匠织造的织金锦缎和西域珠宝缝缀而成,其式样类似今天蒙古族的礼袍。它不在市场上出售,而由皇帝论功赏赐,由于诈马宴通常是举行3~7天,质孙服一天一换,获赏的人便可天天凭服饰赴宴,获赏少的人难免会因没有同色的礼服而被拒之门外。因此,被赏赐质孙服和参加诈马宴,在元代是皇帝的恩宠与臣僚地位的象征。

关于诈马宴的盛况,《诈马行》诗序中有详尽介绍:"国家之制,乘舆北幸上京,岁以六月吉日(初三),命宿卫大臣及近侍,服所赐质孙珠翠金宝衣冠腰带,盛饰名马,清晨自城外各持彩杖,列队驰入禁中;于是上(皇帝)盛服御殿临视,乃大张宴为乐。……质孙,华言(汉语)一色衣也,俗称为诈马宴"。

元朝是我国历史上第一个由北方游牧民族建立的君临天下的封建政权。由于蒙、汉、回、女真、契丹等各族的相互影响,南北风俗的彼此渗透,各种宗教的并存,以及中外科学技术与物质文化的广泛交流,故而当时的中国社会既延续了农业文明的主流,又呈现出其他影响的多元性。凡此种种,就孕育出奇特而又壮观的诈马大宴。

20世纪90年代初,内蒙古自治区的鄂尔多斯,为了配合"那达慕大会"的旅游观光活动,特在距成吉思汗陵区1千米远的行宫,举办了颇有新意的诈马大宴。宴中的主菜是烤全牛——将50千克左右的肥壮牛犊治净后,置于地坑的双层炉膛中焖烤4小时制成,然后大宴开始。在威武的号角声中,扮演大汗与嫔氏的宾客在行宫内依次落座。"武士"禀报完毕,7名"宫女"在蒙古传统的吉祥尔曲中入帐用木碗向"帝后"及"群臣"(宾客扮演)敬献奶茶。随即4名少年表演刚劲的鼓舞,"君臣们"边欣赏边用炒米、酥油、奶酪调拌奶茶,细细品味。不久,乐曲戛然而止,"武士"手举钢刀唱起雄壮的赞歌,向"帝后"敬酒,接着抬上白布覆盖的全牛。"武士"抽出腰间的蒙古刀,切割少许头、腿肉于碗内,出外祭祀天地和祖先;再从腹部纵向开刀将整张牛皮划开,以游刃有余的技巧分割肉片,先献"君主",后献"臣僚",宾客们就着桌上的蒜、盐、醋等,自由调食。其肉香浓郁,质酥嫩,大快朵颐。"宫女"在鼓乐声中再次敬酒,上点心,送西瓜,并随着悠扬的乐曲,跳起优美的吉祥舞。这时座上的客人也纷纷加入欢乐的人群,手舞足蹈,共祝草原牛羊兴旺,人民富裕安康。

五、孔府官宴

清代曲阜孔府接待朝廷官员的礼席,有上、中、下3等。上等席接待钦差和一二品大员,排菜62道;中等席面接待信使和三至七品官员,排菜50道;下席接待随员、护卫和八九品属官,排菜24道。孔府官宴等级森严,下面是上席中的一种菜单:

茶:龙井或碧螺春

四干果碟:苹果、雪梨、蜜橘、西瓜。

十二冷盘:凤翅、鸭肫、鹅掌、蹄筋、熏鱼、香肠、白肚、蜇皮、皮蛋、拌参丝、火腿、酱肉。

十六热炒:熘腰花、爆鸭腰、软炒鸡、炒鱼片、鸭舌菜心、溜虾饼、溜肚片、爆鸡丁、火腿青菜、芽韭肉丝、香菇肉片、炒羊肝、肉丝蒿菜、肉丝扁豆、鸡脯玉兰片、海米炒春芽。

四点:焦切、蜜食、小肉包、澄沙枣泥卷。

珍珠鱼圆汤随上。

另沏清茶。(以上为第一轮次)

二海碗:清汤紫菜、清蒸鸭。

四大碗:红扒鱼翅、红烧鱼、红烧鲍鱼、鹿筋海参。

六中碗:扒鱼皮、锅烧虾、红烧鱼肚、扒裙边、拔丝金枣、八宝甜饭。

二片盘:挂炉猪、挂炉鸭。

露酒一坛。

主食:馒首、香稻米饭。

海参清汤随上。

小菜:府制什锦酱菜。(以上为第二轮次)

六、清代千叟宴

亦名千秋宴、敬老宴,系清廷为年老重臣和贤达耆老举办的高级礼宴,因与宴者都系年过花甲的男子,每次都超过千人,故名。从康熙到嘉庆的 80 年间,此宴共举办 4 次,最多时达 3056 人,颇负盛名。

千叟宴例由礼部主办,光禄寺供置,精膳司部署,准备工作冗繁。首先要逐级申报赴宴人员,最后由皇帝钦定,行文照会,由地方官派人护送到京,然后接回,前后折腾近一年。其次要筹办大量的物品,包括炊具、餐具、原料、桌椅、礼品等等,耗费大量钱财。最后是进行礼仪训练和场景布置,以及安排警卫、服务人员,一般每次都要动用万人。

千叟宴也分等级。一等席面接待王公、一二品大臣、高寿老人和外国使节,设在大殿与两廊。菜式有铜火锅、银火锅、猪肉片、煺羊肉片各一道;鹿尾烧鹿肉、煺羊肉乌叉、蒸食寿意、炉食寿意各一盘,荤菜与螺丝盒小菜各 2 种,肉丝烫饭一份。二等席面安置三至九品官员和其他老人,摆在丹墀、甬路和广场的蓝布凉棚中。菜式略低于前。

此宴仪程烦琐,前前后后多达数十道,需要不停地奏乐、叩拜、感谢皇恩浩荡。宴毕因人而异,各有赏赐,如恩赉诗刻、如意、寿杖、朝珠、貂皮、文玩、银牌之类。

千叟宴的有关史料现今完整地藏于故宫博物院,可供查阅。

七、扬州满汉席

满汉席,又称"满汉全席","满汉燕翅烧烤全席",是清代中叶兴起的一种气势宏大,礼仪隆重,接待程序繁复,广集各民族各地区肴馔精华,以满汉珍味和燕窝、鱼翅、烧猪、烤鸭4大名菜为龙头的特级酒筵。200余年来,它流行于南北重要都会,各式筵席菜单几十种,筵席的菜式一般都在100款以上,堪称中国古典筵席之冠。

清代扬州满汉席是目前所能见到的年代最早、内容最完整的满汉全席席谱,记载于李斗的《扬州画舫录》中。全文如下:

"上买卖街前后寺观,皆为大厨房,以备六司百官食次。

第一份:头号五簋碗十件——燕窝鸡丝汤,海参烩猪筋,鲜蛏萝卜丝羹,海带猪肚丝羹,鲍鱼烩珍珠菜,淡菜虾子汤,鱼翅螃蟹羹,蘑菇煨鸡,辘轳馄鱼肚煨火腿,鲨鱼皮鸡汁羹血粉汤。一品级汤饭碗。

第二份:二号五簋碗十件——鲫鱼舌烩熊掌,糟猩唇猪脑,假豹胎,蒸驼峰,梨片伴蒸果子狸,蒸鹿尾,野鸡片汤,风猪片子,风羊片子、兔脯奶房签。一品级汤饭碗。

第三份:细白羹碗十件——猪肚,假江瑶,鸭舌羹,鸡笋粥,猪脑羹,芙蓉蛋鹅掌羹,糟蒸鲥鱼,假斑鱼肝,西施乳文思豆腐羹,甲鱼肉肉片子汤茧儿羹。一品级汤饭碗。

第四份:毛血盘二十件——猎炙,哈尔巴,小猪子,油炸猪羊肉(2件),挂炉走油鸡鹅鸭(3件),鸽臛猪杂什、羊杂什(2件)、燎毛猪羊肉(2件)、白煮猪羊肉(2件),白蒸小猪子、小羊子、鸡、鸭、鹅(5件),白面饽饽卷子,什锦火烧,梅花包子。

第五份:洋碟二十件,热吃劝酒二十味,小菜碟二十件,枯果十撤桌,鲜果十撤桌。

所谓满汉席也。"

清代扬州满汉席只是各式满汉全席的代表之一。处在不同时期、不同地域,满汉席的规格、程序和菜品虽有不同,但其主要特色基本一致:

其一,礼仪重,程序繁,强调气势和文采。它大多用于"新亲上门,上司入境",非大庆典不设。开宴时,要大张鼓乐,席中还有诗歌答奉、百戏歌舞、投壶行令等余兴,文采斐然。正因如此,官绅人家迎待贵客无不倾其所有,以大开满汉全席为荣,亮富斗富,求得尊荣心理的满足。

其二,规格高,菜式多,宴聚时间相当长。由于满汉全席实际上是清代档次最高的筵席,故而不仅赴宴者身份显贵,并且厅堂装饰、器物配备、菜品质量、服务接待也是第一流的。它的菜式少则 70 余道,多则 200 余品,通常情况下是取 108 这个神秘的吉数;冷荤、热炒、大菜、羹汤、茶酒、饭点和蜜果多为 4 件或 8 件一组,成龙配套,分层推进,显得多而不乱,广而不杂。此外,由于菜式较多,有的席面须分 3 餐,有的要持续两天,还有的整整需要 3 天 9 餐方能吃完。

其三,原料广,工艺精,南北名食汇一席。从取料看,从山珍的熊掌、驼峰、麒面,到海味的燕窝、鱼翅、鲍鱼、海参,还有各类名蔬佳果、珍谷良豆,飞潜动植,应有尽有。从工艺看,煎、炒、爆、熘、烧、烤、炸、蒸、腌、卤、醉、熏,百花齐放,无所不陈。从菜式看,汉、满、蒙、回、藏,东、南、西、北、中,均有最知名的美味被收入进来。从菜品特色看,菜肴中较为注重北京菜和江浙菜,点心中较为注重满族的茶点和宫廷小吃,并且将烧烤菜置于最显要的位置上。

其四,席套席,菜带菜,燕、翅、猪、鸭扛大旗。满汉全席的菜谱一般都是按照大席套小席的格局设计的。从整体上看,全席菜式井然有序,从局部看,各自又可以相对独立;如果把这些小席一一抽出,则可变成熊掌席、裙边席、猴头席等等。所谓"菜带菜",是指每一小席中常以一道高档大菜领衔,跟上相应的辅佐菜式,主行宾从,烘云托月。同时由于满汉权贵的嗜好和当时的饮食审美观念所制约,燕窝、鱼翅、乳猪和烤鸭这四道珍馔,通常居于全席的"帅位",统领着各小席的主菜及全部菜品。

八、锦州全羊席

全羊席是以羊为主料制成的著名筵席,号称"屠龙之技"。它有两种类型:一是将全羊烧烤或煮焖,随带味碟或点心整件入席,由客人自由片食;二是用 1~20 只肥羊的各个部位,添加相应的辅料,分别制菜,再仿照满汉全席编排,其席谱多达百余种。

晚清锦州的全羊席有菜肴 112 道、点心 16 道、果碟 12 道,共计 140 品。席谱格局是,先上四干盘、四鲜果、四蜜饯压桌;然后将菜肴和点心编成 4 个层次,依次推进。该席的 112 道菜肴包括冷盘 32 道、大件 16 道、热菜 48 道、饭菜 16 道。

"水晶明肚、七孔玲台、采闻灵芝、凤眼珍珠、千层梯丝、文臣虎板、烤红金枣、斩箭花丝、酿麒麟顶、鹿茸凤穴、金塌翠绿、金蛟猩唇、油爆三样、扣焖鹿肉、菊花白玉、彩云子箭、金丝绣球、百子葫芦、甜蜜蜂窝、宝寺藏金、虎保金丁、天开秦仓、凤眼玉珠、御展龙肝、丹心宝代、八仙过海、丝落水泉、青云登山、明开夜合、炝海洋丝、金梁玉柱、吉祥如意、玉丝点红、蚝油腰子、香麻桃肝、双皮玉丝、金鼎炉盖、喇嘛黄肉、百花酥肉、香烂鹿骨、彩云虎眼、喜望峰坡、玻璃鹿唇、天花巧板、受天百禄、鞭打绣球、银镶鹿筋、墨金沙肝、聚堂鹿茸、幼驼峰尖、银片虎眼、冰雪翡翠、红金铁伞、满堂五福、蓝天宝地、雪打银花、片鹿腱子、麻辣腰花、麻酱双丝、咸香槟榔、盐拌瓜肉、长生不老、怪味口白、马牙脆肝、雪原争艳、凌花脆卷、酿玉搬汁、佛献顶珠、天玉金顶、葱烧浮竹、脆皮金顶、煎塌三样、麻桃紫盖、糟熘双片、京葱肋扇、红叶含云、迎风玉扇、金度水塔、炸金银条、雪绵糖圆、玉环边锁、锦江汇丝、清炖豹胎、红焖酥方、香卤心丝、白玉血肠、络网油肝、五香肚丝、麻油蜈蚣、三品环肠、片凤眼肝、辣卤红丝、芙蓉鹿鞭、串珠绣球、凤巢三丝、双龙宝珠、三脆一品、万年青翠、饮润台子、白云搬汁、香酥罗脊、黄门金柱、鲜醇鹿体、山鸡油卷、三白赛雪、富贵金钱、千里追风、金银三丝、海献三鲜、黄绿飘叶、清蒸海鲜、红焖熊掌。"

这份筵席菜单有两大特色:

其一,采用 2 日 4 餐制的排菜格局,即将 140 道菜品分为 5 组(果碟 1 组,菜点 4 组),第一餐上 12 道果碟、8 道冷菜、16 道热菜、4 道饭菜和 4 道点心,共 44 道,亮席。以后 3 餐,各是 8 道冷菜、16 道热菜、4 道饭菜和 4 道点心,均为 32 件一组,名为续席。它们合则一大席,分则 4 小席,既前后衔接,又各自独立,属于"组合式席谱"的格式,灵活而主动。

其二,采用寓意性命名的方法,全部菜品从头至尾不露一个"羊"字,以增添情趣。这类菜名实际上都有专指,如"明开夜合"是指羊眼,"金鼎炉盖"是指羊心,至于"长生不老"、"八仙过海"之类,也都是采用借代、比拟等手法,似暗若明,半藏半露,借以增强吸引人的魅力。

任务二 中国现代名席鉴赏

中国现代名席系指辛亥革命至今的 100 年间我国较有代表性的著名筵席,本节选出 8 例,以供参阅。这里的"名",不仅仅指席面大、传播广、技术性强、知名度高,还包含着"山不在高,有仙则名,水不在深,有龙则灵"的寓意。

一、全聚德烤鸭席

它是北京市著名的特色风味筵席,特点有四:①以烤鸭为主菜,辅以舌、脑、心、肝、肠、翅、掌、脯等制成的冷热菜式和点心,"盘盘见鸭,味各不同"。②上菜程序多为冷菜—大菜—炒菜—烩菜—素菜—烤鸭—汤菜—甜菜—面点—软粥—水果的格式,与众有别。③以北京菜和山东菜为主,兼有宫廷风味和清真风味,还吸收了南方各省的烹调方法,包容广泛,丰盛大方。④常常作为中国筵席的代表,在海内外知名度甚高,有"不吃烤鸭席,白来北京城"之说。

烤鸭席实际上也是烤鸭全席,其规格多种。大型的烤鸭全席(25 道菜品)的席谱如下:

冷菜:芥末鸭掌、盐水鸭肝、酱汁鸭膀、水晶鸭舌、如意鸭卷、五香熏鸭。

大菜:鸭包鱼翅、鸭茸鲍盒、珠联鸭脯、芝麻鸭排。

炒菜:清炒肫肝、糟熘鸭三白、火燎鸭心、芫爆鸭胰。

烩菜:烩鸭舌。

素菜:鸭汁双菜。

烤鸭:挂炉全鸭(带薄饼、大葱、甜面酱)。

汤菜:鸭骨奶汤。

甜菜:拔丝山药。

点心:鸭子酥、口蘑鸭丁包、鸭丝春卷、盘丝鸭油饼。

稀饭:小米粥。

水果:"春江水暖鸭先知"诗意图案切拼。

二、四川田席

它是始于清代中叶四川民间的喜庆酒席,又名九斗碗、三蒸九扣、杂烩席,因其设席地点多在四川农村的田头院坝,故名。最初的田席仅用于欢庆秋收,后来扩展到婚嫁、寿庆、迎春、治丧以及农家其他重大活动;民国年间,一些地方又将田席引进到餐馆酒楼,使之成为川菜席中的常见款式。

四川田席常以"九斗碗"冠名,原因有三:第一,"九"是指菜品的数量,既实指主菜为九品,又寓意菜品众多,筵席丰盛。第二,借"九"与"久"谐音,用以表达人们的良好祝愿。如称婚宴的九大碗为"喜九"(意为天长地久),称寿宴的九大碗为"寿九"(意谓寿比南山)。第三,盛菜的器皿多是乡下常用的大号碗,俗称"斗碗",充分体现了田席朴实无华、讲求实惠的风格。

四川田席的菜品原料,少有山珍海味,多是就地取材,以农家自产的猪、鸡、鸭、鱼和蔬菜水果为主,肉类原料要脂厚膘肥,做出的菜才形腴味美。田席的菜品以蒸扣类菜式居多,如作为九斗碗头菜的蒸烧白,作为压轴戏的蒸肘子,中途上的扣鸡、扣鸭等皆属此类。蒸扣类菜式之所以能在田席中独领风骚,一方面是因为它比较适合就餐人数多、上席要求快速的需要(蒸扣类菜可事先做好,保存在蒸笼里,开席时从笼里取出,一齐上桌,如此快捷利落,非其他成菜方式所能及),另一方面,也是因为考虑到食材的本质特性和菜品的质量要求。相对而言,蒸扣法更能展示出菜肴的形腴味美,如蒸肘子,其形整丰腴,肥而不腻,软糯适口,极为诱人。又如烧白,它排列整齐,形圆饱满,规整不烂,肥而不腻,当之无愧地成为了普通田席的头菜。

四川田席的款式较多。川西坝上的普通田席,常由大杂烩、红烧肉、姜汁鸡、烩明笋、粉蒸肉、咸甜两味烧白、夹沙肉、蒸肘子、清汤等九大碗组成。有时不用清汤,而以"红白萝卜三下锅"(即用红、白萝卜干,青菜头,与腊肉骨头汤同煮而成)为汤菜。当然,这只是通常范式,至于九大碗内的具体内容和品质,则因时(季节出产)、因地(地方出产)、因人(主人的经济条件)及办席厨师的技艺水平而不同。

都市里的田席规格较高,相对于乡间田席有不少变化。如上菜程序,在上"九大碗"主菜之前,增加了一个"九色攒盒"。攒盒内分为九格,每格分别装有各色腌腊制品和林林总总的炒货,也有的装以杂果、杂糖、蜜饯等。主菜仍为九种,但其构成已与乡村九大碗相去甚远,原料档次提高了,品质也更趋精良。一般的主菜有:杂烩汤、拌鸡块、炖酥肉、白菜圆子、粉蒸肉、咸烧白、蒸肘子、八宝饭、攒丝汤等。此外,菜品的烹制也更为讲究,例如蒸扣类菜肴,特别注重装盘码形,盛菜的器皿也不再是乡间粗放的大碗,取而代之的是较为精致考究的碗盘。

除了通常的攒盒加大菜的组合模式,四川还流行一种冷盘加大菜的田席,冷盘中盘为黑瓜子,另有姜汁肚片、鱼香排骨、椒盐炒肝、松花皮蛋四个碟子,大菜由芙蓉杂烩、白油兰片、酱烧鸭条、软炸子盖、豆瓣鲫鱼、热窝鸡、红烧肘子、水晶八宝饭、酥肉汤等构成。

现今还有更为讲究的高档田席:在上"九大碗"主菜之前,增加九围碟、四热吃之类。九围碟包括一个中盘和八个小碟,中盘为金钩萝卜干,八个小碟是糖醋排骨、红油兔肝、麻酱川肚、炸金箍棒、凉拌石花、炝莲白、红心瓜子、盐花生米。四热吃包括烩乌鱼蛋、水滑肉片、烩鸡菌、百合羹。九大碗主菜更为精致,有攒丝杂烩、明笋烩肉、炖坨坨肉、椒麻鸡块、肉焖豌豆、米粉蒸肉、咸烧白、甜烧白、清蒸肘子等。主菜上完后另有点心及随饭菜,如红油菜头、盐白菜、冬菜肉末、炒菠菜等。

总的来说,田席的本质特征是就地取材,不尚新异,肥腴香美,朴实大方。四川田席在流传过程中虽然产生过许多变异,各地市的菜单也各见其趣,但其菜式以民间风味为主、入乡随俗、丰俭由人的特质一直流传至今。下面选录了具有代表性的3例田席菜单,以供鉴赏。

例1：广汉九斗碗（低档农村田席）

"大杂烩、红烧肉、姜汁鸡、烩明笋、粉蒸肉、咸烧白、夹沙肉、蒸肘子、蛋花汤"。

（前面八碗都以猪肉为主，走菜时一齐上桌，故又称"肉八碗"。）

例2：川南三蒸九扣席（中档农村田席）

起席：花生米

大菜：清蒸杂烩、红糟肉、原汤酥肉、扣鸡、粉蒸鲫鱼、馅子千张、皮蛋蒸肉糕、干烧全鱼、姜汁热肘、坨子肉、扣肉、骨头酥、芝麻圆子。

（本席不仅有花生米"起席"，还将大菜增至13道，做工也较细致，显然是对"九大碗"的充实，席中的"坨子肉"与凉山彝族的"坨坨肉"可能有亲缘关系，故推测其流行于川南一带。）

例3：重庆大型田席（市场高档田席）

起席：五香花生米、葵瓜子。

冷菜：糖醋排骨、五香卤鹅、凉拌鸡块、麻酱川肚、金钩黄瓜。

热菜：攒丝杂烩、软炸肘子（配葱黄花卷）、三鲜蛋卷、姜汁热窝鸡、鲊辣椒蒸肉、鸳鸯烧白（猪腿肉与鹅脯制）、蜜汁果脯、素烩元菇、虾羹汤。

饭菜：家居咸菜两样。

此席对肥美油腻的农村田席作了改进，如改咸烧白为鸳鸯烧白，改红烧肉为三鲜蛋卷，并且变咸、甜为主的单一味型为多种味型，既保持了传统特色，又适应饮食新潮。

上述3例可以说明，四川厨师富于开拓精神，能较好地处理继承与创新的关系，还善于从民间菜式和食单中吸收营养，使农家小宴逐步登上大雅之堂。

三、洛阳水席

它是河南省洛阳市传统名宴。"水"字的含义有二：一是当地气候较为干燥，民间膳食多用汤羹，此席的汤品较多；二是24道看馔顺序推进，连续不断，如同流水一般。

相传此席始于唐代的洛阳寺院，最早为僧道承应官府的花素大宴，后被官衙引进成为官席，辗转流传到民间，逐步形成荤素参半的格局。此席的美称较多，因其头菜系用特大萝卜仿制的牡丹状燕窝，风味奇异，曾博得武则天的赞赏，故名"牡丹燕菜席"；还由于当地的真不同饭店，供应此席50余年，技艺精熟，高出同行一筹，亦称"真不同水席"；再加上洛阳人逢年过节、婚丧寿庆都习惯用此席款待宾客，它又叫作"豫西喜宴"。

洛阳水席格式固定,一般都由八冷盘(4荤4素)、四大件、八中件、四压桌组成,有冷有热、有荤有素、有咸有甜、有酸有辣。其中冷盘又称酒菜;一大件带二中件入席,名曰:"带子上朝";热菜基本上都用汤盘或汤碗,汁水较多;最后的一道菜为送客汤,意为菜已上毕。水席的席单可以依据原料、季节和客人口味相应变化,翻出不少花样。下面是"真不同水席"的一份菜单:

四冷荤:杜康醉鸡、酱香牛肉、虎皮鸡蛋、五香熏蹄。

四冷素:姜香脆莲、碧绿菠菜、雪药海蜇、翡翠青豆。

四大件:牡丹燕菜、料子全鸡、西辣鱼块、炒八宝饭。

八中件:红烧两样、洛阳肉片、酸辣鱿鱼、炖鲜大肠、五彩肚丝、生余丸子、蜜汁红薯、山楂甜露。

四压桌:条子扣肉、香菇菜胆、洛阳水丸子、鸡蛋鲜汤。

四、岭南蛇宴

岭南人自古就有食蛇的习俗。岭南地区产蛇不下百余种,经常为人们喜食乐用的大致有8种,其中水蛇、水律、蚺蛇、过树榕(龙)4种是无毒的,眼镜蛇(饭铲头)、银环蛇(过基峡)、金环蛇(金脚带)、三索线则是毒蛇。

人们通常认为水蛇、水律的蛇胆无用,故只吃其肉而弃其胆;而过树榕和其他4种毒蛇,则其蛇胆的价值经常超过整条蛇身,这是因为这些蛇胆具有祛风湿、行气活血的作用,是名贵中药之一,用它可以制成多种名贵的中成药,例如蛇胆川贝、蛇胆陈皮、蛇胆酒等。岭南人还认为蛇肉(指五蛇)具有较大的滋补作用,是名贵的补品,补身健体,可以"立竿见影"。更有人认为蛇血最能补血(指的是三蛇)。吃蛇血的方法十分惊人,售蛇者以绳缚着毒蛇的头吊起,再用药棉蘸酒精替蛇抹身消毒,然后用银剪刀剪断蛇尾,吸蛇血者坐着,口含蛇尾吮血。至于大蚺蛇(现为保护动物,禁止捕捉),由于它有庞大硕长的身躯,一条动辄数十斤,只能由酒楼收购或蛇店自己屠宰零售。蚺蛇的皮,用途很大,可制作乐器和不少高级日用品,故价值高昂。蚺蛇肉厚,多以淮山、杞子、圆肉之类药材清炖,汤味颇鲜,补而不燥。

食用蛇馔强调应时当令。秋冬季节,是吃补品的最佳时令,而蛇类又以秋冬季节(冬眠之前)生长最肥,所以,过去的酒楼,只在秋冬两季才有制售蛇羹蛇馔,这叫作"不时不食"。

早期的蛇馔,品种比较单调,只限于"蛇羹"一种,多在筵席中作为羹汤上席。但即使是蛇羹,也有多种品种,如豹狸会三蛇、三蛇龙凤会(加鸡丝)、龙虎凤会(蛇、豹狸、鸡)、竹丝鸡会五蛇羹(加竹丝鸡肉)等,名目繁多。除主料用蛇肉之外,其他配料有:鸡肉丝、浸发鳖肚丝、浸发香菇丝、浸发木耳丝、姜丝、陈皮丝等,还有煲蛇壳(净去皮去胆去内脏的带骨蛇身)用的竹蔗、圆肉、陈皮、姜片(煲后去掉)以及多种调味料、汤芡料,制作工艺相当讲究。此外,酒楼在蛇羹上席时,必跟菊花(白色的去蒂花瓣)、薄脆(油炸薄面片儿)、柠檬叶(去叶脉切成幼丝)等佐料。正因为制作蛇羹配料繁多,工序复杂,耗用工时也较多,再加上一般酒楼,只是秋冬季节才有制售,所以对于活蛇货源,只在接到订单后,才按需求向蛇店购买。

随着时代的发展,蛇馔的市场需求越来越大,蛇类肴馔的品种也越来越多。除原来的各类蛇羹之外,发展到蛇丝、蛇片、蛇衣、蛇脯、蛇肝、蛇丸(球)、蛇丁,再加各种不同配料,运用烩、炆、炒、酿、扣、炖、红烧、拼拌、扒、焗、炸等各种烹调技法,蛇类肴馔的品种数以百计,于是诞生了"全蛇筵席"。

岭南蛇宴,又名龙宴,系以万蛇、金蛇、灰鼠蛇、三锦索蛇和乌梢蛇等的肉、皮、肝、胆、血作主料,配加鸡鸭鱼肉、山珍海味以及蔬果药材,调制出多种蛇馔,组合成各式筵席,在广东、广西、海南、香港一带很受欢迎。下面是3例蛇宴菜单,可供鉴赏。

例1,广式全蛇宴菜单

菊花龙虎会、红烧南蛇脯、京葱爆蛇丁、什锦五蛇羹、五彩蛇丝(带荷叶饼)、凤肝蛇片、百花蛇脯、酿蛇蛋(带蛇粒花卷)、酥炸蛇卷、焦溜蛇段、清炖蛇块、龙凤呈祥、龙戏球、三蛇球、蛇丝伊锅面、红茶各盏(带蛇茸酥)。

例2,港式全蛇宴菜单

二热荤:云腿麒麟蛇片,蛇片冶鸡卷。

七大菜:翅王拆会五蛇羹,三蛇入凤胎,五彩炒蛇丝,红烧大蚺蛇,酥炸生蛇丸,蛇丝扒芥胆,西汁焗蛇肝。

另:韭王蛇丝伊面,甜菜,美点、生果。

席前奉即宰三蛇鲜胆(二付)酒各一杯。

例3,主菜蛇宴菜单

二热荤:蟹肉蛇脯,腰果蛇丁。

七大菜:龙虎凤大会,碧绿炒蛇球,百花酿蛇衣,酥炸蛇片扎,玉桂麒麟鱼,红烧双乳鸽,蚝油扒花菇。

另:鲜虾仁炒饭,甜菜,美点。

席前奉即宰鲜三蛇胆(一付)酒各一杯。

凡蛇筵席前宰蛇献胆,几乎都是蛇店派出师傅操作的。蛇胆放进玻璃杯内,由服务员用银剪剪出胆汁,加入酒类。醇酒烈酒,随客喜欢。

五、阳谷乡宴

位于鲁西平原的古城阳谷,民风淳朴、乡宴讲究。当地流传的顺口溜:"茶食果子先打底,递酒安席三、二、一,三碗四扣八铃铛,琉璃丸子露绝技,文腹武背有讲究,鸡头鱼尾大吉利",形象地概括了它的特色。

"茶食果子先打底"说的是到奉茶点。小宴是一杯清茶,两道进门点;大宴则是摆出四干碟(西瓜子、花生仁、南瓜子、葵花子)、四鲜碟(桃、杏、李、藕之类)、四果碟(4 样花色点心)。至于寻常人家,还可用水饺、面条代替,为的是压饥垫肚,防止醉酒。

"递酒安席三二一"指 6 杯敬客酒。宾主起立先连干 3 杯,这叫"桃园三结义";然后坐下小叙,略品一点菜肴后又连干 2 杯,这叫"好事要成双";稍后再干 1 杯,这叫"一心要敬你",6 杯落肚,方可狂吃大嚼,开怀畅饮。

"三碗四扣八铃铛"指菜式组合,三碗即三大件,多为整鱼、整肉、整鸡鸭。四扣为四蒸碗,一般是酥鸡块、酥肉块、酥鱼块、酥丸子,都系扣蒸而成。八铃铛指六行件二汤:乡村多为醋熘土豆丝、烧白菜条、扒羊肉白菜卷、红烧羊肉条、姜丝肉、炸藕夹、蒜泥豆角等家常菜;城镇则是鸡丝掐菜、烧蒜泥肥肠、扒白菜卷、钻肉丸子、蒜爆里脊片等功夫菜;汤是咸(灌汤丸子或糁汤)、甜(蜜汁水果或果羹)各一,咸汤上在四扣碗后,甜汤上在六行件后。

"琉璃丸子露绝技"指阳谷厨师的绝活。当地有一条不成文的规定:会做琉璃丸子的人,方可操办乡宴,这一道菜如果做砸了,3 年之内不得操刀办席。

"文腹武背有讲究"讲上菜礼节。上大鲤鱼时,文士相聚则鱼腹朝向主宾、武士相聚则鱼背朝向主宾。据说这是不使文客产生"文人相轻"(相背)的错觉,也防止客人产生"鱼腹藏剑(存有歹意)"的误会。如若不是这样,文客会拂袖而走,武客会拔刀相见。

"鸡头鱼尾大吉利"指 3 大件的编排顺序,即鸡鸭开头,猪肉居中,鲤鱼收尾。鸡者,吉也,开席报喜;鲤者,利也,收席见彩,故而祥和开泰,皆大欢喜。

阳谷乡宴是齐鲁风情的饮食文化的生动体现,如同陈年佳酿,甘美醇香。

六、辽东三套碗席

辽东三套碗席是清代中叶以后在辽东满族聚居地的城镇兴起的红白庆筵。它一般由 16 款冷碟、3 款大件和 12 款熘炒菜、汤烩菜组成,由于全部肴馔分别用怀碗、中碗、座碗盛装,故名。

据吴正格先生《满族食俗与清宫御膳》介绍,辽东三套碗席具有 4 个特色:
(1)盖县、新宾、岫岩等地的席单编排虽然略有不同,但规格与形式大体一致,餐具的使用基本相同。即点心、凉碟多用 6 寸细瓷平盘,大件用豆绿色或蓝色花边的 1 尺坑盘,怀碗用 6 寸坑盘,中碗用 7 寸坑盘,座碗用 8 寸坑盘,一套比一套大,菜码一组比一组多。(2)宴客程序一般为:客人入座,侍者奉茶,献上果碟,每盘 4 个。开席后先上凉碟(有单碟、双拼、三拼种种,往往垒起 3 寸多高),再上大件(多有垫底料),后上点心和怀碗盛装的熘炒菜、汤烩菜;酒品常是花雕、陈绍或老白干。(3)原料多为本地特产或自制加工的,重视季节性,灵活多变。席上很少有纯肉菜,讲究主辅料的调配。肴馔都有本乡本土的特色,绝少使用外帮菜。口味以咸为主,趋向清淡,加工精细,有着辽菜工艺的天然风貌。(4)乡土气味浓郁,满族食风明显,并且席谱众多,编排考究,格局高雅,多为当时的富户豪门所享用,是官场、商界和文士社交中的一种高档筵席。

席单一:新宾三套碗席

八凉碟:炒肉拉皮、拌蜇头拼拌海螺、蛋卷拼粉肠、卤肘子拼酱牛肉、酥白肉拼糖熘白果、黄瓜拼火腿、灌肠拼小肚、清冻拼花冻。

大件一:红焖肘子。

四怀碗:山鸡卷、烧蜇头、素烩、熘虾段。

大件二:葱油海参。

四中碗:芙蓉鸡蛋、辣子鸡、炸鸡脯、熘鱼段。

大件三:浇汁鱼。

四座碗:烩三鲜、烩葛仙米、烩鱼骨、烩龙鱼肠。

四面饭:凉糕、马蹄酥、炸套环、三鲜蒸饺。

席单二:盖州三套碗席

四干果:瓜子、冰糖、紫桃、果脯。

四鲜果:白梨、苹果、葡萄、瓜饯。

四泡果:青梅、橘饼、桂圆、葡萄干。

八压桌碟:蛋肠、肉肠、粉肠、卤肝、叉烧、肘花、松花、肉丝炒咸菜。

大件一:葱烧海参。

两点心:马蹄酥、菊花酥。

四烩菜:三丝鱼丝、芙蓉口蘑、烩干贝、烩鱼骨(用第一套中碗)。

大件二:清蒸鱼。

两点心:含丝饼、炸春卷。

四烧菜:熘虾姑、刺猬鱼、烧二冬、炒三鲜(用第二套中碗)。

大件三:扒肘子。

两点心：三鲜饺、喇嘛糕。

四汤菜：烩羊粉、鸡蛋糕、氽鱼脯、木梳背扣肉（用第三套汤碗）。

七、北京谭家菜席

谭家菜席系清末官僚谭宗浚创制的官府筵席。谭宗浚是广东南海人，同治年间考中榜眼，在翰林院供职。他一生酷爱美食，喜欢与同僚酬酢。每逢治宴，他都亲自调排，务使其精美可口。其子谭缘青秉承父风，制馔尤精，还重金礼聘名厨来家传艺。日积月累，谭家终于将京菜为主的北方菜和粤菜为主的南方菜巧妙融合，形成甜咸适口、南北均宜、重视原汁原味、选料精、加工细、火候足，下料重的谭家菜席。最早的谭家菜席仅限于宴请宾客，后来家道衰落，才变相对外营业。解放以后，谭家菜先后进入北京饭店和人民大会堂，成为国宴与专宴中的主要菜式之一。

谭家菜席中以燕翅席最为著名，其编排程序十分正规。它往往是先定类别（如冷菜、热菜）的数量，再定原料（如用翅、参、鱼、鸭）的品种，最后依据时令或客人的嗜好确定技法与菜种，相当严格。由于该席较好地处理了"不变中有变"与"变中有不变"的关系，加之用料名贵，调理精细，档次甚高，独具一格，因此曾于20世纪30年代在北京留下了"戏界无腔不学谭鑫培，食界无口不夸谭家席"的定评。

谭家燕翅席的菜单如下：

（1）酒菜（一般安排6道，热上，随带烫得滚热的绍兴黄酒）：叉烧肉、红烧鸭肝、蒜蓉干贝、五香鱼、软炸鸡、烤香肠这类。

（2）大菜（按原料编排10道）：鱼翅（黄焖鱼翅或砂锅鱼翅）、燕窝（清汤燕菜或一品冬瓜燕）、鲍鱼（红烧鲍鱼或蚝油紫鲍）、乌参（扒大乌参或红烧海参）、母鸡（草菇蒸鸡或八宝全鸡、糯米全鸡）、素菜（银耳素烩或虾子茭白、三鲜猴头）、名鱼（清蒸鳜鱼或清蒸鲥鱼）、肥鸭（黄酒焖鸭或柴把鸭子、干贝酥鸭）、汤品（清汤蛤士蟆或银耳汤、珍珠汤）、甜菜（杏仁酥或核桃酪）。

（3）点心（通常为2道）：麻茸包、酥盒子之类。

（4）时果（一般上4干果与4鲜果）：按时令季节调配。

（5）香茗（常用1道）：多是云南普洱茶或安溪铁观音茶。

八、湖北乡土风味筵席

湖北乡土风味筵席，指湖北城乡居民因为交往应酬而设置的特色酒宴。这类酒宴根基深厚、朴实无华。按其主要原料分,有荆沙鱼鲜席、樊口鳊鱼席、洪湖野鸭席、蔡甸莲藕席、孝感红菱席等;按菜品数目分,有襄阳三蒸九扣席、仙桃八肉八鱼席、郧阳十大碗席、随县五福六寿席、荆州农家十圆席等;按办宴目的分,有武汉四喜四全席、荆楚乡间贺寿席、汉川恭喜发财席、黄梅三姑守节席、天门唯楚有才席、蒲圻茶商订货席等;按筵席特色风味分,有麻城三道面饭席、归元寺花素席、黄州东坡筵、武当山混元席、五祖寺素菜席、土家族赶年宴等。

这众多的湖北乡土风味筵席,是几千年荆楚饮食文化的积累,是物质文明、精神文明成果的总汇。就其风味特色而言,主要表现为如下四方面。

(一)擅长运用本地食源,广取山乡土特原料

俗语说:"靠山吃山,靠水吃水"。湖北乡土风味筵席的原料多以"水产为主,鱼菜为本"。湖北的淡水鱼鲜,出产充足,物美价廉,其"十大鱼鲜"——鳊鱼、鮰鱼、青鱼、鳜鱼、鳢鱼、鲫鱼、鳡鱼、鳝鱼、甲鱼和春鱼,能烹制出数百款菜式,可组配成几十种鱼宴。特别是当地的特产"樊口武昌鱼",颂扬它的诗词有142首,烹制成的名菜达数十款之多,食客无不一品为快。

除淡水鱼鲜之外,肉畜、禽蛋、粮豆、蔬菜以及各地的山野资源也非常丰富。湖北著名的特产原料,东部有:"萝卜豆腐数黄州,樊口鳊鱼鄂成酒,咸宁桂花蒲圻茶,罗田板栗巴河藕";西部有:"野鸭莲菱出洪湖,武当猴头神农菇,房县木耳恩施笋,宜昌柑橘香溪鱼"。此外,洪山菜薹、云梦鱼面、笔架山鮰鱼肚、黄孝老母鸡、沙湖盐蛋、梁子湖螃蟹、恩施富硒茶、孝感米酒、京山贡米等也各具特色。经过合理地组配与烹制,它们常常出现于当地的乡土筵席中。

(二)强调本土制作技法,注重合理取舍物料

湖北民间厨师操办筵席,最拿手的烹调方法是蒸、煨、烧、炸、炒。其中,尤以蒸菜的应用最广泛,当地素有"无席不用蒸菜"之讲究。每逢规模较大的喜庆酒宴,东家都要准备特大的蒸笼和众多的扣碗,厨师们也乐意大量使用蒸菜,一来轻车熟路,筵席的质量有保障,二来方便省事,有利于掌控上菜节奏。像襄樊的三蒸九扣席、仙桃的八肉八鱼席、郧阳的十大碗席、武汉的四喜四全席,无一不以蒸菜为主导。民间筵席中安排煨菜,更为湖北民众所青睐。鸡、鸭、屯鸟、鸽、龟、鳖、蛇、兔、排骨、蹄膀、肚片、蹄花、牛瓦沟、牛八挂,只要使用瓦罐(或瓦缸)煨制,立马渲染宴饮气氛。所以,湖北民间有"家家户户备瓦罐,逢年过节煨鲜汤"、"陈年瓦罐味、百年吊子汤"之说。特别是一些正式筵席,汤菜(煨炖为主,多用作座汤)必须单独排列,常被视作正菜完毕的标志,用以引起就餐者的重视。

除习用蒸、煨等烹制技法外,湖北民间厨师还擅长合理取舍物料,喜欢将多

种原料进行合烹。制作同一菜肴,若有几种原料可供选择,首先考虑的是使用哪种原料最合理。对待规格相近的原料,通常是根据市场行情和人们的饮食习惯,择优选用。为降低办宴成本,合理调配每一菜肴,当地的师傅经常采用如下方法:第一,灵活变更主配料的用量,适当增加素料的比例。譬如麻城的三道面饭席,选料大多就地取材,荤素搭配,以素为主,汤菜并重。一款羊肉火锅,萝卜为主,羊肉居次,主人设宴造价低廉,客人吃酒轻松愉快。第二,大量使用成本低廉、且能烘托席面的菜品。例如鄂西的甜菜"银耳马蹄羹",虽然用料普通,成本极低,但它甜润适口,美观大方,能使乡镇酒宴显得丰盛大方。第三,合理运用边角余料,注意统筹兼顾、物尽其用。例如,襄郧地区的农家宴,东家买回一只猪后腿,分档取料以后,肥的做"夹沙甜肉",瘦的炒"鱼香肉丝",肥膘炼油炒素菜,骨头加萝卜煨汤,猪皮晒干后可以油发,所剩的碎块、筋膜剁细后,用来制肉茸。第四,擅长制作肉茸、鱼茸制品,习惯鸡鸭鱼肉蛋奶蔬果粮豆合烹。鱼丸、肉丸等肉茸制品,经济实惠,美观大方,它是武汉民间筵席中的必备菜肴,多由鱼、肉、蛋、粉等原料按照不同比例制作而成。这类菜肴烹调工艺精严,质量标准固定,它是评判酒宴质量及厨师水平的标尺。

(三)名菜美点繁多,楚乡风情浓郁

湖北乡土筵席的菜品,多由风味独特的本土菜点所构成,其主要特色是汁浓、芡稠、口重、味纯,富有浓烈的乡土气息。其中,汉沔民间筵席以烧烹大水产和煨汤而著称,善于调制禽畜和蔬菜;特别是武汉的民间筵席,它吸取了鲁川苏粤筵席之长处,讲究刀工火功,精于配色造型,蒸煨菜式在筵席中应用甚广。荆南民间筵席擅长烧炖野味和小水产,用芡薄,味清纯,注重原汁原味,淡雅爽口。襄阳乡土筵席以家禽为主料,杂以鱼鲜,精通烧焖熘炒,入味透彻,汤汁少,软烂酥香。鄂东乡土筵席以加工粮豆蔬果见长,讲究烧炸煨烩,特色是用油宽,火功足,口味重,具有朴素的民间特色。

据统计,湖北民间乡土筵席上的常见菜品有3000余种,点心小吃400余种。就其著名品种而言,冷菜有:熏瓦块鱼、沙湖皮蛋、烟熏白鱼、手撕腊鱼、糖醋油虾、蒜泥藜蒿、芝麻香芹等;山珍野味菜有:红烧野鸭、黄焖甲鱼、辣子田鸡腿、虫草炖金龟、酱渍土龙虾、清蒸螃蟹等;肉畜菜有:黄焖肉丸、江陵千张肉、钟祥蟠龙、黄州东坡肉、夹沙甜肉、虎皮蹄膀、沔阳三蒸、黄陂三合、腊鱼烧肉等;鱼鲜菜有:荆沙鱼糕、红烧鮰鱼、碗烧青鱼、菊花财鱼、双黄鱼片、鸡茸笔架鱼肚、马鞍鱼乔、珊瑚鳜鱼、剁椒蒸鱼头、煎糍粑鱼、才鱼焖藕等;禽蛋菜有:母子大会、板栗烧仔鸡、五香葱油鸭、楚乡辣子鸡、油淋鹌鹑、家常凤翅等;汤菜有:排骨煨藕汤、瓦罐煨鸡汤、橘瓣鱼氽、野菌鸡汁汤、牛八卦汤、双元汤、鱼头豆腐汤、砂锅牛尾汤、芸豆肚片汤等;蔬果菜有:腊肉炒菜薹、地菜春卷、黄州豆腐、三姑守节、油

焖双冬、植蔬四宝、清炒藜蒿等；面食点心有："老通城"豆皮、"四季美"汤包、"谈炎记"水饺、"五芳斋"汤圆、"老谦记"豆丝、"蔡林记"热干面、孝感糊米酒、武汉苕面窝、黄州甜烧梅、荆州八宝饭等。它们不但特色鲜明，而且适应面广，对湖北及周边省区的民众有着极强的亲和力和凝聚力。

（四）筵席结构简练，宴饮气氛热烈

湖北乡土筵席按其宴饮特性及接待规格可分为两大类别，一是正式的宴会席，二是简式的便餐席。宴会席气氛浓重，注重档次，其排菜格局通常是：冷菜—热菜—汤菜—点心—水果。这类筵席多流行于武汉、宜昌、荆州、黄石等大中城市，接待规格较高，使用频率较小。便餐席不属于正式宴会，其特点是排菜不必成龙配套，宴饮趋向灵活自由，适于接待至亲好友，可以畅述亲情友情；这类筵席既经济实惠，又轻松活泼，属湖北民间筵席的主要办宴形式，应用范围相当广泛。

例如咸宁四分八吃席，它是湖北咸宁一带民间纳福散喜筵席。此席8人一桌，开宴后先上四分菜，通常是麦酱宝塔肉、油炸三鲜圆、干烧酱鸭块、糖醋瓦块鱼，都用正料制成，每盘32块，客人从每盘中各取4块置于自带的食具中，带回家去由老小分享，意谓"散喜纳福"。接着上八吃菜，如干菜红烧肉、什锦杂合菜、脆炸小鲫鱼、烧烩猪肚肠、猪血烧豆腐、干笋炒肉丝、排骨煨莲藕、猪肠炖萝卜之类，都用次料（下脚料）制成，赴宴者当场享用，饮上几杯水酒，名曰"香辣现吃"。这种"请一人，吃全家"式的筵宴形式，流行了几百年，主客皆大欢喜。

又如仙桃八肉八鱼席，它是湖北荆州地区的民俗酒筵，以仙桃市为主要流行区。其制是每桌10道菜，由8斤肉8斤鱼作主料调制而成。通常是：瓜子、红蒸鱼、炒菜、鱼圆子、八宝饭、扣鸡、冰糖白木耳、油炸酥鱼、扣肉、肉圆子（每盘30个，又大又泡酥，每个重约150克，每位客人各取3个带走）等菜。这类筵席的最大特点是菜式简练，蒸扣为主，又吃又带，轻松愉快，体现出沔阳一带"无菜不蒸"、"省己待客"的饮膳风情。

湖北黄冈的黄麻地区，虽是贫困的山乡老区，但其宴饮气氛热烈。红安、麻城的居民朴实豪爽、热情好客，他们请客设宴，重气氛，讲实惠。选料大多就地取材，调理注重荤素兼备，排菜强调汤菜并重，宴饮追求以乐佐食。一场婚庆宴，洋洋洒洒几十桌，只需一头猪，几十斤鱼，另加一些当地的物产，选三两个厨师办酒，派自家亲属跑堂，请一乡村乐队助兴，三天九餐，欢快而又热闹。其接待规格虽然不高，礼节仪程也较简练，但是宾主们吃得轻轻松松，玩得快快乐乐。"富人有富人的活法，穷人有穷人的乐趣"，这是流行于当地的一句俗语。

下面是影响最大、流传最广的4例湖北民间乡土风味筵席，可供读者鉴赏。

例1,武汉四喜四全席(庆婚宴、汉沔风味)

四冷碟:五彩香肚、精武鸭项、广米西芹、糖醋油虾。

四热炒:龙凤双球、油爆鳝花、水晶虾仁、玉带鱼卷。

六大菜:三鲜鱼肚、八珍酥鸭、珍珠蹄膀、莲合甜露、植蔬四宝、鸳鸯鳜鱼。

一座汤:五圆全鸡。

二点心:两吃小包、双色水饺。

一水果:时果拼盘。

这是武汉民间习用的"四喜四全席"。所谓"四喜",指排有四种花色点心,所谓"四全",指使用四种整形原料(如全鸡、全鸭、全鱼、全膀)。此席除按传统习俗安排"四喜"、"四全"之外,还处处紧扣"庆婚"二字。四冷碟用以佐酒品味,四热炒件件带"彩",头菜"三鲜鱼肚",将筵席推向高潮,紧跟的几个大菜,则寄托着宾客们的美好祝愿:愿新人贤惠、盼早生贵子、祝白头到老、庆财源广进。座汤五圆炖全鸡是正菜完毕的标志,颂夫妻恩爱,望家庭和睦。酒席的最后是点心和水果,既有甜美的包子,又有精致的水饺,一道时果大拼盘将宴饮画上了完美的句号。

例2,襄樊三蒸九扣席(喜庆宴、襄郧风味)

五福拼盘	全家福寿
清蒸鳊鱼	香酥全鸭
粉蒸鸡块	红煨牛腩
珍珠米圆	油焖双冬
梅菜扣膀	粉蒸菱角
双圆鲜汤	八宝蒸饭

这是汉水流域城乡居民岁时佳节、红白喜庆、迎送酬宾、乔迁新居时的流水筵席,主要流行在十堰、襄樊、随州等地。该席通常安排12道菜品,宴请规格因客而异;菜式以蒸菜、扣菜为主,适当配用炒菜、烧菜、烩菜与煮菜,风味特色鲜明。三蒸九扣席较少使用冷碟、热炒、饭菜、点心与茶果,通常选用大盘大碗盛装,荤素兼备,菜汤并举,以大菜为主体,结构单纯凝练。其炊具主要是大锅、大笼,菜肴预制好后码碗置入笼中保温,随用随取,简便快捷。该席的宴饮方式是:上一道菜,吃一道菜;吃完一道菜,饮完一巡酒,撤去一只盘(碗),如此循环往复,如同流水,与洛阳的水席有相似之处。

例3,荆沙鱼鲜宴(迎送宴、荆南风味)

冷菜:谈笑皆鸿儒

热菜:冬瓜鳖裙羹	玉带财鱼卷
油爆菊花鳝	长湖蒸鱼糕

红运槎头鳊	珊瑚大鳜鱼
拖网青鱼方	虫草断板龟
主食:荆沙鲜鱼面	蟹黄蒸鱼饺
果拼:年年庆有余	

湖北荆南风味菜,素以擅长制作小水产而著称。本席之"鱼鲜",可理解为生活在江河湖泊中的淡水鱼以及其他水产品,包括两栖爬行动物类的甲鱼、乌龟,节肢动物类的虾、蟹等。从原料构成上看,使用了多种著名的特产鱼鲜,如荆沙的断板龟、荆南的甲鱼(裙边)、长江的槎头鳊、荆州的长湖鱼糕、石首的鮰鱼等,此外,鳜鱼、财鱼等也颇耐品尝,鱼茸制品及工艺鱼菜,是本筵席的一大亮点。从制作方法上看,本席集蒸、煨、焖、炖、烩、炒等多种技法于一体,因料而异,尽现各种烹饪原料之特长。从花色品种上看,菜品只有 12 道,但其色、质、味、形搭配巧妙,味纯而不杂,汤清而不寡。从营养配伍上看,本席的最大特色是高蛋白、低脂肪的鱼鲜菜品含量丰富,筵席主体虽为鱼鲜菜,但冷碟、主食、果拼等占有一定的比例,并且,每道鱼鲜菜的配料都安排了适量的素料,有利于形成平衡膳食。

例 4,麻城三道面饭席(民俗宴、鄂东乡土风味)

湖北省麻城、红安等地民俗酒宴,因以三道面饭(烧麦、汤面饺、发糕)为纲组合全席菜品,故名。菜单是:

第一道面饭:烧麦。

四围盘:糖醋猪肝、糖烩腰花、扒细山药、冰糖莲子汤。

三大菜:银鱼小烧(或蛋细洋菜)、鲜鱼海参肉糕、鱿鱼细小炒。

第二道面饭:汤面饺。

四围盘:煨卤口条、酸辣顺风、香肠花片、蘑菇鲜汤。

三大菜:清蒸蓑衣肉丸、清炖整鸡(或清炖蹄膀)、红烧羊肉(或清蒸粉肉)。

第三道面饭:发糕。

四围盘:凉拌细肚、糖醋肠肥、烧烤肉片、雪花银耳汤。

四大菜:烧全鱼、花油卷、大包心鱼丸、油炸扣肉。

此席菜品共计 25 道,格式破除常规,不是按凉菜—热菜—面点的通例编排,而是由面饭带领围盘与大菜,分作 3 组依次推出,而且每吃完一组食品(8~9 道菜点)就离席休息片刻,服务人员送上热毛巾和茶水,三五聚谈,然后重新入席,开怀畅饮,如是者三,其中借鉴了满汉全席的某些仪礼,程序别开生面。

任务三 中国民族宗教筵席鉴赏

一、藏族风情宴会

藏族居民在饮食上严格遵循喇嘛教教规,"不食鳞介、雀鸟之类,以鳞介食水葬死尸、雀鸟食天葬死尸故也。"还由于当地"不产五谷,种麦稞,牧牛羊",故其"所食惟酪浆、糌粑、间有食生牛肉者;嗜饮茶,缘腥膻油腻之物塞肠胃,必赖茶以荡涤之"。藏民日常的食俗是:"日必五餐,餐时,老幼男女环坐地上,各以己碗置于前,司厨者以酥油茶轮给之,先饮数碗,然后取糌置其中,用手调匀,捏而食之。食毕,再饮酥油茶数碗乃罢。惟晚餐或熬麦回汤、芋麦面汤、豌豆汤、元根汤。如仍食糌粑,亦须熬野菜汤下之,或以奶汤、奶饼、奶渣下之。食牛则微煮,不熟也。牛之四腿,悬于壁,经霜风则酥,味颇适口。其杀牛羊,不以刀而用绳,故牛羊血悉在腹中,将血贮于盆,投以糌粑及盐,调和之,以盛于牛羊之大小肠,曰血灌肠,微煮而分啖,或赠亲友,盖以此为上品也。"

藏民的筵席,"酒用木碗。客前陈木匣,启之,中分数格,有青稞粉,有糖、有酥,听客自取。以肥羊脯投之釜,汤初沸,即出之,切为大脔。脔必露其寸许,如器之有把者。人持一脔置左袖,倒握其骨,如佛之持如意然。各出所佩小刀,割而食之,腥血常沾于唇。刀锋宜向内,向外则触主人之忌,礼貌顿减矣。无刀者,主人授之。客还主人刀,锋亦内向,向主人则亦忌。刀插于地,或插于脯,则尤忌。主人顾译人而喃喃,似逐客矣。肉尽留骨,骨不可投,各陈于前,骨愈净,则主人愈喜。啖毕,主要执客手,以己之衣襟共拭腻垢,而后以麦饭出饷焉。"(见《清稗类钞》)

二、维吾尔族居家宴会

新疆等地的维吾尔族居民饮宴,有着浓郁的伊斯兰教风情和民族区域色彩。他们对于"牛羊鸡鸭,非同教所宰不食。凡自死者皆弃之,虽肥不食,因恶其不洁,且未曾诵经宰割也。"并且常以"多杀牲畜为敬,驼马牛均为上品,羊或至数百只";"瓜果、饧饴、汤饼、肉腊之属,纷列于几,客至,皆叉手大啖。"酒筵之上,"男女各奏回乐,歌唱回曲,酒酣,回女逐队起舞,群回拍手呼叫,以应其节",这一宴俗,名曰:"偎郎"。

维吾尔人还"不甚吃米饭,以饼为常食,大径尺余,用土块砌一深窟,内用细泥抹光,将窟烧红,饼擦盐水,贴在窟内,顷刻而熟。贫者惟食此,饮冷水而已。富者用糖油和面,煎烙为饼,亦有小如象棋子大者。其馄饨与内地同,亦有用面包羊肉,如内地之合子者。亦有切面用汤煮者。有将面搅入水和匀,如浆者,俱盛于木盘,众人围坐,只一小木勺轮舀而食之。米饭亦盛于木盘,用手抓食,不知用箸。"在以上这些米面食品中,最珍贵的叫"塔儿糖":"白糖和面,搏成杵形,高尺许而锐其头",宴会上必备。

维吾尔族居民宴会上用的酒有阿拉克(桃酒、葡萄酒)、阿拉占(牛马奶酒)、色克逊(糜子酒)、巴克逊(黄酒)、气格(酸奶)、七噶(马奶酒)之类。

下面是一份维吾尔族居家乡宴菜单,可供参考:

(1)饭前茶果:奶茶、红茶、哈密瓜、吐鲁番葡萄、库尔勒香梨、和田石榴、喀什无花果、伊宁野苹果、库车小白杏、野巴旦杏、阿克苏核桃、新疆三白西瓜。

(2)饭前点心:巴嘎里(小甜饼干)、古依古查(羊角面包)、桑扎(团状油徹)、坯奇内(夹馅饼)、馕(烤饼)、塔儿糖(杵形,高尺许)。

(3)筵席菜品:

巴布(串烤羊肉串,撒辣椒粉与孜然)、爱依西茨普(用家畜内脏制作)、芒达(蒸饺)、饺瓦乌(水饺)、坯提尔芒达(薄皮包子)、波拉古芒达(厚皮包子)、思依嘎茨西(手抻面)、炖带骨羊肉、羊肉羹煮麦粉糊、炮仗子(辣丝炒面节)、扑劳(抓饭)、腌菜(腌白菜、圆辣椒、胡萝卜或黄瓜)。

(4)饮料:七噶(一种马奶酒)、红葡萄酒、哈拉克酒(沙枣酿制)、冰冻汽水等。

上述内容见于《回疆志》、《回疆通志》、《西疆闻见录》和《清稗类钞》等书,收集于《中国筵席宴会大典》。

三、满族居民大祭食肉会

这是清代东北地区满族上层家庭以"享人"的形式"敬神"的特色风味酒筵,又名"食肉之会"、"吃肉大典"、"享用福肉"或"请神食"。

早在先秦,满族的祖先——肃慎人就有"养畜猪喜食其肉"的风俗。到了汉代,肃慎改称挹娄,也是喜爱食猪肉、衣猪皮、用猪油涂身御寒的。从唐到明,他们祭天敬祖,"俱用整猪全备者";并且把白煮的猪肉叫作"福肉",将锅煮微熟、熄灯以祭的猪肉叫"背灯肉",将白煮猪的首尾肩胁肺心各取少许置入大铜碗供神的叫"阿玛尊肉"。延续至清,此习依旧。

满族居民大祭食肉会有两种大同小异的形式:

第一种见于坐观老人《清朝野记·满人吃肉大典》和徐珂《清稗类钞·吃肉》:满族富贵之家逢大祭礼或喜庆事,则设食肉之会。无论满人、汉人,相识与否,皆可前往。是日,院中搭棚铺席,席上铺红毡,毡上设坐垫。客至,向主人半跪道贺,即盘膝而坐。10 人或八九人一围。厨人将约 5 千克一方的猪肉置于大铜盘内献于客。并备一大铜碗,满盛肉汁,碗内有铜勺。客座前各有一小铜盘,供盛割下之肉,但不备盐酱等调料。高粱酒倒大瓷碗中,客捧碗依次轮流饮之。自备手刀,自切自食。食肉愈多,则主人愈乐;若连声高呼添肉,则主人必致敬称谢。肉皆白煮,甚嫩美。客食毕即走,不必道谢,谓此乃神之饴余,也不可拭口,否则被认为不敬。

第二种见于何刚德《春明梦录》:"满人祭神,必具请帖,名曰请食神。……未明而祭,祭以全豕,去皮而蒸。黎明,客集于堂。以方桌面列炕上,客皆登炕坐。席面排糖蒜、韭菜末,中置白片肉一盘。连递而上,不计盘数,以食饱为度。旁有肺肠数种,皆白煮,不下盐豉。末后白肉一末盘,白汤一碗,即以下老米饭者。客食愈饱,主人愈喜,谓取吉利也。客去不谢,谢则犯主人之忌。"

满族居民大祭食肉会的特异,在于客人是神的"代表",主人恭恭敬敬而不敢陪坐;吃得越多越好,这是"神"在高兴;客人不能擦嘴,这是对"神"的不敬;客人不必道谢,"神"吃人的食物是人的光荣;吃毕扬长而去,体现出神的气派与潇洒。总之,赴宴者打着"神"的旗号,故而处处受到非同一般的礼遇。

本记述见于《中国筵席宴会大典》。

四、宁夏回民清真十大碗

这是宁夏地区回族兄弟的传统风味筵席。它有 3 大特征:一是严格遵循伊斯兰教的食规,原料仅用牛羊鸡鸭和粮豆蔬果,冷热分开、生熟分开、甜咸分开,席上有茶无酒,以纯净质朴的清真风味著称。二是以银川市为界,有银南和银北两大类型。银南是塞外著名的"鱼米之乡",物华天宝,食料充沛,制法多用烩法,口味偏咸、偏酸、偏辣,席面较为精细,具有明显的滋补效能;银北是工业集中的"煤城之星",加上紧邻牧区,食馔保留了较多的游牧生活气息,它以煎、炸、煮、烤为主,注重刀工,为适应工矿和城镇的要求,口味多样,现代化的色彩稍浓。三是无论南式、北式,席上的主菜都只 10 道,并用大碗盛装,这便是"十大碗"的本义。其中银南席面的主菜多为烩丸子、烩肚丝、羊肉烩粉条、枸杞莲子汤、酿发菜、烩豆腐片、牛肉烩馍、酸菜烩羊肉、翡翠蹄筋;银北席面的主菜多为红烧羊肉、虎皮羊肉、红烧牛脯、扒条牛肉、脱骨鸡、干烧酥鸡、红烧黄河鲤鱼、扒驼掌、清蒸鸽子鱼、烤羊尾等。至于糯米、莲子、蜂蜜、茶叶等外地原料,以及发菜、枸杞、鸽子鱼、芦花土鸡等本地特产原料,在南北席面上都受重视。

下面是宁夏农村回民婚嫁庆筵上的一份清真十大碗席单,可供参考:

烩丸子、脱骨鸡、烩肚丝、烩羊肉、枸杞莲子汤、烩苹果、烩豆腐片、红炖牛肉、烩酥肉、酿饭。

五、宫观寺院清素席

寺观素菜,又称寺观菜、斋菜、斋食,泛指宫观寺院所烹制的以素食为主的各式肴馔,其供食对象原以大乘佛教徒和全真派道人为主,现已发展为喜爱素食的各地居民。宫观寺院的清素席主要由寺观素菜所构成,与其他筵席菜品相比,这类清素席中的菜品风味迥异、特色鲜明,主要表现为以下几点。

(1)选料严谨。寺观素菜的原料多为蔬菜、果品、粮食、豆类及菌笋等植物性原料,它以三菇(香菇、草菇、蘑菇)六耳(石耳、黄耳、桂花耳、白背耳、银耳、榆耳)唱主角,配料是时令蔬菜与瓜果;调味汤多用黄豆芽、口蘑、冬菜、蚕豆、冬笋和老姜等熬制,清清醇醇,鲜香适口。在原料的取用上,寺观菜忌用动物油脂与蛋奶,回避"五辛"(大蒜、小蒜、兴蕖、葱、茗葱)和"五荤"(韭、薤、蒜、芸苔、胡荽),强调就地取材,突出乡土物产。

(2)做工考究。寺观素菜在构思上注重标新立异,擅长于包、扎、卷、叠等造型技巧,重视各种模具的合理使用,工艺素菜几乎可以假乱真。为了做到"以素托荤",早期的寺观菜力求"名同、料别、形似、味近"。它用白萝卜加发面、米粉、豆粉、食油等依法制"猪肉";用藕粉、面粉、胡萝卜、豆腐皮等制"火腿";用绿豆粉、紫菜、黑木耳等制"海参";用豆油皮、萝卜丝、面粉等制"全鸡"。真是鸡鸭鱼肉、鲍参翅肚,样样都可用素料制成。

(3)素净清香。在中国菜的各类菜式中,寺观素菜以素净清香而见长。究其原因,主要有三:首先,寺观菜的品尝者多为佛道两教的教徒及部分香客,由于佛家"只吃朝天长,不吃背朝天",道家也竖着"荤酒回避"、"斋戒临坛"的巨幅匾额,这为寺观素菜的饮膳特色定下了基调。最后,寺观菜的执鼎者多为僧尼和道徒,他们全都"戒杀生","重清素","不沾荤腥",禁绝"五辛"。山门寺院里的这些清规戒律,使得他们在烹制菜肴的过程中,"清心寡欲",从不越雷池一步,这客观上保证了寺观菜的清丽风貌。再次,寺观菜的品评常以淡雅清香为时尚,普通菜肴,讲求清淡、洁净;工艺菜肴,多是"以素托荤"。

(4)疗疾健身。寺观素菜以素食为主,其饮膳结构符合合理营养、平衡膳食的基本要求。寺观素菜中植物蛋白、维生素、无机盐及纤维素的含量都较丰富,这些物质既可促进肌体的生长发育、调节体液的酸碱平衡,又可抗病疗疾,使人的脾气相对温顺。相关实验研究表明:素食中的汁液、叶素与纤维可促使胃肠蠕动,帮助人体消化吸收,可减肥健体,预防心血管疾病的发生;素食中的维生素和无机盐,可调节人体的生理机能,预防多种缺乏症的产生;素食中的干果类蔬菜,如核桃、芝麻等,能使皮肤滋润、头发乌亮;素食中菌笋类蔬菜,如猴头菌、鸡纵菌等,能够抗病疗疾,使人延缓衰老。此外,素食中的花卉、药材等,还有美容、减肥与益智功能。

(5)名品众多。寺观素菜的著名品种大多来自一些名刹古寺。据《清稗类钞》所述,清代"寺庙庵观素馔之著称于时者,京师为法源寺,镇江为定慧寺,上海为白云观,杭州为烟霞洞"。广州鼎湖山庆云寺的首席斋菜"鼎湖上素"广取素料之精华,模仿山势而造型,鲜嫩爽滑,层次分明,被列为"素斋中最高上素",一直流传至今。北京法源寺的名馔罗汉斋,为取"十八罗汉"之意,特选素料十八种,运用素汤烧成,该菜质地滑软、素净清香,常被视作素馔之样板。现今的罗汉大菜、罗汉什锦、罗汉上素等一系列"罗汉菜",皆由此菜演化而来。近代的著名寺院,如北京广济寺、上海玉佛寺、扬州大明寺、南京鸡鸣寺、西安卧佛寺、成都宝光寺、重庆罗汉寺、湖北黄梅五祖寺、安徽安庆迎江寺、山东泰山斗姆宫、厦门南普陀寺、武汉归元寺和宝通禅寺等,各有自家的特色素馔和素宴。

下面是北京广济寺香积厨设计的一份清素席菜单,可供参考。

一主盘:各色豆制品净面拼摆。

七小碟:炝芹菜、炸杏仁、卤冬笋、酸辣黄瓜、糖拌西红柿、酱蘑菇、卤香菇。

六热菜:三色芙蓉、奶油烤花菜、草菇栗子、雪中送炭(香菇雪耳)、青椒凤尾、炸素果(豆腐衣制)。

一座汤:什锦火锅(内有香菇、粉丝、白菜、菠菜、豆制品等10多种原料)。

我国知名美食家王世襄先生对此席的评语是:"选料极精,工艺至细,重视色、香、味,而以味当先,确实做到了一菜一味,味味不同。菜肴朴实无华而饶自然美,应该说这就是最美的形。"

六、青城山正一派道士养生席

青城山在四川省灌县城西南约15千米处,古称丈人山,亦名赤城山。林木蔽天,深邃宁静,向有"青城天下幽"的赞语。该山又系道教的"第五洞天",全盛时山上有宫观100余座;现今的建福宫、天师洞和上清宫等,仍是道教正一派的中心之一。

由于正一派道士主要奉持《正一经》,崇拜鬼神,画符念咒,驱鬼降妖,祈福禳灾。它的一般道士可以结婚、吃荤,不必出家;高级道士也讲养性全命、炼神致虚,以期与天地共长久。所以青城山道观在饮食上几乎没有什么忌讳,鸡鸭鱼肉照吃不误。不仅如此,他们还重视食治与食补,强调"天地万物,为我所用",所以精于烹调,讲究色、香、味、形、质、养,有不少名食传世。

青城山斋席主要由山麓的建福宫供应。其席面的主食是"青城四绝"——贡茶、泡菜、洞天乳酒、白果炖鸡,然后相应配置用茅梨(中华猕猴桃)、银杏、慈笋等山产制成的燕窝蟠寿、玫红脆饯、仙桃肉片、韭菜肉丝、翡翠羹等等,一般都在20道左右。

从摄食养生的角度看,青城山的道士认为,吃这类补益之品也是"茹斋",目的在于健体强身,早登仙界。现代科学证明,鸡鸭鱼肉与蔬果粮豆配食,有利于形成平衡膳食;饮茶有一定的药理功能;泡菜与魔芋配食,有抗癌作用与减肥作用;用猕猴桃酿造的洞天乳酒,可以辅助治疗冠状动脉硬化;白果炖鸡则可温肺益气、滋润容颜。所以,青城山道士的养生席为人们疗疾健身、滋养保健提供了一个明晰的样本,愈来愈受社会各界重视。

下面是青城山正一派道士的一份养生席菜单,可供鉴赏。

冷菜:盐水鸭块、红油鸡丝、糟醉春笋、酱核桃仁。

热菜:三鲜蹄筋、鲜韭肉丝、慈笋牛腩、樟茶肥鸭、山果银杏、泡菜鲜鱼、黄焖鲜笋、白果炖鸡。

点心:三鲜蟠寿、红油水饺。

饭菜:青城山泡菜、川味香榨菜。

茶果:青城山贡茶、时令山果拼。

酒水:洞天乳酒。

任务四　中式创新特色筵席鉴赏

一、中国近代改良筵席

本席由清末无锡留美学生朱胡彬等人所创,见于《清稗类钞》。相对于中国古代各式筵席,其菜式结构、菜品命名、原料组配、成菜特色、台面设计、用餐形式、服务风范等,均有较大创新,体现出不同的饮食风格和宴饮理念。其菜单是:

酒:绍兴酒(每客一小壶)。

四深碟:芹菜拌豆腐干丝、牛肉丝炒洋葱头丝、白斩鸡、火腿。

十大菜:鸡片冬笋片蘑菇片炒蛋、冬笋片炒青鱼片、海参香菌扁豆尖白炖猪蹄、冬笋片炒菠菜、鸡丝火腿丝冬笋丝鸡汤火腿汤炒面、冬笋片炖鱼圆、栗子葡萄小炒肉、豆衣包黄雀、青菜、江珧柱炒蛋。

一汤二点:鸡汤、汤团、莲子羹。

二饭菜:白腐乳、腌菜心。

一果:福橘。

餐桌上覆盖白布,分设公筷公匙与私筷私匙。每客配置1个酒杯、2双筷子(其中1双是公筷)、3个食碟、3把汤匙,1块餐巾。这些器具在进餐中要更换4次,席后才敬烟献茶。

此席的最大特色是卫生、实用,它"视便餐为丰而较之普通筵会则俭"。当今的筵席格局基本上是以它为基础演化而成的。

二、北京大观园红楼宴

大观园景区位于北京宣武区南菜园西街12号,是为了拍摄电影、电视剧《红楼梦》而专门修建的仿大观园古建筑群。此地推出的仿古红楼宴,是依据文学名著《红楼梦》的描述,精心研制的清代风味特色官府筵席。它将园林美景、王府风华、盛清礼仪、文学情趣融为一体,努力做到"举杯有兴、进馔有据",美视美听美娱美食相结合,菜肴与程式、典仪、排场、气氛、风格、接待服务配套成龙,成为一种系列化、全方位、高层次的饮食文化审美活动。

大观园红楼宴包含3种。

一是盛宴。以元妃省亲作主线,参考贾府重大节日庆乐活动而设计,显示"宫廷典礼、帝王威仪、豪餐美侍、天下一席"的风采。开宴时间多在夜晚,满园火树银花、宫灯闪烁。旗装执事列队迎宾,客人乘辇登舆、起轿入园。在龙凤旗、雉羽宫扇、香炉伞盖等簇拥下,浏览山光水色和花木楼阁,直至"顾恩思义"正殿入席。接着仕女奉茶三献(净手、漱口、饮用),安置食具、敬酒进羹。酒过三巡,击鼓传花;菜过五味,伶人献艺(演奏有关《红楼梦》的歌舞乐曲)。宴毕赠送礼品,全副仪仗恭送至园外。

二是大宴。以小说中的社交活动作背景综合设计,要有"游艺助兴、歌乐佐餐、陶然如梦、飘乎欲仙"的情趣。它又分两种:大宴用红木大圆桌和高背太师椅,围坐共食;小宴用黑漆方几和锦垫矮凳,散坐分食。筵间服务均与盛宴相同,每上菜一道,服务小姐便讲述一个《红楼梦》中的故事,客人还可吟诗作对、作画挥毫。

三是家宴。按照小说中亲友聚会的小型宴乐来设计,应有"古风峦峦、亲情融融、神游故里、其乐无穷"的韵味。它可选在大观园中的某一处（如怡红院、潇湘馆、秋爽斋、稻香村），侍应人员可相机扮演晴雯、紫鹃，游艺项目亦与各景点结合，菜式小巧精致。还可将宴桌随时移至花前树下，与秉烛游园相结合，使客人尽兴，不醉无归。

上述三宴，肴馔大同小异。茶有龙井茶、普洱茶、老君眉、铁观音；酒有大观园酒、梦酒、稻香村糯米酒、通灵液、宝玉酒、金陵十二钗酒；点有鹅油卷、奶油松瓤、小面果、蜜青果、豆沙粽子、虾肉烧麦；菜有匣鳖、烤鹿肉、老蚌怀珠、怡红瑞雪、银耳鸽蛋、腌胭脂鹅脯、火腿炖肘子、酒酿蒸鸭子、鸡丝炒芦笋、油炸鹌鹑、面筋豆腐、火腿炖芽菜、疗妒汤、酸笋鸡皮汤等。大套菜中有小套菜，每品均以小说中的描述和提示为本，或取其实，或取其意，以满足刻意寻"梦"者的心理和愿望。

总之，大观园红楼宴巧妙地利用了"大观园"这一惟妙惟肖的有利场景，将旅游观光与"仿古寻梦"相结合，能使就餐者悠然化入《红楼梦》的历史氛围和情感世界中去，将中华饮食文化的精蕴发挥得淋漓尽致。

下面是市场上较为流行的一款仿古红楼宴菜单，可以鉴赏。

三到奉：盖碗老君眉、苏京果、麻蛋元。

四干果：话梅、瓜子、橄榄、板栗。

四味碟：泡菜、山椒、乳瓜、紫姜。

大观一品：喜鹊登梅。

百珍冷碟：红袍大虾、盐水白鸡、片皮烤鸭、金钩香芹。

贾府小炒：茄汁鸡饼、油糟鹅掌、汤爆肚尖、茄酿虾茸。

群芳大菜：鸡翅烧鱼翅、北京烤鸭（带薄饼、大葱、甜面酱）、雪底飞龙松、原壳鲍鱼、冰糖炖燕窝（各份）、老蚌怀珠、酒酿清蒸羊羔（各份）、火腿炖肘子、姥姥鸽蛋。

南北美点：鹅油卷、如意糕、小面果子、原笼小饺。

四时鲜果：广柑、香蕉、杨梅、石榴。

三、扬州主题风味筵席

主题风味筵席，是指突现活动主题、注重餐饮风格的一类特色风味筵宴。这类筵席通常是根据消费时尚、酒店特色、时令季节、客源需求、原料个性、人文风貌、历史渊源、菜品特色等因素，选定某一主题作为筵席活动的中心内容，以此为营销标志，吸引公众关注，并调动顾客进食欲望，使其产生消费行为。主题风味筵席的最大卖点是赋予一般的营销活动以某种主题，围绕既定的主题来营造宴会气氛,筵席中所有菜品的立意、命名、设色、造型,以及环境布置、餐饮服务等都要为主题服务。

主题宴会活动的策划,是近年来餐饮行业所关注的一项营销活动。餐饮企业组织与策划各种主题筵席的营销活动,应根据时代风尚、消费导向、地方风格、客源需求、社会热点、时令季节、人文风貌、菜品特色等因素,选定某一主题作为筵席活动的中心内容,然后根据主题收集整理资料,依照主题特色去设计菜单,吸引公众关注并调动顾客的进食欲望。

(一) 主题筵席菜单设计要求

1. 可供选择的宴会主题

现代餐饮经营,可供选择的主题很多。美食主题是所有餐饮活动所要表达的中心思想,确定美食主题,应进行扎实的需求调研。一般来说,可供选择的宴会主题大体上可以分为以下几类:

(1)地域、民族类主题,如岭南宴、巴蜀宴、蒙古族风味、维吾尔族风味以及泰国风味、日本料理、阿拉伯风味、意大利风味等;

(2)人文、史料类主题,如乾隆宴、大千宴、东坡宴、红楼宴、金瓶宴、三国宴、水浒宴、随园宴、仿明宴、宫廷宴等;

(3)原料、食品类主题,如镇江江鲜宴、云南百虫宴、西安饺子宴、海南椰子宴、东莞荔枝宴、漳州柚子宴等;

(4)节日、庆典类主题,如新春宴、元宵宴、中秋宴、圣诞宴会、大厦落成宴会、周年店庆宴会等。

2. 强调主题的单一性与个性化

主题宴会的显著特点就是主题的单一性。一个宴会只有一个主题,只突出一种文化特色。推出某一个主题宴会时,要求主题个性鲜明,与众不同,形成自己独特的风格。其差异性越大,就越有优势。宴会主题的差异也是多方位的,产品、服务、环境、服饰、设施、宣传、营销等有形与无形的差异皆可,只要有特色,就能引来绝佳的市场人气。

3. 主题筵席菜单设计应紧扣主题文化

近些年来,全国各地涌现出不少主题宴会,其风格多种多样,有原料宴、季节宴、古典宴、风景宴等。但许多主题筵席的菜单设计,特别是那些古典人文宴和风景名胜宴,不少的菜品给人牵强附会之感。把几千年的菜品挖掘出来这确实是件好事,但有些菜品重形式轻市场,华而不实,中看不中吃;少数风景名胜宴,牵强附会,其菜品难以食用,也不敢食用,违背了烹饪的基本规律。

另外,在主题宴菜品的开发上,许多企业对菜品本身的开发不重视,而是一味地注重菜名的修饰、装扮,有些甚至是在玩文字游戏;许多菜品的名称很艰涩,让人看不懂、搞不明,削弱和违背了菜肴应有的价值。

(二)主题筵席菜单设计方法

1. 从文化的角度加深主题宴会的内涵

餐饮经营不仅仅是一个商业性的经济活动,在餐饮经营的全过程始终贯穿着文化的特性。在策划宴会主题时,更是离不开"文化"二字。每一个宴会主题,都是文化铸就。如地方特色餐饮的地方文化渲染,不同地区有不同的地域文化和民俗特色。如以某一类原料为主题的餐饮活动,应有某一类原料的个性特点,从原料的使用、知识的介绍,到食品的装饰、菜品的烹制等,这是一种"原料"文化的展示。北京宣武区的湖广会馆饭庄将饮食文化与戏曲结合起来,推出戏曲趣味菜,如贵妃醉酒、出水芙蓉、火烧赤壁、盗仙草、凤还巢、蝶恋花、打龙袍等,这一创举使每一个菜都与文化紧密相连。服务员在端上每一道戏曲菜时,都会恰到好处地说出该道菜戏曲曲目的剧情梗概,给客人增添了不少雅兴。

主题筵席菜单的设计,如仅是粗浅地玩"特色",是不可能收到理想效果的。在确定主题后,策划者要围绕主题挖掘文化内涵、寻找主题特色、设计文化方案,制作文化产品和服务,这是最重要、最具体、最花精力的环节。独特的主题,运用独特的文化选点,主题宴会自然就会获得圆满的成功。

2. 宴会菜单的设计应紧扣主题文化

第一,菜单的核心内容,即菜式品种的特色、品质必须反映文化主题的饮食内涵和特征,这是主题菜单的根本,否则菜单就没有鲜明的主题特色。如苏州的"菊花蟹宴",这是以原料为主题,就必须围绕"螃蟹"这个主题。筵席中汇集清蒸大蟹、透味醉蟹、子姜蟹钳、蛋衣蟹肉、鸳鸯蟹玉、菊花蟹汁、口蘑蟹圆、蟹黄鱼翅、四喜蟹饺、蟹黄小笼包、南松蟹酥、蟹肉方糕等菜点,可谓"食蟹大全"。浙江湖州的"百鱼宴",围绕"鱼"来做文章,糅合四面八方、中西内外各派的风味。"普天同庆宴"是以欢庆为主题,整个菜单围绕欢聚、同乐、吉祥、兴旺,渲染喜庆之气氛。

第二,菜、菜名及技术要求应围绕文化主题这个中心展开。可根据不同的主题确定不同风格的菜单,应考虑整个菜名的文化性、主题性,使每一道菜品都围绕主题,这样可使整个宴会气氛和谐、热烈,让人产生美好的联想。

下面是扬州春江花月宴菜单及其创意说明,可供鉴赏。

(一)扬州春江花月宴菜单

八凉菜:

    四荤冷盘

    四素冷盘

十热菜：

  蟹黄扒翅

  金陵烤鸭

  油焖大虾

  大煮干丝

  菊花套蟹

  香煎藕饼

  金秋五鲜

  清蒸鳜鱼

  银耳甜羹

  蟹粉狮头

四面点：

  乳酪紫薯

  文楼汤包

  故乡月饼

  扬州炒饭

二茶果：

  时果拼盘

  碧螺春茶

（二）扬州春江花月宴创意说明

扬州春江花月宴，是一款以扬州中秋饮食文化为主题的淮扬特色风味筵席，它集传统名肴与创新菜式于一席，将传统风格与时代特色融为一体，既是现代餐饮需求的反映，也是淮扬烹饪文化的综合表现。

1. 定名"春江花月宴"，极具文化特色

这席淮扬特色风味中秋宴有一个如诗如画的名字——"春江花月宴"。筵席的定名，与宴会人数多、层次高、规模大、要求高、时值中秋、文人聚会等联系紧密。筵席的举办时间是中秋之夜，花好月圆；筵席的举办场地是文化名城扬州，素有"月城"之称；宴会的主题是文人聚会、观花赏月、欢庆佳节；筵席的菜品组合彰显了淮扬特色风味，突现了节令要求。使用"春江花月宴"定名，会使宴会主题更加突出，使筵宴特色更具魅力，以达到"名从宴得，宴因名传"的效果。

2. 重视地方特产，彰显季节特征

春江花月宴充分考虑时令物产，根据季节的变化精选原料。扬州地域四季分明，烹饪原料因时而异，"春有刀鲚，夏有鲥鳝，秋有蟹鸭，冬有野蔬"。本筵席紧密围绕淮扬风味和中秋佳节，在原料选择上突出时令特色和地方特产（如螃蟹、麻鸭、荷藕、老菱、花生、鳜鱼等）。在菜品的设置上,避免了原料的重复使用,并尽量做到应时而变,例如菜单中的"清蒸鳜鱼",既肉质细嫩,滋味鲜美,属上乘食用鱼,又因"鳜"与"贵"谐音,有"富贵发财"之意,能取悦宾客。"蟹粉狮子头"为淮扬特色名菜,此菜的蟹粉(蟹肉)原料取自秋熟蟹肥季节的螃蟹。菜单中的"金秋五鲜"寓意"五福临门",所用的藕、老菱、花生、香芋、红薯原料,也都是扬州秋季成熟的农作物,中秋上市,吃口鲜嫩、清香。

3.名肴佳点结合,展示地方风情

本筵席名肴佳点荟萃,极具扬州地方风情。如蟹黄扒翅、金陵烤鸭、大煮干丝、蟹粉狮子头、菊花套蟹、扬州炒饭、文楼汤包、淮扬月饼等多是苏扬风味名品,地方特色鲜明,盛名传遍全国。例如主食"扬州炒饭",它色彩鲜丽,口感松散、软糯,美味可口。围绕宴会主题合理选配菜品,既能提升筵席宴会的格调,更能充分展现筵宴的地方风情。

4.设计理念创新,筵宴多彩多姿

(1)数量搭配:春江花月宴总计8道凉菜、10道热菜、4道面点,采用拌、渍、炝、冻、红卤、白卤、煮、炖、焖、烩、炒、炸、烤、蒸等14种技法烹制,使筵席菜品在口味上有浓有淡,色泽上有深有浅,汁芡上有带汁和包汁,质感上有腴嫩、爽脆、酥松、软糯之别,整桌菜品呈现出一菜一格、一菜一味的效果。

(2)味型搭配:春江花月宴注重整桌菜品口味的起伏变化,每道菜点的风味特色各异,给人以味道多变、浓醇交错、延绵起伏、回味悠长的美味享受。

(3)色彩搭配:本筵席围绕食用季节、宴会主题和地方特色,对每一道菜点的色彩进行了精心设计,筵席菜点呈现出多种色彩。在色彩组合上,运用了对比、互补等方法,使得色彩生动而鲜明。

(4)营养搭配:筵席菜品主要分为凉菜、热菜和主食等三个部分:凉菜有8个单碟,按4荤4素搭配;热菜有10个,荤素比例为3:2:4道主食中有3道选用植物性原料,使得整桌筵席中荤菜的数量略多于素菜,使荤素菜的搭配比例更趋合理,突出了"三少一多"(即少盐,少动物脂肪,少糖,多素食),满足了现代人的饮食养生需求,有利于形成合理的平衡膳食。

(5)品种搭配:筵席中的面点与菜肴相互衬托、相得益彰。春江花月宴中的面食点心紧紧围绕筵席的主题而设计,成形精巧,风味独特,起着调剂口味、均衡营养等作用。全席菜点的合理组配,使宾客在品尝美味佳肴和特色面点的同时,感受到"淮扬菜之乡"扬州食文化的气息和情韵。

四、西湖观光旅游宴

杭州西湖,是一处秀丽清雅的湖光山色与璀璨丰蕴的文物古迹和文化艺术交融一体的国家级风景名胜区。她以秀丽的西湖为中心,三面云山,中涵碧水,面积60平方公里,其中湖面为5.68平方公里。沿湖地带绿荫环抱,山色葱茏,画桥烟柳,云树笼纱,逶迤群山之间,林泉秀美,溪涧幽深。90多处各具特色的公园、风景点中,有三秋桂子、六桥烟柳、九里云松、十里荷花,更有著名的"西湖十景"以及近年来相继建成开放的十多处各具特色的新景点,将西湖连缀成了色彩斑斓的大花环,使其春夏秋冬各有景色,晴雨风雪各有情致。

西湖十景形成于南宋时期,基本围绕西湖分布,有的就位于湖上:苏堤春晓、曲院风荷、平湖秋月、断桥残雪、柳浪闻莺、花港观鱼、雷峰夕照、双峰插云、南屏晚钟、三潭印月,西湖十景各擅其胜,组合在一起又能代表古代西湖胜景精华,所以无论杭州本地人还是外地游客都津津乐道,先游为快。

西湖观光旅游宴,特色鲜明,源远流长。早在南宋时期,临安(今杭州)西湖风景区上就出现了著名的船宴。据《风入松·题酒肆》《题临安邸》《梦粱录·湖船》等诗文记载:南宋的西湖周长30余里,号为绝景。除西湖十景等胜迹之外,西湖之中,有大小船只数百舫,有用车轮脚踏而行的"车船"、用香楠木建造的"御舟",以及号为"乌龙"的湖舫。这些游船上都配置酒食,可以开出精美的筵席。此外,"湖中南北搬载小船甚伙,如撑船买羹汤、时果;掇酒瓶,如青碧香、思堂春、宣赐、小思、龙游新煮酒俱有。及供菜蔬、水果、船扑、时花带朵、糖狮儿、诸色千千,小段儿、糖小儿、家事儿等船。更有卖鸡儿、湖鲞、海蜇、螺头,及点茶、供茶果,婆嫂船、点花茶、拨糊盆、拨水棍儿小船,渔庄岸小钓鱼船。""又有小脚船,专载贾客妓女、充鼓板、烧香婆嫂、扑青器、唱耍令缠曲,及投壶打弹百艺等船,多不呼而自来。""若四时游玩,大小船只,雇价无虚日。"

正是由于湖光山色清秀,接待服务周全,因此西湖船宴不仅肴馔济楚,而且与游乐密切结合,颇有吸引力。林升诗:"山外青山楼外楼,西湖歌舞几时休,暖风熏得游人醉,直把杭州作汴州",都是西湖游宴的真实写照。

现今的西湖旅游宴多在宾馆酒店操办,西湖船宴的影子渐渐退去,但各色观光旅游筵席应运而生,它们全都围绕西湖胜景及文物古迹而选题,风味隽永,特色鲜明。下面是杭州楼外楼菜馆推出的创新筵席——西湖十景宴,主要由西湖十景冷盘、十大名菜、四大名点、一茶四果组配而成,多用于接待国内外游客,深受各界好评,誉为"袖珍西湖图"。

西湖十景宴菜单

十景冷盘:

苏堤春晓、平湖秋月、花港观鱼、柳浪闻莺、双峰插云、三潭印月、雷峰夕照、南屏晚钟、曲院风荷、断桥残雪。

十大名菜：

西湖醋鱼、东坡肉、龙井虾仁、油焖春笋、叫花童鸡、荷叶粉蒸肉、干炸响铃、蜜汁火方、咸件儿、西湖莼菜汤。

四大名点：

幸福双、马蹄酥、万莲芳千张包子、嘉兴五芳斋鲜肉粽子。

一茶四果：

虎跑龙井茶、黄岩蜜橘、镇海金柑、塘栖枇杷、超山梅子。

五、毛肚火锅小吃宴

本筵席是一款极具巴蜀风情的新式便餐席。它以毛肚火锅系列菜式为主菜、辅以川式风味小吃，有时还配以适量的水果及茶酒。这类筵席的特点是格调清新、气氛热烈、组配灵活、菜点兼备、方便食用、丰俭宜人、自助涮食、轻松随意；与巴山蜀水的饮食风情紧密结合，极易满足宾客（包括外地客人）尝新求异、唯美务实的饮食心理。

该筵席以燃气火锅（或电炉火锅）为主要炊具，6～8人，设中号炉，配方桌；8～10人，设大号炉，配圆桌；12～16人，设两个炉，两张方桌相连；16～22人，设三炉，3张方桌相连。为适应客人的口味，通常使用鸳鸯锅（一锅二格），分别盛入清汤与红汤；设两炉或三炉者，可用正宗麻辣汤料、稍淡麻辣料和清汤各一盆，让不同嗜好者分别围炉而坐。

毛肚火锅是其主菜，要求滋味浓厚，用料丰富，一般都配置毛肚、鲫鱼、鳝鱼、鳅鱼、鱿鱼、墨鱼、海参、猪肝、牛腰、脑花、食用菌、粉条、菠菜等10多种，高档的还可加配对虾、鳜鱼片、猴头菇、田鸡腿之类，让客人尽兴吃够；席间穿插上桌的小吃有八宝绿豆沙、花生酱、芝麻糊、莲米羹、小汤圆、清汤抄手、开洋年糕、三鲜烧麦、鸭参粥等10余种，做到咸甜交错，浓淡相间，干稀调配，冷热均衡，最后上水果、蜜饯与茶，去荤解腻，醒酒化食。

毛肚火锅小吃席由重庆会仙楼宾馆首创。筵席设在会仙楼宾馆楼顶花园，景色宜人，白天可凭眺山城风光，晚间可纵览雾都灯火，不少美食家慕名而来。下面是其筵席菜单，可供鉴赏。

主菜：毛肚火锅（鸳鸯锅，一锅二格）。

涮品：毛肚、对虾、鳜鱼片、肥牛、羊肉片、鲫鱼、鳅鱼、鱿鱼、鱼丸、海参、黄喉、脑花、金针菇、白灵菇、粉条、菠菜、猴头菇。

小吃：山城小汤圆、过桥抄手、小笼牛肉包、红油水饺、担担面、白面锅魁、芝麻烧饼、如意春卷、鸡汁锅贴、萝卜丝饼。

水果：蜜橘、香蕉。

六、全国烹饪技能竞赛获奖筵席

2011 年 6 月 5 日，第三届全国高等学校烹饪技能竞赛在北京落幕。武汉商业服务学院代表队设计与制作的"荆风楚韵筵席"荣获大赛金奖，其筵席菜品分获两枚金牌和两枚银牌。下面是本次烹饪大赛的比赛项目、分值和要求，以及本书作者专为此次大赛而撰写的"荆风楚韵筵席之创意设计"。

(一)第三届全国高等学校烹饪技能大赛比赛项目、分值和要求

第三届全国高等学校烹饪技能大赛设团体赛，以学校为报名单位，参赛队人员包括：指导老师 1 名、在校学生 5 名，共 6 人。

大赛由筵席设计与制作、筵席解说与答辩两部分组成。

序号	项目	分值设置		总分
1	筵席设计与制作	筵席设计：100 分		300 分
		筵席制作：200 分		
2	筵席解说与答辩	筵席解说：50 分		100 分
		现场答辩：50 分		
总成绩		400 分		

1. 筵席设计与制作

(1)筵席设计

参赛队须在报到当天提交一份筵席设计书，筵席设计书包含筵席主题、菜点设计、菜单制作、整体效果说明。设计时应有针对性、准确性、可行性。掌握荤素兼顾、浓淡相宜、营养搭配合理，注意菜品组合编列要协调、恰当，冷热菜、荤素菜比例适中。

(2)筵席制作

参赛队队员共同合作，完成整桌筵席的制作。参赛队自定筵席主题，用餐标准满足 10 人量，原则上不少于热菜 8 道、凉菜 6 道、面点 2 道。

总体要求：筵席主题突出，菜点制作精美，营养搭配合理，具有地方风味特色，体现团队合作精神。

比赛说明：比赛时间为 240 分钟。选手需提前 30 分钟凭参赛证入场，进行

设备调试等准备工作。迟到30分钟者不得入场。严禁将任何比赛原料进行赛前改刀、入味等处理,如携带预处理原料或食品雕刻作品进入比赛现场,一经发现将取消该队本项菜品成绩,以0分计算。

2. 筵席解说与答辩

(1)筵席解说:参赛队完成菜品的展示后,指定一名选手进行筵席解说。筵席制作理想的效果应是:筵席主题鲜明,菜品组配合理,营养搭配科学,烹饪技法多样。

筵席解说要求:参赛队须对整桌筵席的主题、设计理念、创新思想、菜品风味特点、营养、主要烹饪技法等方面进行介绍。

(2)现场答辩:评判组根据筵席设计方案、成品及实际效果,对参赛队进行提问,提问范围以筵席为主,可以涉及与之相关的营养、文化、历史、艺术等领域。参赛队指定一名或多名队员回答。

(3)比赛说明:现场将提供2.5米×1.5米长条桌展台一个,白色底布一块,学校可自带梯形架。展示解说时间控制在4~5分钟,参赛队须在评判开始前15分钟到位。如无人解说、答辩则视为放弃,筵席解说与答辩环节成绩按0分计算。

(二)荆风楚韵筵席之创意设计

荆风楚韵筵席是荆楚风味筵席的代表作品之一。本筵席以"荆风楚韵"为主题,按照中档筵席的接待规格,由武汉商业服务学院代表队(1名指导老师、5名学生)设计制作而成。它秉承荆楚风味筵席之特色,融汇湖北古今名食之精品,展现了荆楚大地的饮馔风情,显示了鄂菜新秀的精神风貌。

1. 荆风楚韵筵席之设计理念

设计特色风味筵席,必须结合筵席的主题与特色,充分考虑影响菜单设计的诸多因素,明确其设计理念,使用合理的设计方法。具体操作时,一要按需配菜,考虑各种制约因素;二要随价配菜,讲究菜品的合理调配;三要因人配菜,迎合宾主的要求和嗜好;四要应时配菜,突出当地的名特物产;五要科学配菜,力争形成平衡膳食。中国著名饮食文化专家陈光新教授说:特色筵席菜单的设计,必须努力展现筵席的独特个性,充分考虑其民族特色和地方风情;在兼顾宾客口味嗜好的同时,可适当安排本地名菜,发挥技术专长,显示独特风韵,以达到出奇制胜的效果。

荆风楚韵筵席的设计与制作,旨在充分展现湖北地方特色,努力显示楚乡风情,具体的设计理念主要体现在"精、全、特、雅、新"五个方面:

精,指筵席结构简练,菜品数量适中。本筵席的菜品设计务求符合特色筵席菜单设计要求,菜品排列主要分为冷菜、热菜、点心(含水果)3部分,短小精悍,以体现湖北地区的上菜格局。

全,指用料广博,菜点组配合理。本筵席在原料的择用、菜点的配置上力求符合平衡膳食的基本要求,鱼畜禽蛋兼顾,蔬果粮豆并用,烹饪原料的品种既要种类齐全,又要组配合理。

特,指展示地方风情,显现荆楚饮食特色。本筵席尽量安排本地名菜与名点,菜品的设计与创新不脱离本地的饮食风情,整桌筵席以"荆风楚韵"为主题,以显示独特的饮馔风貌。

雅,指注重宴饮环境,强化酒筵的饮食风情。本筵席从菜品设计、筵宴制作到台面展示,力图将美食与美境和谐统一,使宾客在享受美味的同时,娱乐身心。

新,指筵席的设计与制作务求符合创新要求。第一,本筵席不用明令禁止的保护动物,避免使用奇珍异馔;第二,注重原料的合理取舍与组配,符合物尽其用的调配原则;第三,菜品的设计体现创新原则,力争引领或顺应湖北餐饮潮流;第四,符合高职学生自身的特色与水平,反映湖北新秀的创新能力;第五,生产工艺大方实用,筵席制作便捷省时。

2. 荆风楚韵筵席菜单

荆风六凉碟

  寒香 兰芳 高节

  霜彩 含露 仙寿

楚韵八热菜

  福鼎冬瓜甲鱼裙

  琴台珊瑚鳜花鱼

  知音金钱龙凤簪

  沔阳珍珠扣鳝鱼

  荷塘风味炒石鸡

  荆楚招财进宝虾

  桂花八宝长寿球

  游龙戏水闯天下

楚情双色点

  长阳土家腰鼓酥

  楚城吉祥苹果包

荆乡水果拼

  行吟波涛瓜果颂

3. 荆风楚韵筵席菜品之创意设计

(1)筵席的第一部分是凉菜。它以花中四君子"梅、兰、竹、菊"以及莲荷、水仙为题材,分别拼制成为"寒香"、"兰芳"、"高节"、"霜彩"、"含露"和"仙寿"6味冷碟。

上述6味凉碟系筵席的"前奏曲",所用烹饪原料全是湖北本地物产,生产工艺符合营养卫生要求。菜品质精味美,造型形象逼真;它能开席见彩,引人入胜。

(2)筵席的第二部分是热菜,包括1头菜、6热菜、1座汤。这是筵席的"主题歌",全由热菜组成,排菜跌宕变化,能把宴饮推向高潮。

头菜"福鼎冬瓜甲鱼裙",参照荆州传统风味名菜——冬瓜鳖裙羹创制而成。"新粟米炊鱼子饭,嫩冬瓜煮鳖裙羹",这是荆楚饮食的真实写照。本菜以荆南特产的野生甲鱼为主料,配以时令物产嫩冬瓜,借鉴荆南厨师擅长烹制淡水鱼鲜之特长,以形成"用芡薄,重清纯,原汁原味,淡雅爽口"之特色。

热菜"珊瑚鳜花鱼",系湖北风味名菜之一。"西塞山前白鹭飞,桃花流水鳜鱼肥。"本队师生以湖北黄石西塞山特产的鳜鱼为原料,经出骨、造型等工艺,焦熘而成。成菜外焦内嫩,滋味酸甜,红亮油润,酷似红珊瑚,故名"琴台珊瑚鳜花鱼"。

"沔阳三蒸",属湖北汉沔风味名菜。本校师生取其"蒸鱼、蒸肉、蒸蔬菜"之含义,以当地特产黄鳝为主料,辅以珍珠米丸和蔬菜,创制出"沔阳珍珠扣鳝鱼",既保持了传统鄂菜之特色,又兼具创新求变之理念。民谚说:"小暑黄鳝赛人参"。本筵席于小暑节气前后推出此菜,可谓应时当令!

以龙凤为图腾向来都是荆楚民众的风俗。"金钱龙凤簪"以高汤焖制海参,穿进出骨的凤翅之中,制成楚国妇女常用的"龙凤簪"造型,熟制后排列在豆角制成的"竹排"上,再辅以类似于古币的"金钱串",成菜色泽明快,香滑适口。这款创新菜品既结合楚地民众的乡风民俗,又表达了湖北人民祝愿各位来宾富贵吉祥的美好愿望。

荷塘风味炒石鸡:湖北咸宁出产石鸡,其肉质细嫩,味美如鸡,极具清热解毒、补肾益精之功效。本品食材兼顾水陆,优雅洁净,尤其荷莲,人们常喻之"出淤泥而不染"。"荷塘风味炒石鸡"的设计理念是:选其物料,兼取寓意,以求滋味优美而韵味高洁。

荆楚招财进宝虾:本菜是以湖北特产的湖山龙虾为主料,油焖而成。本品富含蛋白质及钙、磷、铁等多种矿物质,具有壮阳益肾、补精通乳等药用功能;它以元宝状的造型形式表达了荆楚人民的美好心声。

桂花八宝长寿球:古语:"楚水清若空"。荆楚文化有着浓厚的道家文化气息,崇尚神仙,追求长寿。本品运用分子烹饪技术把产自武汉东湖的葛仙米、湖北咸宁的糖桂花等湖北名优特产制成"桂花八宝长寿球",预祝与会来宾生活幸福美满、长寿安康!

游龙戏水闯天下:武汉菜吸取了鲁川苏粤菜式之特长,讲究刀工火功,精于配色造型,汤羹菜式在筵席中的应用非常老道。本筵席之座汤"游龙戏水闯天下"就是以武汉名特物产鮰鱼为主料,辅以黄孝土母鸡煨制的鲜汤,先将鮰鱼肉制成鱼胶,再氽成游龙戏水的造型,取飞龙冲天、勇猛无敌之寓意,以展现楚人"一飞冲天"的民间期许。

(3)筵席的第三部分是点心与果拼,包括2道面点和1道水果拼盘。这是筵席的"尾声",目的是使筵席锦上添花,余音绕梁。

"长阳腰鼓酥"以湖北长阳土家族的腰鼓为素材,做成咸点腰鼓酥;"吉祥苹果包"以"平安之果"苹果为主题,制成甜点苹果包。本筵席之咸甜双色席点兼顾了荆楚民众的饮食习俗,反映出鄂菜新秀中寄托的美好心愿:愿民族团结、盼祖国平安。

行吟波涛瓜果颂:《离骚》中有:"后皇嘉树,橘徕服兮"。楚国爱国诗人屈原用华丽的离骚体歌颂了橘子的华美与高洁。受屈原诗句的启发,本代表队取用了湖北生鲜市场上的特色水果拼制了这份水果拼盘,取名"行吟波涛瓜果颂",为整桌筵席画上一个完美的句号。

4.荆风楚韵筵席之鉴赏

荆风楚韵筵席是荆楚风味筵席代表之一,它有如下特色可供鉴赏:

(1)从筵席结构上看,本筵席共计安排菜品17道,其中冷菜6道、热菜8道、点心2道、水果1道。上菜程序是:冷菜—热菜(头菜 + 热荤 + 汤菜)—点心—水果,体现了华中地区的排菜格局。

(2)从原料构成上看,本筵席使用了多种著名特产,如长江的鮰鱼、荆南的甲鱼、巴河的莲藕、湖山的龙虾、鄂州的白鱼、洪湖的黄鳝、咸宁的石鸡、随县的蜜枣、黄孝老母鸡、东湖葛仙米、咸宁糖桂花、五当山猴头菇,此外,本地的鳜鱼、才鱼、口蘑、独头蒜等也颇耐品尝。

(3)从制作方法上看,它集蒸、焖、烩、炒、熘、炖等多种技法于一体,因料而异,尽现各种烹饪原料之特长;此外,安排较多的鱼鲜制品及当地风味名菜,也是本筵席的一大亮点。

(4)从筵席菜品的组合程式上看,它讲究菜品之间色、质、味、形、器的巧妙搭配,注重菜品本身的纯真自然,力求味纯而不杂,汤清而不寡,并尽可能地展示当地的特色名菜。如沔阳三蒸、珊瑚鳜鱼、鄂州八宝饭、蒜香鸿运鳝、双味鮰鱼、油焖大虾等,有的是古今名菜,有的是创新作品。

(5)从营养配伍的角度上看,本筵席的主要特色有三:一是在烹调技法的选择上,多运用蒸、煨、烧、焖、氽、烩等方法,注重烹饪温度和加热时间的控制,最大限度地减少了营养素的损失,避免了有害物质的产生。二是本筵席提供的能量人均 1008 千卡左右,约占轻体力劳动成年男性一日需摄取的总能量的 42% ；其中蛋白质的供能比为 21% ,且优质蛋白约占蛋白质总量的 90% ,维生素和矿物质也达到或超过了人均一日需要量的 40% 。三是符合中医食疗养生学的相关原理,原料中的甲鱼、鳜鱼、鳝鱼、鮰鱼、牛肉、莲藕等多具滋补作用,有滋阴、补虚、养血等功效。

(6)从文化内涵方面看,"荆风楚韵筵席"可理解为荆楚风味特色主题筵席。该席具备"全"、"品"、"趣"三大特色。所谓"全",就是做到了名品荟萃,形成系列;所谓"品",指规格档次适中,符合审美情趣;所谓"趣",指美食与美境和谐统一,既有物质享受,又能愉悦身心。

 实训演练题

一、多项选择题

1. 关于中国古典名席的叙述,下列选项观点正确的是(   )。

A. 烧尾宴指唐代士子初登金榜或大臣升官为皇帝或朋僚举办的宴会

B. 宋皇寿筵指北宋时期为皇帝寿诞在集英殿内举办的盛大庆贺筵席

C. 诈马宴指元朝皇帝或亲王在重大政事活动时举办的国宴或专宴

D. 千叟宴亦名敬老宴,系清廷为年老重臣和贤达耆老举办的高级礼宴

2. 满汉全席堪称中国古典筵席之冠,关于满汉全席下列选项观点正确的是(   )。

A. 满汉全席又称"满汉燕翅烧烤全席",兴起于清代中叶

B. 满汉全席宴聚时间长,宴饮规格高,菜式品种固定为 108 道

C. 满汉全席原料广,工艺精,南北名食汇于一席

D. 满汉全席重礼仪,重气势,重文采,是现代筵席的样板

3. 关于烤鸭席的叙述,下列选项观点正确的是(   )。

A. 全聚德烤鸭席是北京著名特色风味筵席,常被视为中国筵席的代表

B. 烤鸭席以烤鸭为主菜,辅以冷热菜式和点心,"盘盘见鸭,味各不同"

C. 烤鸭席实际上就是烤鸭全席,原料全部取自于烤鸭,排菜 108 道

D. 烤鸭席以北京菜和山东菜为主,兼有宫廷风味和清真风味

4. 田席始于清代中叶,流行在四川农村,其烹制方法多为(   )。

A. 炒   B. 煮   C. 蒸   D. 扣

5. 四川田席是我国民间宴席的杰出代表,其最突出的特色是(   )。

A. 就地取材   B. 朴素实惠   C. 蒸扣为主   D. 肥腴香美

6.洛阳水席是河南洛阳传统名宴,关于洛阳水席下列选项观点正确的是( )。

A."水"的含义一是此席汤品较多,二是肴馔顺序推进、形如流水

B.洛阳水席一般都由八冷盘、四大件、八中件、四压桌组成

C.洛阳水席又称"豫西喜宴",适用于民间逢年过节、婚丧寿庆

D."真不同水席"是洛阳水席的杰出代表

7.关于中国现代名宴,下列选项观点正确的是( )。

A.岭南蛇宴,又名龙宴,在广东、广西、海南、香港一带很受欢迎

B.阳谷乡宴流行于鲁西平原,是齐鲁风情饮食文化的生动体现

C.辽东三套碗席是在辽东满族聚居地的城镇兴起的红白庆筵

D.谭家菜席选料精、加工细、火候足、下料重,甜咸适口、南北均宜

8.关于中国民族宗教筵席,下列选项观点正确的是( )。

A.藏民宴客不食鳞介、雀鸟,重视酪浆、糌粑、牛羊,嗜饮茶

B.维吾尔族居民饮宴,有着浓郁的伊斯兰教风情和民族区域特色

C.食肉之会是东北地区满族上层家庭"敬神"的特色风味酒筵

D.回民清真十大碗仅用牛羊鸡鸭和粮豆蔬果,素以纯净质朴而著称

9.关于主题风味筵席的描述,下列选项观点正确的是( )。

A.主题风味筵席是指突现活动主题、注重餐饮风格的各式风味筵宴

B.设计主题风味筵席要求紧扣主题文化,有些菜品可重形式轻市场

C.西湖观光旅游宴是指以观光游览西湖美景为主题的特色风味筵席

D.仿古红楼宴,是指仿制《红楼梦》所描述的明代官府风味的筵席

10.关于创新筵席的菜单设计,下列选项观点正确的是( )。

A.设计创新筵席特别注重创新理念,注重创意设计

B.设计创新筵席旨在充分展现筵宴特色,努力体现创新思维

C.设计创新筵席既要符合创新要求,又要结合生产实际

D.设计创新筵席可脱离筵席菜单设计的一般规则

二、综合应用题

(一)请按下列设计要求完成筵席菜单设计。

1.指导思想:设计者自定筵席主题、接待标准、地方风味、适用季节;

2.筵席菜单:标准化提纲式筵席菜单;

3.成本分析:介绍同类菜品的总成本、成本比例及分析说明;

4.营养分析:选料及烹制符合营养卫生要求,菜品的配置体现合理膳食的相关原理,对筵席营养保健功效进行分析;

5.特色简介:对筵席构成、特色食材、工艺特色、名菜名点、创意说明、筵席

文化、饮食习俗等进行介绍。

（二）下面是某校 2010 级烹饪与营养专业某湖北十堰籍学生根据上述设计要求完成的筵席菜单设计，请对照下列评审标准指出其中的不足之处。

1. 与宴会主题相符合；

2. 与宴席价格标准或档次相一致；

3. 特色风味和季节性鲜明；

4. 菜点数量的安排合理；

5. 符合当地饮食民俗，彰显地方风情；

6. 菜品间的搭配体现了多样化的要求；

7. 整桌菜点体现了合理膳食的营养要求；

8. 突现了设计者的技术专长；

9. 菜单编排体现创新精神；

10. 菜单排列布局合理、醒目分明、整齐美观；

11. 筵席营养分析及成本分析合理；

12. 筵席的饮食文化说明有新意。

附：喜结良缘婚庆宴菜单设计

1. 指导思想

婚庆礼是人生仪礼中最受重视的礼俗之一。喜结良缘婚庆宴将以新婚贺喜为主题，借宴饮聚餐的欢快气氛，实现庆婚祝福之目的。本筵席拟于秋冬季节设宴于湖北十堰市，筵宴特色将以襄郧地方特色风味为主体，筵席规模 26 ～ 28 桌，每桌菜品成本 400 ～ 450 元。

2. 喜结良缘婚庆宴菜单

  凉菜：鸳鸯绘彩蛋（风味鹌鹑蛋）

     万顺福满园（郧巴金钱肚）

     锦绣如意球（五香豆腐干）

     翡翠满庭园（香醇木瓜条）

  热菜：锦绣喜临门（红豆海参煲）

     东方展彩凤（笋干烧乌鸡）

     三星齐报喜（郧阳三镶盘）

     黄金铺满地（特色橙香骨）

     角逐群龙舞（翡翠明虾球）

     红娘织情网（郧阳网油砂）

     会聚有盈余（汉江米香鱼）

     生辉花满园（花菇扒时蔬）

　　　　　　　金砂满华堂(小米银鱼羹)
　　　点心:甜蜜水晶糕(竹溪玉碗糕)
　　　　　　　美点同庆贺(菊花枣泥酥)
　　　水果:瑞果迎新人(应时鲜水果)

3. 筵席成本分析

　　本筵席的计划成本为:冷菜 60 元,热菜 340 元,点心水果 40 元,共计 440 元,所占成本比例分别为 13.6%、77.2%、9.1%,基本符合中低档筵席的成本分配要求。

　　在确定了大类菜品的成本及比例之后,再根据婚宴的设计要求,确定冷菜、热菜、点心和水果等 3 组菜品的数量,最后考虑具体的菜品品种。这种先定框架后选菜品的设计方法,会使菜单设计工作更显效率,也更为合理。

喜结良缘婚庆宴成本构成			
类别	菜品名称	成本合计	百分比
冷菜	风味鹌鹑蛋 红油金钱肚 五香豆腐干 香醇木瓜条	60	13.6%
热菜	红豆海参煲 笋干烧乌鸡 郧阳三镶盘 特色橙香骨 翡翠明虾球 郧阳网油砂 汉江米香鱼 花菇扒时蔬 小米银鱼羹	340	77.2%
点心	竹溪玉碗糕 菊花枣泥酥	30	6.8%
水果	应时鲜水果	10	2.3%

4.筵席营养分析

本次筵席设计,其菜品选配遵循了广泛选料、就地取材、荤素调配、平衡协调的菜单设计原则。本筵席的最大特色是高蛋白食材、菌笋类素食所占比例较高,全套菜品组配合理,基本符合平衡膳食的具体要求。

在烹制方法上,较多地使用了炒、爆、烧、熘、蒸、煮等技法,因上浆挂糊,大火快炒,肉类外部的蛋白质迅速凝固,保护了内部营养素不至大量外溢,因而减少了营养损失。

5.筵席特色风味简介

(1)菜式特色

本筵席以襄郧风味菜品为主体。襄郧风味菜品盛行于汉水流域,包括襄樊、郧阳、十堰、随州等地,以肉禽菜品为主体,间以淡水鱼鲜,精于制作野味菜。菜品入味透彻,软烂酥香,汤汁少,有回味;制作方法为炒、烧、蒸、炖居多,代表菜有"武当猴头"、"网油砂"、"三镶盘"、"郧阳炖乌鸡"等。

(2)筵席结构

本筵席采用了华中地区的上菜格局:冷菜(酒水)—热菜(头菜 + 热荤 + 汤菜)—点心(或主食)—水果。

头菜选用红豆海参煲,既突出了冬季筵席的季节特征,凸显出婚宴的喜庆气氛,又提升了筵席的规格档次。座汤小米银鱼羹,选用丹江口水库的银鱼作为原料,突出了当地的风味物产。

(3)特色食材

本筵席选用了众多的十堰特产,如水果选用了郧县木瓜,禽类选用了郧阳乌鸡,山珍选用了十堰竹笋、菌菇,畜类选用了郧巴黄牛,水产选用了丹江口水库的银鱼等。

木瓜:本品是一种营养丰富、有百益而无一害的果之珍品,素有"百益果王"之称。湖北郧县每年盛产木瓜,素有"中国木瓜第一大县"之美名。

耳菇:房县是驰名全国的耳菇之乡,以黑木耳、香菇、花菇为主的食用菌栽培历史悠久。此外,本地的山笋、香椿、蕨菜、薇菜等山野资源也很丰富。

郧阳乌鸡:又称"郧阳白羽乌鸡"或"乌骨鸡"。此鸡入药,有补气养血,调经止带功能,并可治疗心悸,故又名"药鸡"。

郧巴黄牛:本品是我国南方优良黄牛品种巴山黄牛的粗壮型,个体较大,肌肉丰满,耐力强。本筵席选用的郧巴金钱肚(俗称蜂窝牛肚),质优味鲜,形如蜂窝,兼具养胃、健体、抗病功能。

(4)名菜美点

郧县网油砂:本品为郧县特色风味名菜,网油砂外层香脆,中层柔软,吃到嘴里馅味醇甜。

官渡五香豆腐干:本品甘甜爽口,香味醇厚,无论零食佐酒,或入菜烹调,都是上品佳味。

竹溪碗糕:有热吃、冷吃两种。热吃用薄竹片将碗糕切成小块,根据个人喜好不同,蘸蜂蜜或辣酱同吃。冷吃,用薄竹片于碗边旋转一周,米糕可整块取出,取出后,放凉即可食用。

项目十一 西式筵席菜单设计

西式筵席是指菜点饮品以西餐菜品和西洋酒水为主,按照西式宴会的礼节仪程和宴饮方式就餐的各式筵席。西式筵席种类较多,分类方法各异。如按地方特色风味划分,主要有法式筵席、俄式筵席、意式筵席、美式筵席及英式筵席等;按菜品规格高低划分,主要有普通筵席、中档筵席和高级筵席;按宴请的形式划分,主要有正式宴会和招待会等类型。西式筵席在菜点的组配及菜单设计方面与中式筵席有着明显的区别。为突出重点,本章着重介绍西式正式宴会及西式冷餐酒会的菜单设计。

任务一 西式宴会菜单设计

一、西式宴会的特点

西式宴会与中式筵席一样,具有聚餐式、规格化和社交性等三大特征,但在菜式风格的体现,菜点、酒水的配套,菜品冷热干稀的组合,以及餐饮接待程式等方面,与中式筵席差别较大。西式宴会的特色主要表现为如下三方面。

(一)在筵席格局上,强调以菜为中心

西式宴会主要由菜肴、点心、果品、咖啡和酒水等组成,其中菜肴是中心。西方人认为菜肴、酒水各有品质,因此,在设计西式筵席菜单时,常常根据不同的菜肴选择与之协调的不同品质的酒水来搭配,尤其注重各种葡萄酒的搭配,使为数不多的菜与酒相得益彰、异彩纷呈。

西方国家是世界上盛产葡萄酒、香槟酒和白兰地酒的主要地区,所以,他们除注重酒水与菜品的搭配之外,对于酒在筵席上的搭配使用也非常讲究。如在饭前应饮用较淡的开胃酒;食用沙拉、汤及海鲜时,饮用白葡萄酒或玫瑰酒;食用肉类时饮用红葡萄酒;在饭后则饮用少许白兰地酒或甜酒类。

（二）在菜点组合上，讲究简洁实用

西式宴会菜点数量少、品质精、重视营养、反对浪费。西式宴会真正意义上的菜点通常只有 5 道：开胃冷盘、汤、开胃热盘、主菜和餐后甜点。在开胃冷盘之前一般上餐前饮料和面包；上汤之前一般要上一道酒水，通常为红或白葡萄酒，并与后面的主菜相配；甜点用完之后一般要上咖啡和白兰地酒。其菜点总量，远远少于中式筵席。

西式宴会非常重视菜点的品质，在原料的选择上特别注重新鲜。新鲜的食材为优质的菜品打下了良好的基础。西式筵席，特别是法式筵席，时常选用一些优质原料，如鹅肝、法式蜗牛、黑松露、鱼子酱等，这些原料既丰富了菜肴的味道，也提升了筵席的品质。在菜品装饰方面，西餐强调装饰的有效性，有效装饰可以增强色泽、质感及味道上的对比；那些不可食用、不能增加味道或餐盘外观的装饰都视为无效装饰。

西式宴会重视营养的搭配。西方人认为饮食的目的在于满足人的生理需要，在烹饪中注重营养，强调个性，决定了西式筵席格局以菜为中心、菜点组合简洁实用的特点。西方饮食观是一种理性的饮食观念，食物的营养一定要得到保证。各类营养素的数量是否充足、比例是否合理、热量的供给是否恰到好处，以及这些营养成分是否能被进食者充分吸收利用、有无其他副作用等，都是十分重要的考虑因素，而菜肴的色、香、味等则是次要的要求。菜肴中的配菜以蔬菜为主，并以生食居多，可用沙拉酱拌食以保证营养素不受破坏，并对主菜的营养起到良好的补充作用。筵席中冷菜、汤、热菜、甜品的合理组合，基本上满足了就餐者的营养需求。

西式宴会浪费现象较少。按照西方人的饮食习惯，菜品的量可以根据自己的喜好进行选择，可以少量多次地选用，以避免浪费。

（三）在菜单设计上，注重突出个性

西方人非常重视筵席菜单设计，不仅注重内容美，也强调形式美。在西式宴会上，几乎每一位客人面前都要摆上一份菜单，它编排有序，配有文字，附有菜点、饮品的图片或图案，色彩雅致，形状美观，引人注目。这些菜单通常是由菜单设计者根据相关原则精心制作而成，真正起到了点缀和标记作用。

西式宴会的菜单设计特别注重突出个性化，它主要体现在内容的个性化和形式的个性化两个方面。内容的个性化是指筵席菜单的设计应根据进餐者的要求、餐厅的特色及筵席的特点来设计内容，它包括菜点、原料、图片、绘画、文字说明等。形式的个性化包括材质、形状、书写方法、排列格式等。每一份独具个性的筵席菜单都为西式宴会增添了绚丽的色彩。

（四）在菜式排列上，强调先后顺序

西式宴会的菜式结构因席而异，具有不同的表现形式，但总的上菜程式基本固定。现代西式宴会的上菜顺序一般为：开胃菜—汤—前菜—主菜—乳酪—甜品—咖啡（或红茶）。

从品味美食的观点看，菜单的上菜顺序应该依照味觉排列。其上菜规则主要表现为：菜肴的口味由淡转浓；菜肴的温度由凉转热，再由热转凉，最后由凉结束于热饮。

二、西式宴会的内容

西式筵席包括早餐筵席与正餐筵席。由于西方人生活节奏较快，早餐和午餐通常较简单，基本上被快餐占领，因此，西式晚餐比较重要，特别是周末晚宴，通常要持续较长时间。西式宴会的席面通常是根据不同国家、不同菜式、不同风味来进行搭配。菜肴的数量通常是 6～11 道不等，可根据客人的多少与定价的高低来灵活制定。西式宴会注重营养搭配，菜品比较清淡，调味品的用量较少，很多菜品带有奶香味，餐桌上备有盐和胡椒粉，客人可以在餐桌上二次调味。西式宴会的菜肴质地鲜嫩，尤其是动物性食品，成熟度可以由客人选择，筵席中的甜品糖的用量非常大，饮品除茶与咖啡外，其余基本上都需要冰镇。

西式宴会的具体内容有传统西式宴会内容与现代西式宴会内容之分，其菜单设计具有一定规律性。

（一）传统西式宴会菜单内容

传统西式宴会的菜式结构比较繁杂，通常包含冷前菜、汤类、热前菜、鱼类、大块菜、热中间菜、冷中间菜、冰酒、炉烤菜（附沙拉）、蔬菜、甜点、开胃点心及餐后点心等内容。

1.冷前菜

冷前菜亦称为开胃菜，被列为筵席的第一道菜，因为具有开胃作用而得名。

2.汤类

汤有清汤与浓汤之分，可供客人自由选择，属于开胃品的一种。

3.热前菜

热前菜是指任何一种可盛于小盘的热菜。若有以蛋、面或米类为主所制备的菜肴，则可将其排在汤之后，鱼类之前。

4.鱼类

鱼类排在家畜肉之前，除鱼类产品外，另包含虾类、贝类等其他水产品。

5. 大块菜

大块菜是用整块家畜肉加以烹调,并在客人面前切割分食。

6. 热中间菜

热中间菜上菜次序介于大块菜与炉烤菜之间,是不可缺少的宴会主菜,材料必须切割成小块后,才能加以烹煮,烹调时不受数量的限制。

7. 冷中间菜

冷中间菜上菜次序介于大块菜与炉烤菜之间,将原材料切割成小块后,再加以烹煮。

8. 冰酒

冰酒是一种果汁加酒类的饮料,并在冷冻过程中予以搅拌,制成状似冰淇淋的冰冻物,相当于我们俗称的雪波或雪泥。可调剂客人的味觉,并使就餐者的胃稍作休息。

9. 炉烤菜(附沙拉)

炉烤菜皆以大块菜的家禽肉或野味为主,是大块菜的补充,是整套菜品味道之高峰。

10. 蔬菜

一般将其当作主菜盘中的"装饰菜"。其目的是增加主菜的色、香、味,均衡用餐者的营养,亦可搭配主菜的颜色,把餐盘装点得赏心悦目。

11. 甜点

甜点以甜食为主,包括热、冷两种。

12. 开胃点心

开胃点心内容同于热前菜,只是味道更浓。酒会常见的 canape(系指小块吐司上放置不同食物的小点心)属于此类。

13. 餐后点心

餐后点心的法文名称是"dessert",意思是指"不服务了"。此道菜肴一出,就表示所有的菜肴已经全部服务完毕。餐后点心仅限于水果或餐馆于餐后奉送客人的小甜点、巧克力糖而已。

(二)现代西式宴会菜单内容

现代西式宴会在传统西式筵席的基础上进行改良,在程序上进行简化,在工艺上逐步完善,注重菜品的外观设计,强化膳食营养平衡。其菜单内容主要包括前菜类、汤类、主菜类、冷菜或沙拉、点心类及饮料。

1. 前菜类

前菜类也称开胃菜、开胃品或头盘,是西餐的第一道菜肴。分量少、味道鲜、色泽艳,具有开胃作用。如鸡尾酒开胃品、法国鹅肝酱、鱼子酱、苏格兰鲑鱼片、各式肉冻、冷盘等。

2. 汤类

汤类具有增进食欲的作用。汤的内容有浓汤与清汤两大类。清汤有冷、热之分；浓汤有奶油汤、蔬菜汤、菜泥汤等。

3. 主菜类

主菜类是西餐筵席的重头戏，主要有水产类菜肴、畜肉类菜肴及禽鸟类菜肴。水产类菜肴的原料很多，品种包括淡水鱼类、海水鱼类、贝类及软体动物，它们肉质细嫩，容易消化，所以，水产类菜肴通常排在肉类菜肴的前面。畜肉类菜肴的原料主要取自牛、羊、猪等的各个部位，其中最具代表性的是牛肉或牛排。禽菜类菜肴的原料主要取自鸡、鸭、鹅、鸽，也有山鸡、火鸡、竹鸡等，种类较多，应用较广。

4. 冷菜或沙拉

冷菜常用生菜。生菜可补充身体所需的植物纤维素及维生素，因此将生菜做成各式沙拉，既符合素食者的饮食需求，又可作为主菜类的装饰菜。

5. 点心类

点心类主要包括各色蛋糕、西饼、水果及冰淇淋等。

6. 饮料

饮料以咖啡、果汁或茶为主。以往饮料供应皆以热饮为主，现今为顺应时代潮流亦供应冷饮。

（三）西式筵席酒水单的内容

在西式筵席中，酒水与菜肴同样重要，而且不同的食物应该配饮不同的酒水，所以酒水单在西方餐厅的经营中同样重要，大多数餐厅的菜单后面紧跟着的就是酒水单。大多数西餐厅既有中高价位的酒，也有低价位的酒，其酒水的销售通常按酒杯 0.5 升或 1 升的标准来提供，剩余的酒需要合理储存。这种把酒的整瓶销售改变为一杯一杯地销售的方式，能促进顾客酒水的消费。

1. 根据进餐顺序编排的酒单

（1）餐前酒：主要包括鸡尾酒、调和酒、啤酒、葡萄酒；

（2）餐间酒：葡萄酒、啤酒；

（3）餐后酒：葡萄酒、香甜酒、白兰地、烈性甜酒。

2. 根据葡萄酒单的次序编排

（1）产地：法国、意大利、德国、葡萄牙等其他国家；

（2）类型：有汽葡萄酒（香槟酒、有汽勃艮地酒）、无汽葡萄酒；

（3）风味：带酸味的葡萄酒、酸甜适中的葡萄酒、带甜味的葡萄酒；

（4）酒色：红葡萄酒、白葡萄酒、玫瑰葡萄酒；

（5）年份：标年份与不标年份的葡萄酒。

3. 根据菜肴与酒类搭配进行编排

根据菜肴与酒类的搭配编排酒单便于顾客选择，也方便于推销。一般情况下，香槟酒的搭配力最强，可以单独喝，也可以和几乎所有的菜肴搭配。可以餐前、餐间喝，也可以餐后喝。玫瑰葡萄酒也是中性的，几乎可以搭配一切菜肴。

如果顾客在一餐当中要喝一种以上的葡萄酒，通常先喝清淡的白葡萄酒，然后喝浓烈的红葡萄酒，最后是甜味葡萄酒。

4. 酒单的标注

各种不同品牌的名酒，其优质之处应明确标注，因为名酒与名菜一样可以提升餐厅的声誉和顾客的认知度。所有酒类都应明码标价，尤其是以杯为计售单位的更应明示。在鸡尾酒的标注中应尽量标明主要配方，以免顾客只看名称不知酒的组成成分。在筵席中如果酒类与菜品组合销售，也应详细说明包价。在特殊的营销活动中，如果餐费达到一定额度有赠送的话，也应在明显的地方进行标注。

三、西式宴会菜单的设计

（一）西式筵席形式的选择

西方国家的宴请，按习俗可分为日常宴请、节日宴请，生日婚庆喜事宴请及商务宴请等，形式各不相同，具体要求也不一样。如在圣诞、新年的宴请中，必有一道用火鸡作为原料的菜肴；在生日、婚庆等喜庆类的宴请中，则要准备喜庆大蛋糕。

西方国家的宴请，通常有丰盛和普通两类形式。丰盛的宴请，除高级菜外，必备冷菜。冷菜花色品种多，规格质量要高，一般不能少于四种。每种冷菜都要选用优质原料，精细烹制，拼配成美观的形状，装入大盘上桌或分盘上桌，类似我国的花色冷盘。普通的宴请，则不上冷菜或只上一种小碟，作为就餐的小吃食品，类似我国宴会前上的手碟，但西餐小碟多用鱼、虾、蛋和水果等作为原料制成，数量较少。

西方国家的宴请，有的采用分餐的办法，即每客一份。除冷菜外，每份菜肴都要依次排列：第一道上汤，第二道上主菜（2~4种），第三道上甜点，第四道上时令水果或冰淇淋，最后一道上咖啡或红茶等饮料。一般都是将菜肴盛入盘内，上桌放在客人面前，也有的将菜肴盛入大盘内上桌，由宴请主人或服务人员分别夹入到每个客人的盘中。此外，餐桌备有主食、黄油和果酱等。

其他形式的宴请，主要有冷餐酒会、鸡尾酒会、自助餐或其他特殊宴请方式。

(二)西式宴会菜单设计原则

设计西式宴会菜单,必须充分考虑顾客的饮食需求,在全面了解影响菜单设计诸多因素的前提下,依据宴会主题、接待规格及餐厅本身的基本资源灵活进行设计。西式宴会的菜单设计原则主要有如下几点。

1. 根据就餐者的饮食需求设计

西式宴会中的一切餐饮都是为了满足就餐者的饮食需求。筵席菜品要想被就餐者接受,就必须进行必要的市场调研,制定出符合顾客要求的各式菜单。筵席调研的主要目的是了解就餐者对各类菜肴的喜好情况、就餐者对本地特色菜的喜爱程度、同行业的市场情报等,把调研结果作为设计西式宴会菜单的依据。

2. 依据宴会的接待标准合理设计

宴会的接待标准是西式宴会菜单设计的重要依据。筵席既然是一种特殊的商品,就必须遵循市场营销规律,其菜单的设计必须按照"质价相称"、"优质优价"的原则,合理选配每一菜品和酒水。高档筵席的原料品质、工艺难度、菜品质量、酒水规格、宴饮环境、接待风范必须优于普通筵席。

3. 突出宴会主题和风味特色

饮食是人们最基本的生活需求,同时也是民族地方传统、风俗习惯及文化艺术的反映。西式宴会菜单的设计,除要考虑宾客需求、接待规格之外,还应着重考虑筵席主题、风味特色及地方饮食习俗,很多酒店的西餐厅就是靠风味特色来吸引客人的。风味特色主要表现在菜肴原料、烹制工艺、色香味形、食用方式,甚至餐厅环境等方面。不同的筵席主题要求体现出不同的风味特色。

4. 熟悉食品原料的供应情况

食品原料是菜品制作的物质基础。如果原料的品质符合工艺要求,数量能够保证供应,价格也相对合理,那么用该原料烹制的各式菜肴就可作为营销菜品,否则就不能被列入筵席菜单。在原料的供应上,要考虑通过正当途径,保证原料正常供应的数量、通过努力能争取到的数量、某种食品原料有无供应的基地等,要考虑食品原料的季节性,储藏的难易程度等,还要考虑到本企业的原料库存情况。

5. 掌握烹饪和服务的技术水平

烹饪和服务的技术水平是筵席菜单设计的关键性要素。没有一定的技术水平作保障,设计出的筵席菜单只能是空中楼阁。技术力量包括厨师的烹调技术和服务人员的服务技术。烹调技术是主要方面,有技术精湛的厨师,才有可能生产出质量上乘的菜品。如果想要筵席取得成功,除了烹饪技术之外,服务技能也不可忽视。

6. 控制筵席的成本与价格

西式宴会菜单设计要着重考虑整套菜品酒水的餐饮成本与销售价格。既要注意每一道菜肴成本的合理控制，也要注意整桌筵席中菜品酒水的合理搭配；尽量安排一些利润率较高的畅销菜品，确保在总体上达到规定的毛利率；力争制定出有利于双方都能接受的各式筵席菜单。

7. 注意花色品种与季节因素

西式筵席菜单的设计，要注意各类菜品花色品种的调配，既要保持传统风味、地方特色，又要不断研制新花色、新品种，增加菜品的吸引力。要考虑季节因素，合理选配应时当令的新鲜食材，安排适合季节要求的节令佳肴。

8. 注意筵席菜单的合理排列

西式筵席菜单既强调内在美，也注重形式美。设计西式宴会菜单，在菜单外形的设计上，要使菜单的式样、大小、颜色、字体、纸质、版面安排等与餐厅的档次和气氛相协调，与餐厅的陈设、布置、餐具以及服务人员的服装风格相适应。既美观大方，又简便实用。

四、西式宴会菜单实例

例1，法式普通宴会菜单：

开胃菜
  挪威烟熏三文鱼
头盘
  苏力士奶油龙虾酥盒
汤菜
  法式双色奶油汤
主菜
  安格斯牛扒配红酒汁
沙拉
  地中海海鲜沙律
奶酪
  卡芒贝尔奶酪
甜点
  星型巧克力蛋糕
饮料

卡布奇诺

例2,法式高级宴会菜单:

SET DINNER

(10 人 × RMB400)

Henkell Trocken

气泡酒

Pan – fried Goose Liver with Mango Fruit

香煎鹅肝配芒果

Chenin Blanc, Brown Brothers 1999

布朗兄弟梢南白

Asparagus Cream Soup with Frog Legs

芦笋奶油蛙腿汤

Pan – fried Beef Tenderloin " Rossini" Style

传统"罗西尼"式煎牛柳配鹅肝及黑菌

Roasted French Duck Breast with Pine Nuts in Rice and Orange Sauce

烤法国鸭胸配松仁米饭及香橙汁

Monton Cadet 98'

武当红

Cream of Cheese with Berry Basket

浆果奶油芝士篮

例3,意式宴会菜单:

开胃菜

　　蒜味烤虾、红黑鱼子、大麦粥加意大利果仁和生腌火腿

头盘

　　羊奶干酪和意大利熏火腿

汤菜

　　奶油蘑菇汤

前菜

　　烙头条鱼配奶油花菜

主菜

　　烧鸡配甜菜饭和各式蔬菜

甜点

　　萨巴里安尼甜点

饮料

咖啡

例4,俄式宴会菜单:

开胃菜

　　冷盆配鱼子酱

汤菜

　　莫斯科红菜汤配酥皮面包、黄油

前菜

　　炭烤肉串

主菜

　　奶油蘑菇鸡卷配炸山芋等素菜

点心

　　奶渣饼

甜点

　　奶油冻

水果

　　水果拼盘

饮料

　　咖啡

例5,美式宴会菜单:

开胃菜

　　熏鸭沙拉配羊奶酪

汤菜

　　美式蔬菜汤

前菜

　　金枪鱼沙拉

主菜

　　烤牛排配蔬菜

点心

　　包肉饭

甜点

　　佛蒙特州枫糖糕点

水果

饮料

任务二　冷餐酒会菜单设计

一、冷餐酒会的特点

冷餐酒会,又称冷餐会,它是西方经常采用的一种宴会形式(主要应用于招待会),兴起于 20 世纪的欧洲,后来传入我国,现已在我国各大中城市广泛使用。

冷餐酒会的特点是气氛活泼,洒脱自然,客人允许迟到早退,用餐时间可长可短;主人周旋于宾客之间,服务员大多巡回服务。这种聚餐方式主要采用自助式的用餐形式。其举办场地既可在室内,又可在户外;既可在正规餐厅,也可在花园举行。宴饮聚餐常设长桌,有时也用小桌,席位不固定,宾客可自由入座,也可站立就餐。其菜品以冷菜为主,热菜、点心、水果为辅,各式菜点集中放置在一张长方桌上,供客人自由选择,分次取食;酒水大多事先斟好,有时也由服务人员端送。席位大多散置餐厅各处(有时不设座椅),宾主随意走动,取食喜爱的菜点或饮料,自由攀谈。

冷餐酒会适宜于正式的官方接待活动,宴饮规模可大可小,接待规格可高可低。它充分尊重宾客自由,不受席规酒礼约束,便于交流思想感情和广泛开展社交活动;同时食品利用率高,较之正式宴会节约。

鸡尾酒会,可视作冷餐酒会的一种特殊形式。它所提供的食品以酒水为主,尤其是鸡尾酒等混合调制饮料,同时配以少量小食。鸡尾酒会一般不设座椅,只放置小桌或茶几,所有客人站立进餐,方便随意走动。这类酒会的举办时间较灵活,客人可在酒会进行期间任何时间到达或离开,不受约束。鸡尾酒会既可作为大中型西式筵席的前奏活动,又可用于举办记者招待会、新闻发布会、签字仪式等活动。

二、冷餐酒会菜单设计要求

冷餐酒会主要采用自助式的用餐形式,其菜单设计可参照项目六任务二"自助餐菜单设计"。

值得强调的是,设计西式冷餐酒会,要特别注意各式菜点和装饰物品的合理摆放,要注意菜品的陈列与就餐环境的和谐统一;菜品的数量要科学合理,菜品的规格要体现接待标准,菜品种类的要多种多样,菜品的风味要特色鲜明。人数较多的冷餐会可根据餐厅的形状把菜肴、点心、水果和饮料分开摆放,形状可设计成长方形、半圆形、L形或S形;人数较少的冷餐会可将各种食物摆放在一张餐台上。

在整个设计过程中,要注意整体风格和艺术性,餐台上的装饰一般选用鲜花、盆景、水果塔、蛋糕塔、黄油雕塑或冰雕作品等,将这些装饰品巧妙地穿插在菜肴中,起到画龙点睛的作用。

三、冷餐酒会菜单设计实例

例1,西式冷餐会菜单

沙拉类:

墨西哥彩色沙拉、水果沙拉、法式尼斯沙拉、鲜虾蔬菜沙拉、金枪鱼蔬菜沙拉、加州烟三文鱼沙拉。

冷餐类:

里昂那蘑菇肠、野餐肠、鸡尾肠、迷你汉堡、迷你三文治、香炸鸡翅、美式春卷。

甜点类:

草莓慕斯、巧克力慕斯、香蕉蛋糕、法式肉松卷、杏仁泡芙、英格兰蛋糕、维多利亚蛋糕、黑森林蛋糕、香橙蛋糕、提拉米苏、法兰西多士、瑞士蛋糕卷。

主餐类:

咖喱鸡、西班牙辣鸡扒、墨西哥香辣烤鱼、黑椒牛扒、黑椒牛柳炒意粉、意大利肉酱面、香烤小牛舌配黑椒汁。

烧烤类:

巴西串标牛板腱、泰式烧猪劲肉、串烧鸡肉、黑椒炭烧牛肉、蒜香烤大虾、手撕鱿鱼丝、泰式甜辣酱烧热狗肠、BBQ烧鸡翅。

汤类:

罗宋汤、奶油南瓜汤、意大利蔬菜汤、奶油玉米浓汤、海鲜汤。

果汁类:

柳橙汁、柠檬汁、特级冰咖啡、英式红茶、奶茶。

例2,西式冷餐宴会菜单

开胃菜

香草冻烧纽西兰牛柳	冷切什锦冻肉盘
烟熏三文鱼拌鱼子酱	巴玛火腿密瓜卷

各式法式开胃小点	牛肉清汤鲜菇肉冻
沙拉	
田园蔬菜沙拉	鲜果忌廉沙拉
金枪鱼土豆沙拉	经典恺撒沙拉
香脂醋嫩芦笋沙拉	德式薯仔沙拉
汤	
金酒牛尾汤	鲜芦笋忌廉汤
热菜	
什锦沙爹肉串	香烤鸡中翅
葱油香鲜鱼	黑樱桃烧鸡
蒜香烤大虾	烤蜜汁火腿配奶香面包
甜品	
纽约乳酪小点	维也纳苹果卷
意式果仁巴菲蛋糕	杏仁黄桃派
巧克力杏仁小点	蓝莓慕斯蛋糕
拿破仑酥条蛋糕	提拉米苏(甜酒、咖啡)
水果	

哈密瓜、香瓜、香蕉、雪梨。

例3,中西结合式的冷餐酒会菜单

汤:

俄罗斯什菜汤。

小食类:

咖喱牛肉饺、鲜虾多士、吉列沙丁鱼、咸牛肉碌结、椒盐鱿鱼须、意大利薄饼、沙爹串烧牛柳、炸鸡翼、日式墨鱼仔、家乡水饺、煎马蹄糕、潮州粉果、莲蓉糯米糕。

沙律类:

龙虾沙律、俄罗斯鸡蛋沙律、意大利海鲜沙律、吞拿鱼鲜茄沙律、青菜沙律。

热菜:

椰汁葡国鸡、红酒煨牛腩、粟米烩海鲜、洋葱烧猪蹄、纽西兰牛柳、黑椒汁牛排骨、蒜蓉沙丁鱼、扬州炒花饭、海鲜西兰花。

甜品:

吉士布丁、栗子布丁、拿破仑饼、黑森林饼、大苹果批、朱古力花球、曲奇饼、葡式饼。

水果：

雪梨、苹果、香蕉、鲜柑。

 实训演练题

一、多项选择题

1. 关于西式筵席的叙述,下列选项观点正确的是(   )。

A. 西式筵席主要由西餐菜品和西洋酒水所构成

B. 西式宴会注重营养搭配,菜肴质地鲜嫩,口味比较清淡

C. 西式筵席中特色最鲜明、影响力最大的是美式筵席

D. 西式筵席在菜点组配及菜单设计方面与中式筵席没有明显区别

2. 下列有关西式筵席特点的叙述,观点正确的是(   )。

A. 西式筵席在筵席格局上强调以菜为中心

B. 西式筵席在菜点组合上讲究简洁实用

C. 西式筵席在菜单设计上注重突出个性

D. 西式筵席在菜式排列上强调先后顺序

3. 关于现代西式宴会菜单内容,观点正确的选项是(   )。

A. 现代西式宴会注重菜品的外观设计,强调膳食营养平衡

B. 西式宴会包括前菜类、汤类、鱼类、主菜类、冷菜、点心类及饮料

C. 前菜类也称开胃菜、开胃品或头盘,是西餐的第一道菜肴

D. 西式宴会主菜类菜肴包括水产类菜肴、畜肉类菜肴及禽鸟类菜肴

4. 关于西式筵席酒水单的叙述,观点正确的选项是(   )。

A. 餐前酒主要包括鸡尾酒、调和酒、啤酒、葡萄酒

B. 餐后酒主要有葡萄酒、香甜酒、白兰地、烈性甜酒

C. 葡萄酒单根据酒色编排有红葡萄酒、白葡萄酒、玫瑰葡萄酒

D. 西式筵席中酒水的销售通常按酒杯 0.5 升或 1 升的标准来提供

5. 西式筵席注重菜肴与酒水合理搭配,下列选项观点正确的是(   )。

A. 西式筵席菜肴与酒水的搭配要便于顾客选择,便于餐饮推销

B. 香槟酒的搭配力最强,可以与几乎所有的菜肴搭配

C. 玫瑰葡萄酒是中性的,几乎可以搭配一切菜肴

D. 葡萄酒的饮用,应先喝浓烈的红葡萄酒,后喝清淡的白葡萄酒

6. 西式宴会的菜单设计原则主要有(   )。

A. 根据就餐者的饮食需求设计菜单

B. 依据宴会的接待标准合理设计菜单

C. 设计菜单要突出宴会主题和风味特色

D. 设计菜单要注意花色品种调配与季节变换因素

7. 关于冷餐酒会特点的叙述,观点正确的选项是( )。

A. 冷餐酒会的特点是气氛活泼,洒脱自然

B. 冷餐酒会这种聚餐方式主要采用自助式的用餐形式

C. 冷餐酒会的菜品以热菜为主,冷菜、点心、水果为辅

D. 冷餐酒会的席位不固定,宾客可自由入座,也可站立就餐

8. 西式冷餐酒会菜单设计要求主要有( )。

A. 设计西式冷餐酒会要注意菜品的陈列与就餐环境的和谐统一

B. 冷餐酒会的菜品数量要科学合理,菜品规格要体现接待标准

C. 冷餐酒会的菜品风味要特色鲜明,菜品的种类要多种多样

D. 人数较多的冷餐酒会可将各种食物集中摆放在一张餐台上

二、论述题

1. 设计一份中等规格的法式风味筵席菜单,使用 PPT 对其筵席菜品及特色风味进行介绍。

2. 对照西式宴会席的菜式结构,谈谈你对中式筵席结构改革的看法。

模块四

筵席生产与经营

项目十二 筵席生产经营与质量控制

为了使筵席接待工作井然有序,顺利圆满,筵席负责人必须根据主办人的要求和筵席的标准,制订出相应的工作方案,包括筵席的预订、筵席的准备、菜品的制作、接待与服务、经营管理及质量控制等,并组织实施。

任务一 宴会部设置与筵席预订

在餐饮企业里,人们通常将筵席业务部门称作"宴会部"或"筵席部"。宴会部隶属于餐饮部,是餐饮企业里一个相对独立的部门。其主要任务是负责筵席、酒会、招待会及茶话会等的销售和组织实施。从事筵席生产与经营工作,必须明确筵席业务部门的机构设置。

一、筵席部的机构设置

(一)餐饮部的机构设置

餐饮部是酒店组织机构中重要的组成部分。虽然酒店的规模不同、经营思路各异,各餐饮部的组织机构不尽相同,但就大中型餐饮企业而言,它主要由餐厅、厨房、宴会部、管事部、酒水部等部门所构成,其各自主要职能如下。

1. 餐厅

①按照规定的标准和规格程序,用娴熟的服务技能、热情的服务态度,为宾客提供餐饮服务,使宾客饮食需求得到满足,同时根据客人的个性化需求提供针对性服务。②扩大宣传推销,强化全员促销观念,提供建议性销售服务,保证经济效益。③加强对餐厅财产和物品管理,控制费用开支,降低经营成本。

2. 厨房

①根据宾客需求,向其提供安全、卫生、精美可口的菜肴。②加强对生产流程的管理,控制原料成本,减少费用开支。③不断开拓创新,提高菜点质量,扩大产品销售。

3. 宴会部

①宣传、销售各种类型的宴会产品,接受宴会等活动的预订,提高宴会厅的利用率。②负责宴会活动的策划、组织、协调、实施等,向客人提供尽善尽美的服务。③从各环节着手控制成本与费用,增加效益。

4. 管事部

①根据事先确定的库存量,负责为指定的餐厅、厨房请领、供给、存储、收集、洗涤和补充各种餐用具。②负责机器设备的正常使用与维护保养。③负责收集和运送垃圾,收集和处理相关物品。

5. 酒水部

①保证整个酒店的酒水供应。②负责控制酒水成本,做好酒水的销售,扩大营业收入。

(二)大中型宴会部的机构设置

宴会部的机构设置应因餐饮企业及酒店餐饮部的经营规模和业务重点而定,宴会业务在餐饮销售中所占的比重不同,宴会业务部门的组织机构设置也不相同。下面仅介绍大中型宴会业务部门组织机构的设置。

在大中型餐饮企业里,宴会部一般拥有举办大型宴会的环境设施和实际能力,它常常独立于餐饮部成为一个独立的部门。在我国大部分酒店中,宴会部虽是餐饮部的直属部门,但它拥有自己相对独立的组织体系。一些大型宴会部多见于大型酒店或餐饮企业,其经营面积大,台位数多,营业额高,并且由若干中小宴会厅、多功能厅构成。除举办宴会外,还承办庆功会、招待会、研讨会、文艺晚会等业务。下面是大中型宴会部的组织机构,可供参考。

1. 中型宴会部

中型宴会部一般下属 1~2 个专门的宴会厅(多功能厅),其管理层次和管理人员较小型宴会部多。一般来说,其组织机构设有四个层次、两个部门。如图 12-1 所示。

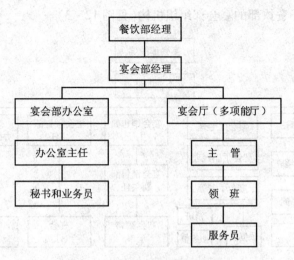

图 12 - 1　中型宴会部机构设置

2. 大型宴会部

大型宴会部一般拥有举办大型宴会的环境设施和实际能力,它常常独立于餐饮部而成为一个独立部门,有时也隶属于餐饮部。但即使隶属于餐饮部,也拥有自己相对独立的组织体系,其管理层次至少有四个,常设三大部门、二十多个岗位。下面介绍两种大型宴会部组织机构,可供参考。

(1)隶属于餐饮部的宴会部组织机构(见图 12 - 2)

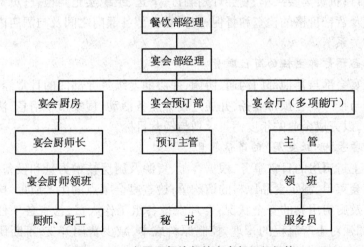

图 12 - 2　隶属于餐饮部的宴会部组织机构

（2）独立于餐饮部的宴会部组织机构（见图 12－3）

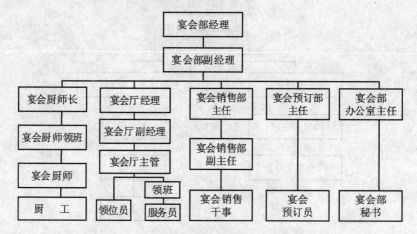

图 12－3　独立于餐饮部的宴会部组织机构

（三）大型宴会部部门负责人的岗位职责

1.宴会部经理的岗位职责

对宴会部进行全面行政领导，负责宴会部全员的人力资源管理，负责宴会部所属厨房、餐厅、办公室的物资、设施、设备的管理；负责宴会的预订、销售和接待服务；制定并落实经营项目，进行成本控制；负责大型宴会及重要活动实施方案的制订；负责宴会菜单、宴会计划制订、下达、组织实施与检查；负责宴会部食品质量及营销价格的检查和督促；协调宴会部各部门之间及与酒店内其他部门的工作关系。

2.宴会预订部主任的岗位职责

代表宴会部与其他部门沟通、协调，并协助上级督导部门的日常经营管理；负责接洽与推广宴会预订业务，并通过相关业务活动，搜集市场信息，协助制定销售策略，以完成企业的年度销售计划与经营目标。

3.厨师长（职业主厨）的岗位职责

负责主持厨房的日常事务，根据客源、货源及厨房技术力量和设备条件，准备各式宴会菜单，制定食品原料的请购单；检查宴会菜点的生产质量，检查食品卫生情况及厨房用具的安全状况；合理安排各组工作人员，检查各项任务的执行情况；加强对生产流程的管理，控制原料成本，减少费用开支；不断研发新潮菜品，满足宾客不同需求。

4.餐厅经理的岗位职责

负责主持餐厅的日常事务，掌控餐饮服务的全部过程和各个环节；指挥、协调餐饮服务人员的日常工作;组织产品宣传及餐饮推销,根据客人的个性化需求提供建议性销售服务;控制费用开支,降低经营成本;与厨房保持密切联系,提供产品销售信息;协调酒店员工与顾客的关系,代表整个餐厅处理突发事件。

5. 宴会销售部主任的岗位职责

负责宴会部的销售工作,制订销售计划、承接宴会预订和接待服务任务;搜集整理市场信息,制定切实可行的销售措施,确保宴会销售任务的完成。

二、筵席的预订

筵席预订是筵席经营活动中不可缺少的一个重要环节,是筵席生产、服务及销售活动的第一步。筵席预订工作的好坏,直接影响筵席菜单的拟订、筵席场景的布置、筵席台面的设计、筵席厅的人员安排等。它既是客户对酒店的要求,也是酒店对客户的承诺,二者通过预订,达成协议,形成合同,规范彼此行为,指导筵席生产和服务。一个管理得好的饭店或餐饮部,是十分重视筵席预订工作的,不仅设有专门的筵席预订机构和岗位,还建立和完善了一整套筵席预订管理制度。

(一)筵席预订的方式

筵席预订方式是指客户与筵席预订有关人员接洽、沟通筵席预订信息所采取的方式,主要有如下几种。

1. 电话预订

电话预订是最常见的一种预订方式,具有方便、经济的特点。由于不是面对面的服务,对沟通的技能要求较高,尤其是语言表达的技巧。

2. 面洽预订

面洽是顾客到饭店直接与筵席预订人员商谈筵席预订的一种方法。预订员应主动交换名片,陪同他们参观筵席场所,并对本店筵席特色及有关情况进行详细的介绍,消除顾客的疑虑。然后,预订员与顾客当面洽谈讨论所有的细节安排,解决宾客提出的特殊要求,讲明付款方式等。

3. 信函预订

信函是与客户联络的另一种方式,适合于提前较长时间的预订。收到宾客的询问信时,应立即回复宾客询问的关于在饭店举办筵席、会议、酒会等的一切事项,并附上饭店场所、设施介绍和有关的建设性意见。事后还要与客户保持联络,争取说服客人在本饭店举办筵席活动。

与信函预订相类似的预订方式还有传真预订、电子邮件预订、商务网站预订等,这些预订方式比信函预订的速度快,但无法进行面对面的双向沟通,因此,预订跟踪服务就显得很重要。如客户的各项要求都已明确,应立即采取同样的来函来电方式回复客户,予以确认;如客户对各项筵席要求未作说明,应电请客户明确具体要求;如客户再次来函来电确认的,应予以办理登记;如不再复告的,则不予确认。

4. 登门拜访式预订

这是饭店销售部采用的重要的推销手段之一。是指筵席推销员登门拜访客户,同时提供筵席预订服务。这样,既宣传并推销了饭店产品,达到扩大知名度、促进销售的目的,又可以为客户提供方便。

5. 中介人代表客人向筵席部预订

中介人是指专业中介公司或本单位职工。专业公司可与饭店筵席部签订常年合同代为预订,收取一定佣金。本单位职工代为预订适用于饭店比较熟悉的老客户,客户有时会委托饭店工作人员代为预订。

6. 指令性预订

指令性预订指政府机关或主管部门在政务交往、外事接待或业务往来中安排宴请活动,而专门向直属宾馆、饭店筵席部发出预订的方式。指令性预订往往具有一定的强制性,因而,指令性预订是饭店必须无条件地接受和必须周密计划的筵席任务。此时饭店应更多地考虑社会效益。

(二) 筵席预订的工作程序与主要内容

筵席预订的方式多种多样,预订的主要内容与程序也各有不同,现就其基本工作流程简要介绍如下。

1. 主要内容与程序

(1)接受预订,问清客人的有关情况与要求

接受客人的电话预订、面洽预订时均要做好详细的笔录,问清客人的有关情况与要求:筵席的日期、时间与性质;宴请的对象与人数;每席的费用标准、菜式及主打菜肴;预订人的姓名、单位、联系电话和传真号码;餐厅、舞台装饰及其他特殊要求。

(2)向顾客介绍酒店、餐厅的真实情况及有关优惠政策

主要包括:筵席厅或多功能厅的名称、面积、设备配置状况及接待能力;可提供的菜式、产品、招牌菜及其价格;可提供的酒水、点心、娱乐康乐产品及其价格;视交易情况可提供的彩车、司仪、蜜月套房等;经办人的姓名、电话号码、单位的传真号码及接受缴纳定金的银行开户账号。

(3)双方协商筵席合同细节,共同敲定

主要包括:具体的菜单,客人所需要的酒水、点心及其他需另外收费的相关产品与服务;餐厅、酒店视交易情况可提供的各种优惠措施及无偿赠送的产品

与服务;定金、付款方式及下一步的联络方式;其他重要的细节。

(4)制作详细的筵席预订合同书

筵席预订合同书是一种特殊的经济合同文书,其内容应包括客人预订的具体细节、经双方共同协商确定的有关条款及违约所应承担的责任与赔偿金额。

(5)制订筵席接待计划

筵席部主管业务员在客户缴纳了定金之后应立即着手制定筵席接待计划。筵席接待计划包括:项目名称(筵席主题);预订者的姓名、地址、单位名称、电话号码、传真号码;筵席日期、时间、地点;菜式、席数;定金数额、付款方式、酒店筵席销售代表;费用标准;筵席餐桌摆设及筵席厅内部装饰;中西厨房应准备的菜品;各个部门所应承担的任务;酒店、餐厅拟提供的其他特殊的优惠;本项目的最终审批人(通常为餐饮部总监)、文件报送的部门及有关负责人的名单;附件:筵席菜单、筵席厅餐桌的平面摆设布局、赠送房间预订登记、派车预订申请、筵席厅或多功能厅预订申请。

2.筵席预订的注意事项

(1)筵席接待计划在提交餐饮部总监审批之后,应分别将有关文件及其副本分发到各有关部门,提请他们提前做好准备。

(2)提前一周再次向客户进行预订确定,提醒其若取消预订,酒店将不退还其预付的定金。

(3)将顾客预订确认的有关信息及时反馈给酒店、餐厅有关部门和领导,以便他们能及时采取一些有关的对策与措施。

任务二 筵席菜品的生产设计

筵席菜品生产活动是执行筵席设计的主要活动。筵席菜单所确定的菜品,只是停留在计划中的一种安排,它的实现主要依靠生产活动,只有通过生产活动才能把处于计划中的菜品设计转化为现实的物质产品——菜品,然后才能提供给顾客。所以,筵席菜品生产活动是保证筵席设计实现的基本活动。

一、筵席菜品的生产过程

筵席菜品的生产过程是指接受筵席任务后,从制订生产计划开始,直至把所有筵席菜品生产出来并输送出去的全部过程。

筵席菜品生产过程的构成,一般是根据各个阶段的地位和作用来划分,可分为制订生产计划阶段、烹饪原料准备阶段、辅助加工阶段、基本加工阶段、烹调与装盘加工阶段和菜品成品输出阶段等。

(一)制订生产计划阶段

这一阶段是根据筵席任务的要求,根据已经设计好的筵席菜单,制订如何组织菜品生产的计划。

(二)烹饪原料准备阶段

烹饪原料准备阶段是指菜品在生产加工以前进行的各种烹饪原料的准备过程。准备的内容是根据已制定好的烹饪原料采购单上的内容要求进行的。准备的方式有两种:一种是超前准备,如干货原料、调味原料、可冷冻冷藏的原料等,提前在生产加工以前的一段时间就可以采购回来并经验收后入库保存起来;另一种是在规定的时间内即时采购,如新鲜的蔬菜,或活禽、活水产等动物原料等,在进行加工之前的规定时间内采购回来。

(三)辅助加工阶段

辅助加工阶段是指为基本加工和烹调加工提供净料的各种预加工或初加工过程。例如,各种鲜活原料的初步加工、干货原料的涨发等。

(四)基本加工阶段

基本加工阶段是指将烹饪原料变为半成品的过程。例如,热菜是指原料的成形加工和配菜加工,并为烹调加工提供半成品;点心是指制馅加工和成形加工;而冷菜则是熟制调味,或对原料的切配调味。

(五)烹调加工与装盘阶段

烹调加工是指将半成品经烹调或熟制加工后,制成可食菜肴或点心的过程。例如,菜肴经配份后,需要加热烹制和调味,使之成菜;点心经包捏成形后,经过蒸、煮、炸、烤等方法成熟。成熟后的菜肴或点心,再经装盘工艺,便成为一个完整的菜品成品。冷菜则是在热菜烹调、点心制熟之前先行完成了装盘。

(六)成品输出阶段

成品输出阶段是指将生产出来的菜肴、点心及时有序地提供上席,以保证筵席正常运转的过程。从开宴前第一道冷菜上席,到最后一道水果上席,菜品成品输出是与筵席运转过程相始终的。

构成筵席菜品生产过程的六个阶段,因为生产加工的重点不同而有区别,甚至是相对独立的,但是作为整个过程的一个部分,由于前后工序的衔接和任务的规定性,它们又是紧密联系,协同作用的。

二、筵席菜品生产设计的要求

(一)目标性要求

目标性要求是筵席菜品生产设计的首要要求。这里的"目标"是指生产过程、生产工艺组成及其运转所要达到的阶段成果和总目标。筵席菜品生产的目标,是由一系列相互联系、相互制约的技术经济指标组成的。如品种指标、产品指标、质量指标、成本指标、利润指标、技术指标等。筵席菜品生产设计,必须首先明确目标,保证所设计的生产工艺能有效地实现目标要求。

(二)集合性要求

集合性要求是指为达到筵席生产目标要求,合理组织菜品生产过程。要通过集合性分析,明确筵席生产任务的轻重缓急,确定筵席菜单中菜品的生产工艺的难易繁简程度和经济技术指标,根据各生产部门的人员配置、生产能力、运作程序等情况,合理地分解筵席生产任务,组织生产过程,并采用相应调控手段,保证生产过程的运转正常。

(三)协调性要求

协调性要求是指从筵席菜品生产过程总体出发,明确规定各生产部门、各工艺阶段之间的联系和作用关系。筵席菜品的生产既需要分工明确、责任明确,以保证各自生产任务的完成,同时,也需要各生产部门相互间的合作与协调,各工艺阶段、各工序之间的衔接和连续,以保证整个生产过程中,生产对象始终处于运动状态,没有或很少有不必要的停顿和等待现象。

(四)平行性要求

平行性要求是指筵席菜品生产过程的各阶段、各工序可以平行作业。这种平行性的具体表现是,在一定时间段内,不同品种的菜肴与点心可以在不同生产部门平行生产,各工艺阶段可以平行作业;一种菜肴或点心的各组成部分可以单独地进行加工,可以在不同工序上同时加工。平行性的实现可以使生产部门和生产人员无忙闲不均的现象,缩短筵席菜品生产时间,提高生产效率。

(五)标准性要求

标准性要求是指筵席菜品必须按统一的标准进行生产,以保证菜点质量的稳定。标准性是筵席菜品生产的生命线。有了标准,就能高效率地组织生产,生产工艺过程就能进行控制,成本就能控制在规定的范围内,菜品质量就能保持一贯性。

(六) 节奏性要求

生产过程的节奏性要求是指在一定的时间限度内,有序地、有间隔地输出筵席菜品。筵席活动时间的长短、顾客用餐速度的快慢,规定和制约着生产节奏性、菜品输出的节奏性。设计中要规定菜品输出的间隔时间,同时又要根据筵席活动实际、现场顾客用餐速度,随时调整生产节奏,保证菜品输出不掉台或过度集中。

总之,目标性是筵席菜品生产的首要要求,通过目标指引,可以消除生产的盲目性;集合性是通过分析确保生产过程组织的合理性,保证生产任务的分解与落实;协调性是要求各生产部门、各工艺阶段、各工序之间密切合作、相互联系、顺畅衔接发挥整体的功能;标准性是筵席菜品生产设计的中心,是目标性要求的具体落实,没有菜点的制作标准、质量标准,菜品生产与菜品质量就无法控制;平行性和节奏性是对生产过程运行的基本要求,是对集合性和协调性的验证。

三、筵席菜品生产实施方案的编制

筵席菜品生产实施方案,是在接到筵席任务通知书、确定了筵席菜单之后,为完成筵席菜品生产任务而制定的计划书。

(一) 筵席菜品生产实施方案的编制步骤

筵席菜品生产实施方案是根据筵席任务的目标要求编制的用于指导和规范筵席生产活动的技术性文件,是整个筵席实施方案的组成部分,其编制步骤如下:

(1)充分了解筵席任务的性质、目标和要求。

(2)认真研究筵席菜单的结构,确定菜品生产量、生产技术要求,如加工规格、配份规格、盛器规格、装盘形式等。

(3)制定标准菜谱,开出筵席菜品用料标准单,初步核算成本。

(4)制订筵席生产计划。

(5)编制筵席菜品生产实施方案。

(二) 筵席菜品生产实施方案的内容

1. 筵席菜品用料单

筵席菜品用料单是按实际需要量填写的,实际需要量即是设计需要量加上一定的损耗量。设计的需要量是理想用量,在实际应用中,由于市场供应原料的状况、原料加工等多种因素的影响,会产生一定数量的损耗,也就是说实际需要量会大于设计需要量。有了用料单,可以对贮存、发货、实际用料进行筵席食品成本跟踪控制。

2. 原材料订购计划单

原材料订购计划单是在用料单的基础上填写的,格式如图 12 - 4 所示。

原材料订购计划单

定购部门_____ 定购日期_____ NO. _____

原料名称	单位	数量	质量要求	供货时间	费用估算		备注
					单价	总价	

图 12 - 4　原材料订购计划单

填写原材料采购计划单要注意以下几点:

(1)如果所需原料品种在市场上有符合要求的净料出售,则写明是净料;如果市场上只有毛料而没有净料,则需要先进行净料与毛料的换算后再填写。

(2)原料数量一般是需要量乘以一定的安全保险系数,然后减去库存数量后得到的数量。如果有些原料库存数量较多、能充分满足生产需要,则应省去不填写。

(3)对原材料质量要求一定要准确地说明,如原料有特别的要求,则将希望达到的质量要求在备注栏中清楚地写明。

(4)如果市场上供应的原料名称与烹饪行业习惯称呼不一致或相互间的规格不一致时,可以经双方协调后确认。

(5)原料的供货时间要填写明确,不填或误填都会影响菜品生产。

3. 生产设备与餐具的使用计划

在筵席菜品生产过程中,需要使用诸如和面机、轧面机、绞肉机、食物切割机、烤箱、切片机、炉灶、炊具(包括燃料)、调料钵、冰箱、制冰机、保温柜、冷藏柜、蒸汽柜、微波炉等多种设备,以及各种不同规格的餐具等。所以,要根据不同筵席任务的生产特点和菜品特点,制订生产设备与餐具使用计划,并检查落实情况、完成情况和使用情况,以保证生产的正常运行。特别是筵席菜品所涉及的一些特殊设备与餐具,更应加以重视。

4.筵席生产分工与完成时间计划

除了临时性的紧急任务外,一般情况下,应根据筵席生产任务的需要,尤其在有大型筵席或高规格筵席任务时,要对有关筵席生产任务进行分解与人员配置和人员分工,明确职责,并提出完成任务的时间要求。

拟订这样的计划,还要根据菜点在生产工序上移动的特点,并结合筵席生产的实际情况来考虑。例如,从原料准备到初加工,再到冷菜、切配、烹调和点心等几个生产部门,生产工序有的是一种顺序移动的方式,因此,完成原料准备必须先进行初加工,而完成初加工后又必须先进行冷菜、切配、烹调和点心加工。所以,对顺序移动的加工工序而言,对前道工序的完成时间应有明确的要求,否则将影响后续工序的顺利进行和加工质量。

冷菜、热菜、点心的基本生产过程,是一种平行移动的方式,但由于成品输出的先后顺序不同,因而在开宴前对它们的完成状态要求也不同,即冷菜是已经完成装盘造型的成品,热菜和点心是待烹调与熟制的半成品,或已预先烹调熟制但尚需整理、装盘造型的成品。所以,对平行移动的加工过程而言,必须对产品完成状态与完成时间提出明确的要求,对成品输出顺序与输出时间提出明确的要求。

5.影响筵席生产的因素与处理预案

影响筵席生产的因素主要有原料因素、设备条件、生产任务的轻重难易、生产人员的技术构成和水平等;影响筵席生产的主观因素主要有生产人员的责任意识、工作态度、对生产的重视程度和主观能动性的发挥水平。为了保证生产计划的贯彻执行和生产有效运行,应针对可能影响筵席生产的主客观因素提出相应的处理预案。

另外,在执行过程中,要加强现场生产检查、督导和指挥,及时进行调节控制,能有效地防止和消除生产过程中出现的一些问题。

任务三　筵席业务服务设计

不同类型的筵席,为突出各自宴请的特点和氛围,达到宴请的效果,在进行服务设计时,服务的规格、隆重程度、具体要求都应有所不同。这里,我们主要就中餐筵席的服务程序、商务筵席的服务设计、亲情筵席的服务设计进行介绍。

一、中餐筵席服务程序

(一)筵席服务准备工作

筵席服务准备工作包括掌握情况、人员分工、场地布置、熟悉菜单、物品准备、筵席摆台、摆放冷盘、全面检查等程序。

1. 掌握情况

承接筵席时,必须充分了解筵席及客人的相关情况。做到"八知"(知出席筵席人数,知桌数,知主办单位,知客人国籍,知宾主身份,知筵席标准,知开席时间,知菜式品种及出菜顺序)、"三了解"(了解宾客风俗习惯,了解客人生活忌讳,了解宾客的特殊要求)。

2. 明确分工

规模较大的筵席,要确定总指挥人员;迎宾、值台、传菜、斟酒及衣帽间、贵宾房等岗位,都要有明确分工,将责任落实到人。

3. 场地布置

布置筵席厅时,要根据筵席的性质、档次、人数及宾客的要求来调整筵席厅的布局。

4. 熟悉菜单

要熟记筵席上菜顺序及每道菜的菜名,了解每道菜的主料及风味特色,以保证准确无误地进行上菜服务。

5. 物品准备

准备好筵席所需的各类餐具、酒具及用具,备齐菜肴的配料、佐料,备好酒品、饮料、茶水;席上菜单每桌一至二份放于桌面,重要筵席则人手一份。

6. 筵席摆台

筵席摆台应在开席前 1 小时完成,按要求铺台布,下转盘,摆放餐具、酒具、餐巾花,并摆放台号或按要求摆放席次卡。

7. 摆放冷盘

在筵席正式开始前 15 分钟左右摆上冷盘。摆放冷盘时,要根据菜点的品种和数量,注意品种色调的分布、荤素的搭配、菜盘间的距离等,使得整个席面整齐美观,增添筵席气氛。

8. 全面检查

包括环境卫生、餐厅布局、桌面摆设、餐用具的配备、设备设施的运转、服务人员的仪容仪表等,都要一一进行仔细检查,以保证筵席的顺利举行。

(二)筵席间就餐服务

1.热情迎宾

迎宾员应在宾客到达前迎候在筵席厅门口,宾客到达时,要热情迎接,微笑问好,大型筵席还应引领宾客入席。

2.宾客入席

值台员在筵席开始前,应站在各自的服务区域内等候宾客入席。当宾客到来,服务员要面带微笑,欢迎宾客,并主动为宾客拉椅让座。宾客入席后,帮助宾客铺餐巾,除筷套,并撤掉台号、席次卡等。

3.斟倒酒水

为宾客斟倒酒水,应先征求宾客的意见。具体操作时,应从主宾开始,再到主人,然后按顺时针方向依次进行,斟酒只宜斟至八分满即可,当宾客杯中只有1/3酒水时,应及时添加。

4.上菜服务

(1)当冷菜食用掉一半时,应开始上热菜。大型筵席上菜应以主桌为准,先上主桌,再按桌号依次上菜,绝不可颠倒主次;每上一道新菜,要向宾客介绍菜名、风味特点及食用方法。

(2)上菜时要选择正确的上菜位,一般选择在翻译与陪同位之间进行。如有热菜使用长盘,盘子应横向朝主人。整形菜的摆放,应将鸡、鸭、鱼头部一律朝右,脯(腹)部朝向主宾。所上菜肴,如有佐料的,应先上佐料后上菜。

(3)筵席上菜应控制好上菜节奏,要主动地为宾客分汤分菜,上新菜前要先撤走旧菜。如盘中还有分剩的菜,应征询宾客是否需要添加,在宾客表示不再需要时方可撤走。

5.席间服务

在整个筵席期间,要勤巡视,勤斟酒,勤换骨碟、烟灰缸,细心观察宾客的表情及示意动作并主动服务。

(三)筵席收尾工作

1.结账送客

筵席结束时,服务员要征求宾客意见,提醒宾客带好自己的物品。与此同时,要清点好消费酒水总数,以及菜单以外的各种消费。付账时,若是现金可以现收交收款员,若是签单、签卡或转账结算,应将账单交宾客或筵席经办人签字后送收款处核实,及时送财务部入账结算。

2.收台检查

在宾客离席的同时,服务员要检查台面上是否有未熄灭的烟头,是否有宾客遗留的物品,宾客全部离开后立即清理台面。清理台面时,按先餐巾、毛巾和金器、银器,然后酒水杯、瓷器、刀、叉、筷子的顺序分类收拾。凡贵重物品要当场清点。

3. 清理现场

所有餐具、用具要回复原位,摆放整齐,并做好清洁卫生工作,保证下次筵席可顺利进行。

中餐筵席服务基本程序如图12-5所示。

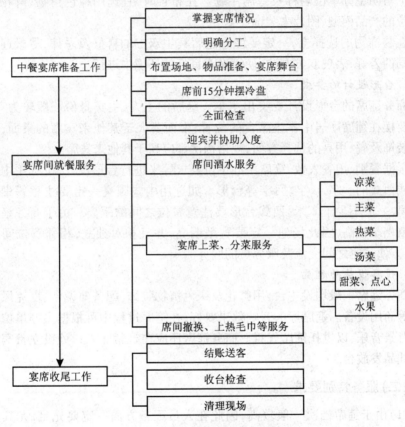

图12-5 中餐筵席服务流程图

二、商务筵席的服务设计

商务筵席是筵席销售的一个重要方面。此类筵席主要是指各类企业和营利性机构或组织为了一定的商务目的而举行的筵席。此类筵席接待档次较高,而且对服务质量的要求不同于一般性筵席。在其组织与实施过程中主要注意以下几方面。

(一)场地布置

1. 厅堂装饰突出筵席主题

装饰厅堂时要突出商务筵席稳重、热烈、友好的气氛,所以,装饰物的选择要突出主办单位的特点,如悬挂红色横幅,横幅要连通筵席厅正面墙壁的左右,横幅上写明主办单位名称及筵席主题。在布置时,宜选用绿色植物、鲜花或主办单位的产品模型、图片来装饰厅堂。

在装饰物的选择上,一定要注意筵席宾主双方的喜好及忌讳,尽量迎合双方共同的爱好,表现双方友谊,使筵席在良好的环境中进行。

2. 台形设计的要求

商务筵席的台形设计要突出主桌。筵席的主人、主宾身份一般较为尊贵,主桌要摆在筵席厅居中靠主席台的位置,桌面要大于其他来宾席的桌面,在桌面的装饰及餐、用具的选择方面,规格档次都应高于其他来宾席。

根据餐别、用餐人数,筵席主办单位要求等来进行台形设计,可选用中式的圆桌或西式的一字、L 字、回字等台形。如选用中式圆桌一定要注意餐桌之间的距离,一般不少于 2 米,西式台形要注意餐位之间的距离。由于商务筵席一般规格档次较高,因此场地一定要宽敞明亮,并且相对独立,相邻餐位间距合适,以方便宾主之间交流及服务员的服务。

3. 设备设施的配置

商务筵席一般均设主台,用鲜花及绿色植物装饰,配备演说台、麦克风或投影仪等商用设备。筵席厅的音响效果要好,在筵席过程中可根据主办单位要求播放背景音乐,以烘托筵席气氛。商务筵席还应在筵席厅入口处设立贵宾签到台或礼品发放台。

(二)服务特别要求

(1)由于筵席档次一般较高,因此在人员配备方面一定要充足,尤其是主桌,可配置 2 ~ 3 名服务员,即一名负责看台,一名斟酒,一名传菜。其他来宾席可配置较少服务员,一桌可设一名专职的看台服务员。

(2)服务员的仪容仪表要端庄齐整,懂礼节讲礼貌,尤其是有外国宾客参加筵席时,服务员应进行大方得体的服务,既要体现中国传统的民族风格,又要熟知客方国家礼仪,尊重他国的习俗。

(3)严格按照筵席程序提供服务,掌握好服务节奏。宾主双方往往边吃边交谈,服务人员要及时与厨房联系,控制好上菜节奏。

（4）服务员要主动细致,善于察言观色,提供高质量的筵席服务。由于筵席的要求严格,因此在选择服务员时最好选择业务熟练或业务素质较高的服务人员,以防在服务中出现失误。如有失误发生,筵席组织者一定要加以特别重视,妥善处理,尽量不要影响整个筵席的气氛。

三、亲情筵席的服务设计

亲情筵席是由个人或私人团体为了增进亲情或友情而举行的家族庆典、朋友聚会的筵席活动。此类筵席与公务筵席、商务筵席不同,举行筵席完全出于个人需要,筵席费用也由个人承担。按传统分类方法,亲情筵席主要包括婚庆宴、寿庆宴、生日宴、丧葬宴、迎宾宴、节日宴、酬谢宴、迎送宴等。亲情筵席由于是由个人承办,目的也多为了喜庆、欢聚,因此筵席气氛较为轻松、融洽、热烈、活跃。在其组织与实施过程中主要应注意以下几方面。

(一)场地布置

（1）由于中国人讲究团圆、吉祥,因此在举办亲情筵席时,多选用中式筵席。在筵席厅的布置方面也应突出中国的传统特色。如根据我国"红色"表示吉祥的传统,在餐厅布置、台面和餐具的选用上,多使用红色——红色的地毯、红色的台布、红色的幕布、红色的灯笼等,烘托出喜庆热烈的场面。

（2）在台形设计时,要考虑主桌的摆放。根据筵席规模的大小,摆放 1～3 桌主桌,安排贵宾、主家宾客就座。在安排宾客席次时,必须与客人商定好,尽量将一家人或相互熟悉的宾客安排在同一席或相邻席。

（3）中国人在喜庆聚会时,往往喜欢离席相互敬酒,在餐桌摆放时,要考虑餐桌之间的距离,留出宽敞的通道,以方便客人在席间行走及服务员提供相应的斟酒服务。

（4）为烘托气氛,抒发感情,在亲情筵席中往往会有宾客祝辞或即席表演节目。故应在筵席厅布置出主席台或留出活动场地,并提供相应的设备设施,如麦克风、卡拉 OK 等。

(二)服务特别要求

（1）由于人们生活逐渐富裕,亲情筵席逐年增多,亲情筵席正成为酒店筵席销售的一个重要方面。为了促进亲情筵席的销售,酒店往往为宾客提供一些特别优惠,如:免费提供请柬、嘉宾题名册、停车位;自带酒水免收开瓶费等。服务员在服务过程中,一定要清楚哪些服务项目是免费提供的,哪些项目是客人自费的,以防出现差错,引起纠纷。

（2）服务员在服务过程中要大方得体，懂礼节讲礼貌。特别是在使用服务语言时，一定要注意宾客的喜好和忌讳。中国人在举办亲情筵席时忌讳不吉利的语言、数字，讲究讨口彩，服务员要灵活运用服务语言，为宾客提供满意的服务。

（3）由于筵席气氛较为热烈，因此在筵席过程中往往会出现一些突发事件，如宾客醉酒，打碎餐具、用具，菜肴、菜汤泼洒等，服务员要沉着冷静，妥善处理好这些突发事件。如没有能力处理要立即向上级汇报，请经理直接出面处理，防止事态扩大，影响整个筵席气氛。

任务四　筵席业务的营销管理

筵席营销是指通过一定方式将筵席产品信息传递给顾客，并促成顾客进行筵席消费的活动。筵席营销分为内部营销和外部营销两种，外部营销是指通过一定的促销手段，把顾客吸引到饭店来进行消费；内部营销是指通过一定的方法使已经在饭店消费筵席的顾客，成为多消费与多次消费的对象。所以，开展积极有效的筵席营销活动，能吸引客源，提高设施利用率，提高筵席销售量，获取最大的经济效益和社会效益。

一、筵席营销的基本形式

筵席营销形式是指将有关筵席信息传递给消费者的方式和渠道，它可分为两大类：一类是人员传递信息的形式，包括派推销员与消费者面谈的劝说形式，通过社会名人和专家影响目标市场的专家推销形式，通过公众口头宣传而影响其相关的群体的社会影响形式。另一类是非人员营销形式，包括通过各种大众传播媒介的推销，依靠筵席厅装潢气氛设计特别而吸引顾客的环境促销，以及通过特殊事件而进行促销等。

（一）人员推销的方法与程序

1. 人员推销的方法

人员推销是专职推销人员或筵席部工作人员与顾客或潜在顾客接触、洽谈，或通过向顾客提供满意的服务，向筵席部的客户提供信息，使顾客一次或多次来本店筵席部举办筵席的过程。人员推销相对于非人员推销，更具有可信性。人员推销包括推销员推销和全员推销。

推销员是直接向顾客介绍筵席经营项目和特点，同时征求顾客消费意见的人员。推销员的工作,为企业和顾客之间架起桥梁。推销员不但要尽力为顾客提供各种便利的服务,而且需要注意反馈市场信息,维护和树立筵席部的良好形象,提高筵席部的竞争能力。

全员推销是发动筵席部每个成员都投入促销活动中,这当中除专职推销员外,还包括筵席厅经理、厨师和服务人员。

厨师的推销功能主要表现在以下几个方面。

(1)利用厨师的名气进行宣传推销,可以吸引不少的客人。

(2)可以让客人点厨师来做菜,甚至可以通过装在餐厅里的电视展示所点厨师制作菜肴的全过程,加强直观感受,吸引客人,促成消费冲动。

(3)对重要客人,厨师可以亲自端送自己的特色菜肴,并对原料及烹制过程做简短介绍,提高与顾客的亲和力。

2. 人员推销的程序

专职推销人员在进行筵席营销时,应按照以下基本程序开展工作。

(1)收集信息

通过收集信息发现潜在的客户,并进行筛选。筵席推销员要建立各种资料信息簿,建立筵席的客史档案,注意当地市场的各种变化,了解本地的活动开展情况,寻找推销的机会。

(2)计划准备

在上门推销或与潜在客户接触前,推销员应做好销售访问的准备工作,确定本次访问的对象,要达到的目的,列出访问大纲,备齐销售用的各种有关餐饮的资料,如菜单、宣传小册子、照片和图片等,并对饭店近期的预订情况有所了解。

(3)着重介绍筵席产品和服务

介绍筵席产品和服务时要着重介绍餐饮产品和服务的特点,针对所掌握的对方需求来介绍,引起顾客的兴趣,突出本饭店所能予以客人的好处和额外利益,还要设法让对方多谈,从而了解顾客的真实要求,反复说明自己的菜品和服务最能适应顾客的要求。在介绍筵席产品和服务时,还要借助于各种资料、图片以及餐厅或筵席厅的场地布置图等。

(4)商定预订和跟踪销售

要善于掌握时机,商定交易,签订预订单。一旦签订了订单,还要进一步保持联系,采取跟踪措施,逐步达到确认预订。即使不能最终成交,也应通过分析原因,总结经验,保持继续向对方进行推销的机会,便于以后的合作。

(5)处理异议和投诉

碰到客人提出异议时,餐饮销售人员要保持自信,设法让顾客明确说出怀疑的理由,再通过提问的方式,让他们在回答提问中自己否定这些理由。对客人提出的投诉和不满,首先应表示歉意,然后要求对方给予改进的机会,千万不要为赢得一次争论的胜利而得罪客人。

(二)广告推销的方法与程序设计

1. 广告推销的方法

广告推销是指利用广告媒介推销筵席产品和服务的方法。广告推销具有覆盖面广、持续时间较长的特点。广告推销因媒介众多,而且每一媒介都有自己的优缺点,故而需要认真选择,才能使筵席产品和服务的宣传达到最佳效果。

筵席推销广告通常有下列形式:

(1)免费广告

免费广告主要是由信用卡公司提供的。当酒店为信用卡公司的客户,拥有某信用卡公司的信用卡时,应及时与他们取得联系,希望他们为餐厅刊登广告。

(2)路旁广告牌

路旁广告牌能将广告的内容传递给人们。如果这些广告牌位于市中心的道路两侧,看到这些广告牌的除了车主和乘客以外,还有众多的过往行人。

(3)传媒广告

传媒广告是指利用现代传媒如电视、报纸、电台等进行筵席推销的方式。传媒广告特别是电视广告,具有很强的视觉冲击力,令人印象深刻,容易激发人们的消费欲望。

(4)直邮广告

直邮广告就是酒店将筵席产品和服务信息印制成宣传品,直接邮寄给顾客和潜在顾客的形式。直邮广告更具有个性化,提供的信息容量比较大,阅读率高于其他广告,提供了询问复函的联系通道,有助于提高公众对饭店及筵席的认知。

(5)饭店内部广告

饭店内部广告是指饭店利用自己的宣传媒介和公共活动空间,向在店顾客推销筵席产品和服务的形式。饭店内部广告利用的是饭店自身资源,大都惠而不费又无所不在,繁简应视情形而定。

2. 广告推销的程序

利用广告推销筵席,一般应遵循以下程序。

(1)确定广告推销的实际效益

在酒店筵席销售中,约有75%的生意是顾客自己找上门来的,其他25%是依靠业务人员进行推销和广告推销得到的。虽然不同的酒店可能会比例不同,但是依靠推销直接获得的筵席生意的份额和收益,与其在酒店筵席销售中所应占的份额及收益应该相匹配。因为广告推销筵席的成本不是一笔小数目的开支,特别是传媒广告,做一两次人们没什么印象,连续长期做费用又很高。因此,饭店应根据市场调研,通过对本酒店利用广告获得的筵席销售收益进行数据统计和分析,来确定需要或是不需要广告推销,需要选择何种媒介投放多少经费来做广告推销。

（2）确定筵席广告推销的目标

筵席广告推销的目标应该与饭店营销目标及餐饮总目标相一致。广告目标不同,广告的主题及内容也会有区别。特别要强调的是,广告的内容要真实,不能有虚假承诺,不能设销售陷阱让顾客上当,否则只能是自毁前程。

（3）突显酒店的筵席风格和特点

无论何种形式的广告,都要把酒店要传达的筵席信息作为核心内容,并与其筵席风格和特点融为一体,并且据此撰写广告提纲、脚本和广告词。此外,要突显酒店的筵席风格和特点,要站在大众的立场,从目标顾客的需要出发,使筵席信息成为他们最想得到的,筵席风格和特点也是他们所企求的,而广告的艺术形式又正是他们所喜闻乐见的。

（4）确定筵席广告的预算

预算费用的多少要根据酒店筵席经营的需要及其实际的经济实力来确定,并不是说花钱越多广告收益就越好,反之则不好。广告投入的多少要考虑不同媒介的广告信息承载量的大小、覆盖的广度、信息传达的深度和准确度、预期效果。只有选准了,花钱才是值得的。

（5）选准承办广告制作的公司

当确定了广告媒介和广告形式后,要选择有经济实力、社会美誉度高的广告公司来承办。先由广告公司根据饭店的目标、意图来设计样稿、样图和画面,再由广告公司做设计陈述,饭店相关领导和人员与相关专家共同会审,通过后,再付诸实施。

（6）跟踪调查广告推销的效果

广告散发出去后,要及时进行效果跟踪调查,一是要调查广告的社会影响力,二是要调查并统计广告影响饭店筵席销售的直接效果。根据调查结果,对照预期的广告推销目标,查找并分析成败的原因,以便调整和谋划更好的广告推销策略,使其能收到积极的宣传和推销的效果。

二、筵席推销的其他方法

（一）利用特色服务推销

将推销融于提供的特色或额外服务中是常见的筵席推销方法。

1. 知识性服务

在筵席厅里备有报纸、杂志、书籍等以便客人阅读,或者播放相关节目,或者进行有奖知识问答、有奖猜谜活动等。

2. 附加服务

派送小礼品,如给女士送一支鲜花,或者幸运抽奖,等等。

3. 表演服务

用乐队伴奏、钢琴演奏、歌手助唱、民俗表演、卡拉 OK、时装表演等形式起到丰富筵席内容的作用。

4. 优惠服务

通过提供让顾客能直接享受的实在的优惠,以达到推销筵席的目的。如某类标准的筵席达到规定的桌数可以享受多个项目的优惠服务。

(二)利用节日进行推销

推销的实质是抓住各种机会甚至创造机会吸引客人,以增加销量。各种节日是难得的推销时机,筵席部一般每年都要做推销计划,尤其是节日推销计划,使节日的推销活动生动活泼,取得较好的推销效果。

(三)展示实例

在筵席厅橱窗里陈列筵席现场照片或陈列一些鲜活的生猛海鲜、特色原料等,以此来吸引顾客,推销自己的筵席产品。

(四)试吃

有时筵席厅想特别推销某一种菜肴,可采用让顾客免费试吃或按折扣消费的方法促销。大型筵席常采用试吃的方法来吸引客人,将筵席菜单上的菜肴先请主办人来品尝一下,取得认可,也使客人放心。提供一桌筵席免费试吃,也属一种折扣优惠行为。

(五)名人效应

餐饮企业邀请知名人士来筵席厅设宴或赴宴,并充分抓住这一时机,进行宣传,并给名人们拍照、题字签名留念,在征得名人同意后,把这些相片、题字签名挂在餐厅里,以增加筵席厅知名度,树立筵席厅形象,吸引慕名而来的筵席消费者。

任务五　筵席成本与质量控制

筵席设计与实施具有一套完善的工作标准,筵席工作人员只有依照标准完成好各个环节的工作任务,才能保证整个筵席工作有条不紊地进行。

一、筵席经营成本控制

筵席成本控制与质量控制是筵席管理职能的一部分,贯穿于筵席产品生产与销售的全过程。筵席成本控制的目的并非仅仅记录成本数额,主要在于提供各项成本的发生情况,分析实际成本与计划成本之间的差异,为筵席经营者做出正确判断,及时采取措施进行修正,提供客观依据,以确保筵席产品的质量。

(一)筵席成本控制的方法

所谓成本控制,就是为了将成本的实际发生保持在管理部门预先规定的成本计划及其允许限度内所采取的评价过程和行动。

筵席成本控制应区别不同控制内容,采用适当的方法。下面介绍几种常用的成本控制方法。

1. 制度控制法

为了控制成本,防止可能出现的各种问题,筵席经营管理应建立和健全成本控制制度,建立正常的成本管理机制。成本控制制度是筵席成本控制的基础。如果只有成本计划,没有对其执行、控制、监督的制度措施,成本计划就无法完成,降低成本的计划就会落空。为了有效地进行成本控制,企业必须首先建立成本控制的组织制度系统,将成本控制的具体任务、目标、定额以及有关规定落实到各子系统,使成本控制做到组织人员落实、控制指标落实、总体方向明确。在成本计划的执行过程中,哪些指标出现问题,应及时进行信息传递,筵席部应立即组织有关人员进行研究,使得问题及时得到处理和解决,不可将成本控制流于形式。

2. 成本目标定额控制法

为了有效地控制筵席成本,餐饮企业对筵席经营过程中的各项任务目标进行分解,制定定额,将成本的发生控制在预先规定的成本计划及其允许的范围内。

在制定成本目标定额时,应充分考虑到定额应当先进合理,反映平均先进水平,使多数职工经过努力可以达到和超过。定额也应当根据经营条件、经营状况的变化及时进行修订。

3. 毛利率控制法

营业收入扣减营业成本的差额即为毛利额，毛利额与营业收入的比率称为毛利率。营业成本与营业收入的比率称为收入成本率。毛利率越高，收入成本率就越低；毛利率越低，收入成本率就越高。利用这几个指标之间的关系，就可以采用毛利率控制法来控制成本支出。

利用毛利率法控制成本，可以随时根据收入数量控制其成本数量，及时发现问题，及时解决问题。

筵席部既要有年度的营业目标预算、支出预算及营业利润计划，更要有逐月、逐日的损益统计表，从损益表中可以清楚地看到营业收入、营业成本、营业费用之间的实际关系，尤其是通过对比分析，找出营业收入、营业成本、营业费用增加或减少的原因。此种方法的特点是简便、灵活，根据收入数额就可以准确地计算出应该开支的成本数额。

制度控制法、目标定额控制法、毛利率控制法这几种方法可以互相补充，共同使用，它们分别从不同的角度对成本进行控制，可以逐步形成成本控制的方法体系。

(二)筵席成本控制的措施

1. 实施成本控制责任制

为了掌握和控制筵席成本，除了饭店财务部安排成本会计人员专门负责筵席成本外，还应将筵席成本目标分解到各部门，与相关人员的责任及奖罚挂起钩来，实行成本跟踪控制，保证成本维持在目标范围内。

2. 加强筵席菜品成本的控制

加强筵席菜品成本管理，千方百计降低菜品成本，对筵席经营管理具有特别重要的意义。因为菜品成本在筵席成本中占有很高的比率，降低了菜品成本，就是直接增加了筵席利润，既可以为企业节约资金，又能直接降低筵席价格，增强筵席竞争能力。

筵席菜品成本就是筵席菜品直接耗用的原材料成本和燃料成本。它既涉及菜品生产过程的原料采购、原料初加工、切配、菜品烹调、菜品装盘各个生产阶段及其中每一个环节，又涉及了从原料验收、保管到发货、盘存等保管流转过程的每一个环节，这两个过程是否健全，漏洞和损耗是否减至最少，与筵席菜品成本有直接的关系。

以筵席菜品生产过程为例，原料采购的目的在于以合理的价格、在适当的时间内保证获得安全可靠的货源，按规格标准和预定数量采购筵席所需的各种食品原料，以保证筵席业务活动顺利进行。从成本控制的角度分析，采购工作中成本控制应集中在食品原料的质量、数量和价格几个方面。从原料的初加工到切配、烹调直至装盘，应该严格按照餐饮企业所制定的标准，采用最适合的加工工艺,减少加工过程中人为因素造成的损耗,从而既使菜品成品质量和数量不受影响,同时又达到控制原料数量、加工质量及成本的目的。

从原料验收保管的流转过程来看,要建立健全管理制度。原料的验收,必须按规程严格把关,以起到与原料采购相互制约的作用。对购入的原料进行验收时,不但要检查数量,而且要核对规格、型号、品牌、质量等与购买申请书所写的是否相符,并严格按照计划数量逐件过秤、验收,如有不符,应拒绝收货。对不入仓库的原材料(如鲜活原料),除了由验收部验收质量、数量外,还要由生产部门二次验收,并在单据上签字,最后,由验收部开出收货记录,才算完成验收手续,如果没有收货记录,财务部门不应付款。

在仓库保管方面,应该根据原材料的不同性质,分别堆放,要注意通风和卫生,并严格依照申请程序发货,排除有单无货,或有货无单现象。总之,要坚持落实购货计划天天查、采购部门天天买、仓库领货天天取、原料使用天天完的原则。仓库在账务管理上,要利用电脑打出数量、金额控制的仓库账。每日原材料发出后,在分类存放货架上设卡登记,并经常与账簿核对,做到账卡相符。

为了控制筵席菜品成本,还应根据标准菜谱加强对菜品的成本核算,这样才能计算出菜品的标准成本,然后与实际消耗的成本进行比较,使两者之间的差额最小,最终实现成本最优化。

3. 努力降低经营费用

筵席成本控制中,不仅要抓好筵席菜品成本控制,而且要抓好人工成本及其他经营费用的控制,只有这两者都控制在合适的水平上,筵席成本控制才能实现预期的总目标。如果只注意筵席菜品成本控制,而忽视了人工成本和其他经营费用的控制,势必会导致筵席成本依然居高不下,筵席经营利润便无从保证,甚至可能产生亏损。

筵席人工成本的控制,属筵席成本控制的一项重要内容。由于筵席经营具有淡旺季的差异以及生意量不固定的特点,因此必须对正式员工聘用人数进行严格控制。筵席员工聘用人数的计算方式为:将月平均营业额除以每人每月的产值,便得出应雇用的正式员工人数。这种计算方法适合于同一地区同类筵席经营的餐饮企业。为适应筵席进行时大量的人力需求,除正式员工外,筵席部还应雇用经过训练的临时工、钟点工,以有效地节省人事费用,将人事成本减到最低。

在经营费用中,除了人工成本可控之外,其他还有不少费用项目属于可控项目,如水电费、燃料费、损耗费、事务费等。以水电使用为例,大型酒店筵席厅动辄数百上千人用餐的规模,所使用的灯光、空调、冰库冰箱、抽排风等设施都属于大耗电量的设备,水的使用量亦是很大,由此必然发生的水电费支出在营业费用中占有很大的比例,如能从细微处入手,采取切实有效的节水节电的管控措施,将水电费用降到最低,长时间坚持下来,也可大大降低经营费用。其他如燃料费、器皿的损耗费、办公用品费、长途电话费等事务费用,只要思想重视,管理措施到位,费用水平也会下降。所以,当经营费用水平整体下降时,也是利润空间达到最大的时候。

4. 建立降低成本的奖励机制

降低成本的奖励机制就是对实际成本高于标准成本的现象采取惩罚措施(包括罚款),对实际成本比预期成本低、逐渐接近标准成本的现象给予适当激励。这就是降低成本的奖励机制。

完善降低成本的奖励机制应注意以下几个问题:

(1)降低成本的奖励机制要注重兑现

降低成本的奖励机制一旦确定,就不应轻易变动,确定的指标实现后,就必须按制度规定实施奖罚。否则,降低成本的奖励机制就缺乏可信度和约束力,就发挥不了应有的作用。同时,要保持制度的连续性,以后各年都要继续按标准执行。当然,随着条件的变化,标准可以作适当的调整,以充分发挥奖励机制的应有作用,达到预期的理想效果。

(2)掌握好奖励机制的运行周期

以筵席菜品成本为例,由于菜品价格常常随市场和季节波动,因此,如果某一时期时令原料价格偏低,则筵席菜品的成本应随之降低;如果某一时期的原料价格提高,整个筵席菜品的成本就会相应上升。由于菜品价格的波动具有一定规律性和周期性,为便于计算和控制,一般来说,周期定为一年为好。

二、筵席产品的质量控制

在进行筵席成本控制的同时,必须注重筵席产品的质量控制。两者贯穿于筵席产品生产与销售的全过程,不可偏颇。

(一)筵席产品的质量标准

筵席产品质量标准主要指筵席菜单设计的质量标准与筵席菜品的质量标准,现简要介绍如下:

1. 筵席菜单设计的质量标准

筵席菜单设计质量标准包括菜单的种类、菜品组合、外观设计以及利润控制等标准。

(1)菜单种类

一些大中型餐饮企业,设有种类不同的各式套宴菜单(固定式筵席菜单),就其种类而言,应做到:不同类型的筵席菜单种类齐全;不同档次的筵席菜单齐全;不同使用时间及不同设计性质特点的筵席菜单齐全。

（2）筵席菜品的组合

所列菜名命名规范、分门别类,体现上菜顺序。筵席菜品的总价与筵席的预订价格基本相吻合。菜品及其排列方式要能展现筵席的特色风味,整套菜品的风味特色必须鲜明。真正符合订席人的合理要求,如实按照协议操作,尽可能做到因人配菜。筵席中的菜品,特别是核心菜品(如头菜、座汤、彩碟、首点等),要能突出筵席主题。菜单所体现的节令性与制作筵席的季节一致。真正体现"席贵多变"的设计原则。所用烹饪原料多样化;烹调方法多样化;菜品色泽、外形、口味、质地多样化。符合筵席生产的各种客观性要求,尽量发挥本店厨师及设备设施的专长,尽可能地展示本店的特色风味。菜品营养搭配符合平衡膳食的要求。

（3）外观设计

外观精美,图案鲜明,设计风格与酒店风格相协调,有艺术特色和纪念意义。封面封底印有酒店名称、店徽标志、筵席厅名称、电话号码、地址。菜单尺寸大小合适。菜单内外无涂改、污迹、油迹,清洁卫生。菜品类别顺序编排合理,排列美观。菜名字体选用合适,大小清晰,易于辨认,符合识读习惯和美学要求。部分酒店为顾客提供筵席点菜菜单。筵席点菜菜单设计应配有菜品名称、主要原料、烹制方法和产品特点的简单中文和外文说明,便于客人选择。

（4）利润控制

菜单中菜品毛利率的掌握应根据市场供求关系、酒店的等级规模、目标顾客、同类酒店筵席的价格水平等多种因素来综合确定,其基本规律是:主食产品毛利率较低;冷碟、面点毛利率较高;热菜毛利率较高;加工精细、工序复杂、工艺难度较高的菜品,毛利率可更高。

2.筵席菜品的质量标准

（1）原料采购

食物原材料符合食品卫生要求。采购渠道正当,鲜活原料保证新鲜完好。厨房各种原料色泽、质地、弹性等感官质量指标符合要求,无变质、过期、腐坏、变味的食品原材料用于制作筵席。所有原料采购必须做到质量优良、数量适当、价格合理、符合厨房(筵席菜品)生产需要。

（2）原料选择

各类原料的选择应与产品风味相适应。主料、配料、调味品原料的选择根据产品烹制要求确定。选择原料的部位准确,用料合理,数量充足。

（3）原料加工与配菜

粗加工分档取料。要做到取料准确、下刀合理、成形完整、清洁卫生、出料率高,并确保营养成分尽可能少受损失。涨发原料应发足发透、摘洗干净,冷冻原料解冻彻底。原料细加工符合菜品风味要求,密切配合烹制需要。同种风味、同类产品的原料加工要做到合理下刀,物尽其用,做到整齐、均匀、利落。原料加工过程中,把好质量关,不符合烹制要求的原料不作配菜使用。尽量避免因原料加工不合理而影响产品质量的现象发生。根据菜品风味要求,掌握菜肴定量标准,按主料、配料比例标准配菜。

(4)炉灶烹制

各种菜品根据风味要求和烹制程序组织生产。主料、配料、调料投放顺序合理、及时;火候、油温以及成菜、出菜时间掌握准确,保证炉灶产品烹制质量。装盘符合规定要求,形式美观大方,注意装盘卫生。

(5)成品质量

菜品的成品质量与菜单设计所要求的菜品风味及其色、香、味、形、质、器的感官指标相一致,符合客人的感官要求。

(二)筵席产品的质量控制

筵席产品质量控制的范围较广,这里仅介绍筵席产品的生产效率控制、筵席菜品的质量控制及筵席酒水的质量控制。

1.筵席产品生产效率控制

筵席菜品必须严格按照筵席的预订情况、筵席菜单及菜品烹调工艺要求来组织生产。由于许多菜点都是现烹现吃,讲究"一热三鲜",因此,筵席菜品生产"以求定供"显得特别重要。

在筵席菜品的生产过程中,应特别注重效率,将工作效率与生产质量联为一体。有些菜点尽管使用现代化的食品加工机械设备来制作,生产速度快、效率高,但其质感与滋味可能就不如使用传统的手工方法来加工制作的那么好。例如,鱼丸用机械生产就比不上手工制作的口感好。中国菜拼配、加工及烹制的方法比较复杂,菜品的风味较独特,非一般西方菜品所能比拟,但相对于西式菜肴而言,生产效率低下。解决中餐筵席的生产效率问题,主要的途径是调整筵席结构,控制菜品数量,并且预先做好准备工作。菜肴配料、半成品、冷盘都可以预制,粗加工、细加工和切配也可以提前准备,这样就大大缩短了筵席的现场制作时间,相应地提高了工作效率。

2.筵席菜品质量控制

针对筵席菜品的质量管理,大型餐饮企业采用全面质量管理方法来进行管理。全面质量管理主要有三个特点:一是对筵席菜肴的制作过程进行全方位的质量控制。从原料采购开始,到菜肴的运输、储存、保鲜、加工、制作、烹饪、装盘、上菜、分菜、桌边服务,实施全过程、一条龙的质量控制与管理。每项作业、每道工序,一直到整个生产流程,都有一个完整的预先控制,包括现场检测、督导、质量偏差反馈控制等计划与措施。二是对关键环节、薄弱环节预先制定一些有针对性的防范措施,在人力资源、技术、设备等方面对关键环节、薄弱环节给予适当加强和照顾。三是餐厅的所有员工全员参与产品质量管理,每个员工在餐厅产品质量管理部门的指导下,积极参与制定各部门、各班组、各岗位的岗位职责和工作质量标准,并接受上级的质量监督与管理。

至于小酒店、小餐厅,因人手所限,采用的是比较简单的质量管理方法,如原料验收入库时要设岗检查进货物料质量、把不合格原料堵在库房之外;在领料时和使用之前也安排有经验的员工对原料的质量进行检验、鉴别,力争把不能使用的原料杜绝在烹饪灶台之外,防止不合格的产品上桌。

3. 筵席酒水质量控制

酒水的质量控制主要分为两个部分:外购酒水的质量控制与自调酒水的质量控制。外购酒水的质量一般来说是由厂家负责,但由于市场上假冒伪劣产品屡禁不绝,而且掺杂使假的技术也越来越高超,因此外购酒水质量控制的主要工作就是在采购酒水时加强对假冒伪劣产品的甄别,并防止其混入;至于自制酒水的质量控制,应确保使用的是优质原料,并抓好自制酒水生产加工的标准化管理和规范化操作。如鸡尾酒的调制要严格按配方、调制方法和调制程序来制作;偷工减料,质量当然就无法保证。泡茶、调制咖啡也很有学问,除了原料本身的品质外,工具、技术、设备与制作方法都会影响到茶或咖啡等饮料的质量,甚至连泡茶或调制咖啡的水温、调制鸡尾酒所用载杯都有一定的要求。没有达到规定的要求,酒水的质量都会受到不利的影响。

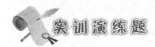 **实训演练题**

一、多项选择题

1. 宴会部的职能主要表现为( )。

A. 宣传、销售各种类型的宴会产品

B. 接受宴会等活动的预订,提高宴会厅的利用率

C. 负责宴会活动的策划、组织、协调、实施

D. 控制成本与费用,增加经营效益

2. 筵席预订的工作程序与内容主要包括( )。

A. 接受预订,问清客人的有关情况与要求

B. 向顾客介绍酒店、餐厅的真实情况及有关优惠政策

C. 双方协商并敲定筵席合同细节,制作详细的预订合同书

D.制订筵席接待计划

3.筵席菜品的生产设计要求主要包括( )。

A.目标性要求和集合性要求

B.协调性要求和平行性要求

C.标准性要求和节奏性要求

D.随意性要求和即时性要求

4.筵席菜品生产实施方案的编制步骤主要包括( )。

A.充分了解筵席任务的性质、目标和要求

B.认真研究筵席菜单的结构,确定菜品生产量、生产技术要求

C.制定标准菜谱,制订筵席生产计划

D.编制筵席菜品生产实施方案

5.人员推销的基本程序主要包括( )。

A.收集信息和计划准备

B.着重介绍筵席产品和服务

C.商定预订和跟踪销售

D.处理异议和投诉

6.关于菜品毛利率的掌控,下列选项观点正确的是( )。

A.主食产品毛利率较低

B.热菜毛利率较低

C.冷碟、面点毛利率较高

D.加工精细、工艺难度较高的菜品,毛利率更高

7.筵席推销的方式主要包括( )。

A.广告推销

B.利用特色服务推销

C.利用节日进行推销

D.展示实例、试吃等

8.筵席成本控制的方法主要包括( )。

A.制度控制法

B.成本目标定额控制法

C.毛利率控制法

D.降低原材料成本法

9.下列选项,属于筵席成本控制措施的是( )。

A.实施成本控制责任制

B.加强筵席菜品成本的控制

C. 努力降低经营费用

D. 建立降低成本的奖励机制

10. 关于筵席菜品组合的质量标准,下列选项观点正确的是( )。

A. 筵席菜品的总价与筵席的预订价格基本相吻合

B. 整套菜品风味特色鲜明,真正符合订席人的合理要求

C. 体现"席贵多变"的设计原则,符合平衡膳食的要求

D. 符合筵席生产的客观性要求,尽量发挥本店专长

二、填空题

1. 宴会部是餐饮企业里一个相对独立的部门,其主要任务是负责_____、_____、招待会及茶话会等的销售和组织实施。

2. 餐饮部主要由_____、厨房、_____、管事部、酒水部等部门所构成。

3. 筵席预订是_____中不可缺少的一个重要环节,是筵席_____活动的第一步。

4. 筵席预订工作的好坏,直接影响_____、_____、筵席台面的设计、筵席厅的人员安排等。

5. 筵席预订的方式主要有_____、_____、信函预订、登门拜访式预订、中介人代表客人向筵席部预订、指令性预订。

6. 筵席菜品生产过程可分为_____阶段、_____阶段、基本加工阶段、烹调加工与装盘阶段和菜品成品输出阶段等。

7. 筵席服务准备工作包括掌握情况、人员分工、_____、_____、物品准备、筵席摆台、摆放冷盘、全面检查等程序。

8. 筵席产品质量标准主要指_____的质量标准与_____的质量标准。

9. 大中型餐饮企业设计各式套宴菜单,应做到_____的筵席菜单齐全;_____的筵席菜单齐全;_____及_____的筵席菜单齐全。

10. 筵席成本控制通常采用_____、_____、成本目标定额控制法等方法。

三、综合应用题

1. 试简述筵席的预订程序和预订方式。

2. 设计一份中低规格的庆功宴菜单,对其进行生产工艺设计。

3. 试述中式商务宴席、亲情宴席的服务要求。

4. 结合餐饮生产实际,谈谈筵席产品的质量控制。

参考文献

［1］林则普.烹饪基础［M］.北京:中国商业出版社,1994.

［2］陈光新.中国筵席宴会大典［M］.青岛:青岛出版社,1995.

［3］陈光新.中国餐饮服务大典［M］.青岛:青岛出版社,1999.

［4］陈光新.烹饪概论［M］.北京:高等教育出版社,1998.

［5］任百尊.中国食经［M］.上海:上海文化出版社,1999.

［6］周宇,颜醒华.宴席设计实务［M］.北京:高等教育出版社,2003.

［7］老汤.菜单设计制作［M］.北京:中国宇航出版社,2006.

［8］丁应林.筵席设计与管理［M］.北京:中国纺织出版社,2008.

［9］周妙林.菜单与宴席设计［M］.北京:旅游教育出版社,2009.

［10］沈涛,彭涛.菜单设计［M］.北京:科学出版社,2010.

［11］贺习耀.宴席设计理论与实务［M］.北京:旅游教育出版社,2010.

［12］邵万宽.创新菜点开发与设计［M］.北京:旅游教育出版社,2004.

［13］李勇平.餐饮服务与管理［M］.大连:东北财经大学出版社,2002.

［14］杨铭铎.现代中式快餐［M］.北京:中国商业出版社,1999.

［15］李祥睿.西餐工艺［M］.北京:中国纺织出版社,2008.

［16］潘东潮,魏峰.中华年节食观［M］.武汉:湖北科学技术出版社,2012.

［17］邵万宽.菜单设计［M］.北京:高等教育出版社,2008.

［18］杜莉,姚辉.中国饮食文化［M］:北京:旅游教育出版社,2005.

［19］张水芳.饭店餐饮管理［M］.重庆:重庆大学出版社,2007.

［20］林德荣.餐饮经营管理策略［M］.北京:清华大学出版社,2007.

［21］贺习耀.点菜的技巧［J］.武汉商业服务学院学报,2007(1).

［22］贺习耀.素食园奇葩:寺观菜［J］.餐饮世界,2007(4).

［23］贺习耀,眭红卫.家常便宴的设计与制作［J］.烹调知识,2007(12).

［24］贺习耀.零点菜单的设计与使用［J］.四川烹饪高等专科学校学报,2007(4).

［25］贺习耀.如何评价菜品质量［J］.餐饮世界,2007(8).

［26］贺习耀.乡村家宴的设计与制作［J］.武汉商业服务学院学报,2008(2).

[27]贺习耀. 旅游包餐菜单的设计[J]. 中国食品,2008(9).

[28]贺习耀,眭红卫. 宴会席菜单的设计[J]. 餐饮世界,2008(5).

[29]眭红卫,贺习耀. 对餐饮业实施营养标签制度的思考[J]. 餐饮世界,2008(7).

[30]贺习耀. 湖北民间宴席研究[J]. 中国商界,2010(9).

[31]贺习耀. 怎样做好会议餐[J]. 餐饮世界,2010(10).

[32]贺习耀. 人生仪礼宴菜单设计浅析[J]. 中国商界,2010(11).

[33]贺习耀,万玉梅. 湖北民间特色宴席鉴赏[J]. 餐饮世界,2010(11).

[34]贺习耀,魏峰. 浅论校园接待宴席的研制[J]. 管理学家,2011(7)

[35]贺习耀. 辩证看待食物相克 努力倡导膳食平衡[J]. 四川烹饪高等专科学校学报,2011(5).

[36]贺习耀. 中华年节筵席菜单设计探析[J]. 中国东盟博览,2012(6).

[37]贺习耀. 荆风楚韵筵席之创意设计[J]. 商品与质量,2013(6).

[38]贺习耀. 中式套餐菜单设计分析[J]. 四川烹饪高等专科学校学报,2013(4).

[39]贺习耀. 浅论中国菜的传承与创新[J]. 医食参考,2013(7).

[40]黄剑,贺习耀. 外卖餐菜单设计探析[J]. 中国商界,2013(9).

[41]贺习耀. 浅论自助餐菜单设计[J]. 商品与质量,2013(9).

[42]贺习耀. 寺观素菜传承与发展研究[J]. 武汉商业服务学院学报,2013(10).

[43]贺习耀,王婵. 加热方式对鸡汤风味品质影响的研究[J]. 食品科技,2013(10).

[44]贺习耀. 荆沙鱼糕制作机理浅析[J]. 中国调味品,2014(1).

责任编辑:郭珍宏

图书在版编目(CIP)数据

餐饮菜单设计 / 贺习耀编著. -- 北京 : 旅游教育
出版社,2014. 5
　全国旅游专业规划教材
　ISBN 978-7-5637-2900-5

　Ⅰ.①餐…　Ⅱ.①贺…　Ⅲ.①饮食业—菜单—设计—
高等学校—教材　Ⅳ.①TS972.32

　中国版本图书馆 CIP 数据核字(2014)第 039729 号

全国旅游专业规划教材
餐饮菜单设计
贺习耀　编著

出版单位	旅游教育出版社
地　　址	北京市朝阳区定福庄南里 1 号
邮　　编	100024
发行电话	(010)65778403 65728372 65767462(传真)
本社网址	www.tepcb.com
E – mail	tepfx@163.com
印刷单位	北京甜水彩色印刷有限公司
经销单位	新华书店
开　　本	787 毫米×960 毫米　1/16
印　　张	21.375
字　　数	328 千字
版　　次	2014 年 5 月第 1 版
印　　次	2014 年 5 月第 1 次印刷
定　　价	38.00 元

(图书如有装订差错请与发行部联系)